21 世纪高职高专"工作过程导向"新理念教材

计算机应用基础实用教程

熊 林 主 编

戴 月 副主编

北京邮电大学出版社
·北京·

内 容 简 介

本教程是一本集 Windows、Office 和 Internet 基本使用为一体的计算机应用案例教程,也是一本以实际工作过程为导向的实用型计算机基础教程。其特点是通过 18 个具体实用案例的训练,帮助读者学习和掌握计算机应用的基础性技术。特别是对办公系列软件 Office 的案例学习,可以使读者快捷有效地掌握常用办公文档的编辑方法和技巧。案例内容丰富,针对性强。Windows 部分主要训练读者文档的创建和管理方法,以及网络办公环境中资源的共享方法。Office 部分重点训练对 Word、Excel 和 PowerPoint 等 3 个主要办公软件的基本应用,包括编辑个人简历、产品说明、会议公函、毕业论文、小型报刊、表格设计、数据管理、成绩分析、市场调查、技术讲座、旅游介绍和 Office 综合应用等十几个实用案例,全面涵盖了 Office 最为常用的基本编辑技能,也基本反映了 Office 常用文档的编辑方法。Internet 部分主要是介绍了基于 Internet 各种服务(如 WWW、E-mail、即时通信等)的基本应用。

本教程可以作为高职高专院校各专业的计算机应用基础课程的培训教程,也可以作为从事计算机应用的工作人员的参考书。

本教程的所有 Office 案例的文档和教学使用的电子教案均可在出版社网站中下载。

图书在版编目(CIP)数据

计算机应用基础实用教程/熊林主编 . —北京:北京邮电大学出版社,2009
ISBN 978-7-5635-1897-5

Ⅰ. 计… Ⅱ. 熊… Ⅲ. 电子计算机—教材 Ⅳ. TP3

中国版本图书馆 CIP 数据核字(2008)第 205022 号

书　　名:计算机应用基础实用教程
作　　者:熊 林　戴 月
责任编辑:满志文
出版发行:北京邮电大学出版社
社　　址:北京市海淀区西土城路 10 号(邮编:100876)
发 行 部:电话:010-62282185　传真:010-62283578
E-mail:publish@bupt.edu.cn
经　　销:各地新华书店
印　　刷:北京忠信诚胶印厂
开　　本:787 mm×1 092 mm　1/16
印　　张:18.25
字　　数:454 千字
印　　数:1—3 000 册
版　　次:2009 年 1 月第 1 版　2009 年 1 月第 1 次印刷

ISBN 978-7-5635-1897-5　　　　　　　　　　　　　　　　定　价:32.00 元

前　　言

　　基于工作过程为导向的课程建设正随着高职教育的不断发展而越来越受到重视和肯定。在学习中引入实际的工作环境,设计明确的工作任务,将学习的知识和技能合理地运用于完成任务的工作过程之中,以达到学习和工作和谐一致的目的。本教程就是基于这一新的学习模式而组织编写的。

　　本教程从实际应用出发,设置了多个学习和工作中常见的任务环境,以 18 个实用案例为主线,将计算机基础知识中的各个常用知识点合理、有机地组合在各个实用案例中。读者可通过解决实际问题的过程,来学习和掌握计算机的基本知识与技能,学习各种办公文档的编辑技巧,同时也学习了计算机工作环境的设置、管理和协同工作的基本方法。实用案例的内容涵盖了 Windows、Office 和 Internet 三大常规应用的基本部分,其重点定位在对 Microsoft Office 2007 的常规应用。

　　本教程的基本特点:

　　1. 注重技术的实用性

　　本教程以案例实施为实训主要方式,引导读者从实际工作出发,采用合理有效的技术方法,通过解决实际问题的过程,来达到学习计算机基础知识和技能的目的。与多数计算机应用基础教程不同的是,本教程将所有应知应会的计算机基础知识点(即常用技术),根据其应用特点融合在各个具体的实用案例中。这样,通过案例的实训过程,不仅掌握了这些知识点的使用技巧,而且还掌握了各个知识点的综合应用,同时也掌握了常见文档的编辑方法。

　　2. 注重技术的综合性

　　本教程注重各个知识点在应用上的融汇贯通与综合运用。在教程核心内容的多个案例中,教程本着知识为应用服务的基本原则,将零散的知识点特别是 Office 的各个知识点,合理有机地综合运用在各个案例之中。不但强调知识点在某一个软件(如 Word)的运用,而且还强调在不同软件之间的综合运用。这一点,对全面学习并综合使用 Office 是非常有益的。

　　3. 注重技术的合理性

　　计算机技术的基本应用有其习惯性,也有其合理性。所谓合理性主要是指技术运用的技巧和高效。例如,在长文档的编辑中,应用页面设置中的“指定行和字符网格”,就可以精确地设置页面文字的排列状态;采用“样式”而不是“格式刷”对文字和表格进行格式定义,就极大地提高了文档格式编辑一致和高效。

　　4. 注重技术的先进性

　　本教程注意到目前多数高校的计算机应用课程的教学平台还是 Microsoft Office 2003

的环境,而 Microsoft 公司在 2007 年就已经推出了它的新一代办公系列软件 Office 2007。与 Office 2003 相比,2007 版的 Office 以其界面美观、操作便利、系统稳定和兼容性好等优点,迅速得到认可。经过近两年的运行,Office 2007 的出色设计使它对其用户颇具吸引力,在 Windows XP 上也运行得非常正常。基于对市场的了解和展望,同时也本着为读者负责的精神,本教程选用了 Office 2007 为办公软件学习平台,与 Office 相关的案例均是在 Office 2007 上编辑完成的。

本教程是一个团队精心合作的成果,所有的参编人员均有多年计算机应用基础教学经验,这也是本教程敢于创新,独具特色的基础。

本教程共有 8 章。第 1 章由沈卫文编写,第 2 章由黄庆编写,第 3 章由曾怡编写,第 4 章由胡迎九编写,第 5 章由商林编写,第 6 章由王征义编写,第 7 章由熊林编写,第 8 章由杨海澜编写,附录由熊林编写。全书由熊林任主编,戴月任副主编,并负责总体设计和最后的修改定稿。

本教程在体系设计上突破了传统的以介绍知识为主线的常规模式,因此,其教程的编写难度大为增加。新的教程体系结构为读者尽快掌握和提高计算机基础应用水平提供帮助,同时,也对传统的教学体制,教育模式提出了挑战。基于案例的新教学方式无疑是当今技术教育的方向,也非常有利于读者进行自学。当然,案例的编写总是难以满足来自各方面的不同需求,也会因编者自身的专业水平而带来不可避免的局限,因此,本教程的不足之处,恳请广大读者给予批评指正,我们不胜感谢。

编　者

目　　录

Windows基本应用

第1章

 学习目标

　　本章以"文件管理"和"合理应用环境配置"两个案例为主线,主要介绍了 Windows 操作系统的基本应用技能,主要包括 Windows 操作系统的入门使用、个人文件(文件夹)的基本操作、Windows 操作系统应用环境的合理配置等技能,从而完成学习 Windows 操作系统下的基本应用。

 实用案例

文件管理

合理应用环境配置

1.1 案例1——文件管理

1.1.1 案例介绍

张萍是一家投资公司的总经理助理,总经理办公室新购置了一台计算机,总经理希望张萍能将公司的文件数据电子化存放在计算机里,实现文件数据的查阅以及统计分析工作。为便于管理,张萍需要在计算机中为每个部门建立独立的文件夹来存放数据,制定文件数据的管理制度,并对各文件夹中的文件编制摘要索引便于总经理查阅。该投资公司的组织结构如图 1-1 所示。

本案例是为一个计算机初学者所设计的计算机入门知识点集合,在内容上主要体现对文件数据在计算机中的存储形式进行管理,同时简要介绍了 Windows XP 操作系统的基本使用方法。

图 1-1 某投资顾问有限公司组织结构图

1.1.2 知识要点

本案例涉及 Windows XP 基本应用的主要知识点有:

- Windows XP 入门——主要包括桌面、窗口、对话框、菜单的基本认知。
- 资源管理器的使用——主要包括资源管理器的基本使用等。
- 文件及文件夹的管理——主要包括文件及文件夹的创建、更名、属性、复制、移动、删除等。
- 磁盘的管理——主要包括磁盘的格式化、磁盘文件系统、逻辑盘标识符等。

1.1.3 案例实施

1. 选择合适的数据存放地点

步骤 1:右击"我的电脑"选择"资源管理器",打开"资源管理器"窗口,如图 1-2 所示。

步骤 2:右击"资源管理器"窗口左侧的磁盘分区图标,选择"属性",查看每个磁盘分区的空余空间,选择其中一个作为数据存储专用分区,如图 1-3 所示。

> **建议**:计算机内各个磁盘分区,一般应该明确规定各自的用途。对于 4 个磁盘分区而言,通常情况下操作系统默认安装在 C:盘,D:盘被用于安装应用软件,E:盘作为资料存储盘,F:盘可用作临时盘。

　　步骤 3:右击各磁盘分区,选择"重命名",按 Ctrl+空格组合键切换中英文输入法状态,然后再按左侧键盘的 Ctrl+Shift 组合键选择合适的输入法。依次将各磁盘分区改名为"系统盘(C:)""应用程序盘(D:)""文件资料盘(E:)""临时盘(F:)"。

> **小贴士**:也可以在步骤 2 查看磁盘分区属性窗口(图 1-3)时,在窗口上部的对话框中输入新的磁盘分区名实现修改。

图 1-2　"资源管理器"窗口

图 1-3　"磁盘属性"窗口

2. 为每个部门建立文件存放目录

步骤 1：单击"资源管理器"左侧的"本地磁盘（E:）"或双击右侧窗口的"本地磁盘（E:）"图标，打开 E:盘。

步骤 2：右击右侧空白区域，选择"新建文件夹"，如图 1-4 所示。创建一个新的文件夹，并将文件夹的名称修改为"公司文档资料总目录"，按 Enter 键或单击窗口其他空白处确认修改。

图 1-4 新建文件夹

步骤 3：双击打开上一步中创建的文件夹，在空白处为公司每个部门创建一个单独的文件夹，如图 1-5 所示。

图 1-5 公司各部门资料存储文件夹

3. 创建"公司文档命名规定"文件

步骤 1：在图 1-5 中窗口右侧右击，选择"新建"，然后选择"Microsoft Word 文档"，并将该文件名改为"公司文档命名规定"。

小贴士：如果在屏幕上出现文件名是"新建 Microsoft Word 文件.doc"的话，改名的时候注意保持后面的".doc"不变。

步骤 2：双击"公司文档命名规定"文件图标，自动启动 Word 程序，进入 Word 文字处理程序的工作接口。

步骤 3：按 Ctrl＋空格组合键切换中英文输入法状态，然后再按左侧键盘的 Ctrl＋Shift 组合键选择合适的输入法。

步骤 4：将公司文档命名规定录入到文件中。数据录入完成后，按 Ctrl＋S 组合键保存退出。

建议：整个计算机应用基础的学习过程中，尽量多采取键盘组合快捷键配合鼠标及程序菜单使用，能大大提高应用操作及其文件处理的速度。

本节技术解析中，将提供常见的键盘组合功能及公司文件命名规定的建议。

4. 分发"公司文档命名规定"文件

步骤 1：鼠标右击"公司文档命名规定"文件，选择"属性"，将该文件属性设置为"只读"，并单击"确定"退出，如图 1-6 所示。

图 1-6　设置文件属性

步骤 2：单击选中该文件，按下键盘组合键 Ctrl＋C 或者右击文档后选择"复制"。

步骤 3：单击资源管理器左侧窗口中某部门文件夹，然后在右侧窗口的空白处右击，选择"粘贴",将"公司文档命名规定"文档复制到每个部门的文件夹中。也可以使用组合键 Ctrl+V 或者使用鼠标右键拖曳的方式完成复制-粘贴工作。

> **小贴士：**设置文件属性为只读的目的是为了防止文档内容被意外修改。如果希望防止文档及文件夹被意外删除或其他误操作，需要将磁盘分区文件系统格式设置成 NTFS，然后再对文件及文件夹作相应的访问权限设置。

5. 编制文件摘要

步骤 1：双击打开"计划财务部"文件夹，右击上一步中复制-粘贴过去的"公司文档命名规定"文件，选择"属性"。

步骤 2：单击弹出窗口中的"摘要"，并修改其中的各字段内容，单击"确定"按钮后退出，如图 1-7 所示（如果摘要处颜色为不可编辑的灰色，需要先将该文件的只读属性取消，确定后再进行修改）。

步骤 3：依次为每个目录下的文件创建摘要。

图 1-7　编制文档摘要

> **小贴士：**编制文档摘要的主要作用在于可以不用打开该文档即能对文档内容有大致的了解，避免直接打开文档进行检索，加快文件数据查找的速度。也可以通过 Office 程序中的"文件搜索"功能实现快速文件检索。一般来说主题应该与文件内容相关。

6．创建网络共享

步骤1：右击"公司文档资料总目录"文件夹，选择"共享和安全"，如图1-8所示。

步骤2：在网络共享和安全项目中，将权限设置为"在网络上共享这个文件夹"，并确认退出，如图1-9所示。

图1-8 设置网络文件共享

图1-9 设置共享文件夹

步骤3：依次将各部门对应的文件夹共享，并将"网络共享和安全"项目中设置为"允许网络用户更改我的文件"。

步骤4：通知各部门文员，将各部门的数据按照规定存放到指定文件夹中。

1.1.4 技术解析

本案例所涉及的是计算机操作系统应用的常规性技术，其主要内容是文件及文件夹的创建、更名、属性、复制、移动、删除等操作，这也是 Windows 基本应用的主要内容。

1. Windows XP 系统下文件的命名规则

文件名必须遵循操作系统约定。在 Microsoft Windows 中，可使用以下的约定：

（1）文件或目录名称可以有两部分：文件名和任选性的扩展名。两部分以圆点隔开，例如 myfile. new。

（2）文件名可达 255 个字符。实际上文件的最大长度为 216 个字符，目录为 206 个字符。

（3）文件名必须以字母或数字符开头。它可以包含大小写字符（文件名不分大小写），但以下的字符除外：双引号("）、撇号('）、斜杠(/）、反斜杠(\)、冒号(:）、垂直条(|)。

（4）文件名可以包含空格。

（5）以下的名称将保留，且不能用在文件或目录上：CON、AUX、COM1、COM2、COM3、COM4、LPT1、LPT2、LPT3、PRN、NUL。也不能用使用以上名称＋"."作为文件名的开头部分，如"CON. ABC. TXT"是不允许的。

2. 比较理想的公司文件命名规则

（1）文件名要包含以下三个部分：一是部门，二是时间，三是标题。

（2）部门可以用代码，时间用数字就行了，三部分中间用下划线隔开，如综合办_20081006_关于 XX 投资项目的决议. DOC。

（3）这样，在浏览文件时，按名称排序就可以把部门的文件排一起，并且每个部门的文件又能按时间排序。

3. 常见键盘组合键及功能

（1）常规键盘快捷键

Ctrl＋C 复制。

Ctrl＋X 剪切。

Ctrl＋V 粘贴。

Ctrl＋Z 撤销。

Delete 删除。

Shift＋Delete 永久删除所选项，而不将它放到"回收站"中。

拖动某一项时按 Ctrl 复制所选项。

拖动某一项时按 Ctrl＋Shift 创建所选项目的快捷键。

F2 重新命名所选项目。

Ctrl＋向右键，将插入点移动到下一个单词的起始处。

Ctrl＋向左键，将插入点移动到前一个单词的起始处。

Ctrl＋向下键，将插入点移动到下一段落的起始处。

Ctrl＋向上键，将插入点移动到前一段落的起始处。

Ctrl＋Shift＋任何箭头键，突出显示一块文本。

Shift＋任何箭头键在窗口或桌面上选择多项，或者选中文档中的文本。

Ctrl＋A，选中全部内容。

F3，搜索文件或活页夹。

Alt＋Enter，查看所选项目的属性。

Alt＋F4，关闭当前项目或者退出当前程序。

Alt＋Enter，显示所选对象的属性。

Alt＋空格键，为当前窗口打开快捷菜单。

Ctrl＋F4，在允许同时打开多个文件的程序中关闭当前文件。

Alt＋Tab，在打开的项目之间切换。

Alt＋Esc，以项目打开的顺序循环切换。

F6，在窗口或桌面上循环切换屏幕元素。

F4，显示"我的电脑"和"Windows 资源管理器"中的"地址"栏列表。

Shift＋F10，显示所选项的快捷菜单。

Alt＋空格键，显示当前窗口的"系统"菜单。

Ctrl＋Esc，显示"开始"菜单。

Alt＋菜单名中带下划线的字母，显示相应的菜单。

在打开的菜单上显示的命令名称中带有下划线的字母，执行相应的命令。

F10，启动当前程序中的菜单条。

右箭头键，打开右边的下一菜单或者打开子菜单。

左箭头键，打开左边的下一菜单或者关闭子菜单。

F5，刷新当前窗口。

Backspace，在"我的电脑"或"Windows 资源管理器"中查看上一层活页夹。

Esc，取消当前任务。

将光盘插入到 CD-ROM 驱动器时按 Shift 键，阻止光盘自动播放。

（2）自然键盘快捷键

在"Microsoft 自然键盘"或包含 Windows 徽标键（以下简称 Win）和"应用程序"键（简称 Key）的其他兼容键盘中，可以使用以下快捷键。

Win，显示或隐藏"开始"菜单。

Win＋O，打开资源管理器。

Win＋Break，显示"系统属性"对话框。

Win＋D,显示桌面。

Win＋M,最小化所有窗口。

Win＋Shift＋M,还原最小化的窗口。

Win＋E,打开"我的电脑"。

Win＋F,搜索文件或活页夹。

Ctrl＋Win＋F,搜索计算机。

Win＋F1,显示 Windows 帮助。

Win＋L,如果连接到网络域,则锁定计算机,或者如果没有连接到网络域,则切换用户。

Win＋R,打开"运行"对话框。

Win＋U,打开"工具管理器"。

1.1.5 实训指导

1. 前期准备

- 初步了解计算机的基本知识,较熟练掌握键盘鼠标的使用。
- 正确启动计算机,并进入桌面状态。

2. 具体要求

- 能正确的创建文件及文件夹,并能进行复制、粘贴、重命名、移动等基本操作。
- 能正确查看磁盘分区的属性并修改磁盘分区的名称。
- 能将文件夹共享,并设置不同的权限提供给网络中其他人访问。

3. 基本步骤

- 启动计算机,启动资源管理器。
- 查看各磁盘分区的使用状态,选择一个作为数据存储专用分区。
- 修改磁盘分区的名称,便于管理。
- 创建一个文件夹,并重命名为你的班级＋姓名。
- 在该文件夹中,再分别创建几个文件夹,分别命名为"Word 文件"、"Excel 文件"、"PPT 文件"、"其他文件"。
- 进入"Word 文件"文件夹中,新建一个 Word 文件,并重命名为"我的第一个 Word 文件"。
- 为该文件编制摘要。
- 分别使用键盘、鼠标、窗口菜单的方式将该文件复制、粘贴到桌面。
- 使用鼠标,将"Word 文件"文件夹中名为"我的第一个 Word 文件"的文件"剪切粘贴"到桌面,体会"复制"与"剪切"的区别。
- 单击 Windows XP 的"开始"菜单,选择"搜索"菜单项,定制搜索条件,如图 1-10 所示。
- 熟悉各种常用快捷组合键的使用。

图 1-10 使用搜索功能

1.1.6 课后思考

- 磁盘分区属性中的文件系统有什么作用?
- 如果需要对不同部门的不同员工设置不同的访问权限,该如何处理?
- 办公室使用计算机进行文件资料处理时,文件夹的名称和存放地点一般应如何设计?

1.2 案例2——合理应用环境配置

1.2.1 案例介绍

经过学习,张萍基本掌握了个人文件及活页夹的管理工作,她与其他部门的同事一起开始数据文件的录入工作。为了更好地使用网络办公,她需要将计算机的应用环境配置成适合自己实际工作的状态,并能与其他部门的同事协同办公,允许他们将电子化的文件数据存放到自己的计算机中或通过公司现有的 EPSON 1600K 打印机打印。

本案例是为一个掌握了初步计算机使用技能的初学者设计的一系列应用环境配置技能集合,在内容上主要体现了计算机操作系统控制面板中的常用功能的配置与使用,同时简要介绍了网络资源共享的方法。

1.2.2 知识要点

本案例涉及 Windows XP 操作系统配置的主要知识点有:

- 桌面配置——主要包括显示器分辨率、背景、外观、屏幕保护程序等的基本认知。
- 输入法调整——主要包括输入法的添加及删除、输入法的快捷切换键配置等。
- 字体管理——主要包括字库的安装和删除等。
- 用户管理——主要包括用户账户的添加、删除、密码设置等。
- 资源共享——主要包括打印机设置、网络连接配置、文件夹共享安全设定等。

1.2.3　案例实施

1. 调整计算机桌面背景

步骤 1：在桌面空白处右击，选择"属性"，进行计算机显示属性配置窗口（或单击"开始"菜单，然后选"控制面板"，进入控制面板窗口后选择"显示"），如图 1-11 所示。

图 1-11　配置桌面显示属性

步骤 2：单击"主题"项目下拉菜单，选择"Windows 经典"，然后单击窗口下方的应用。

步骤 3：单击窗口上方的"桌面"选项，在"背景"列表中选择任意一副图片，"位置"下拉列表中选择"拉伸"，然后单击"应用"，按钮。如图 1-12 所示。

步骤 4：单击窗口上方的"屏幕保护程序"选项，出现屏幕保护设置窗口，如图 1-13 所示。在其中的"屏幕保护程序"下拉列表中选择一个，将等待时间设置为 5 分钟，单击右侧的"预览"查看屏幕保护效果。

图 1-12　调整桌面背景

图 1-13　"屏幕保护程序"窗口

小贴士：屏幕保护程序的主要作用是保护屏幕，避免长时间静止的画面对 CRT 显示器造成损坏。对于液晶显示器而言，屏幕保护程序无任何保护作用，反而会加剧液晶显示器的损耗。因此，是否启用屏幕保护，需要依据显示器类型而定。

步骤 5：单击窗口下方的"电源"按钮，进入电源配置窗口，如图 1-14 所示。将其中的电源使用方案选择为"家用/办公桌"，然后单击窗口下方的"确定"按钮。

图 1-14 "电源选项属性"窗口

步骤 6：单击"设置"选项卡，进入显示器配置窗口，如图 1-15 所示。使用鼠标拖动屏幕分辨率(S)选项下方的滑块，将数值调整为 1024×768。调整"颜色质量"为最高(32 位)。单击下方的"应用"按钮查看效果。

图 1-15 "显示属性"窗口

小贴士：屏幕显示的分辨率调整范围取决于计算机中的显卡和显示器。分辨率过高超过显示器能显示的最大范围时，屏幕会变黑，等待15 s或直接按Enter键系统会自动恢复正常显示分辨率。

2．调整输入法

步骤1：单击"开始"菜单，选择"控制面板"，进入控制面板配置窗口，如图1-16所示。

图1-16 控制面板

步骤2：双击"区域和语言选项"，然后选择"语言"选项卡，再单击"文字服务和输入语言"选项中的"详细信息"，进入"输入法配置"窗口，如图1-17所示。

图1-17 "输入法配置"窗口

步骤 3：单击窗口右侧的"添加"按钮，在弹出对话框的"键盘布局/输入法"中，选择"王码五笔输入法 86 版"，单击"确定"按钮返回。

步骤 4：单击"首选项"功能分组中的"键设置"按钮，进入输入法快捷组合键的配置窗口，如图 1-18 所示。

步骤 5：单击"王码五笔型输入法 86 版"，然后单击窗口下方的"更改按键顺序"按钮，进入组合键分配窗口，如图 1-19 所示。将 Ctrl＋Shift＋1 键分配给本输入法，确定并关闭窗口。

图 1-18　高级键设置

图 1-19　按键顺序调整接口

3. 添加打印机并共享

步骤 1：双击"控制面板"窗口中的"打印机和传真"图标，进入打印机安装与配置窗口，如图 1-20 所示。

步骤 2：双击"添加打印机"图标，在弹出对话框中选择"下一步"，进入打印机安装自动检测步骤，继续选择"下一步"，直到如图 1-21 所示。

图 1-20　打印机和传真配置接口

图 1-21　打印机型号选择接口

步骤 3：拖动左侧"厂商"列表的滑动块，选择"EPSON"，然后在右侧窗口中选择"Epson LQ-1600L"，单击"下一步"按钮，并将此打印机设置为"默认打印机"，继续单击"下一步"按钮，进入如图 1-22 所示窗口。

步骤 4：选中"共享名"选项，并输入名称为"Epson LQ 1600"，单击"下一步"按钮，在随后的窗口中"位置"对话框中输入"总经理办公室"，"注释"对话框中输入"Epson LQ 1600K 共享打印机，供本公司全体员工使用"。

步骤 5：选择不打印测试页，并单击随后的"完成"按钮结束打印机配置。

图 1-22 设置共享打印机名

4. 将文件夹分配给各部门

步骤 1: 双击控制面板中的"用户账户"图标,进入用户账户管理窗口,如图 1-23 所示。

图 1-23 用户账户管理

步骤 2: 单击"创建一个新账户",为综合办公室部门创建网络访问账户,名称为 ZHBGS,单击"下一步"按钮,在账户类型中设置成"受限"用户,然后单击创建账户,如图 1-24 所示。

步骤 3: 在"用户账户"窗口,单击上一步创建的"ZHBGS"账户图标,进入账户配置接口,如图 1-25 所示。

步骤 4: 单击"创建密码"选项,然后输入密码及密码提示问题并确认创建密码。

步骤 5: 单击窗口左上角的"上一步"按钮,返回账户管理主接口,重复第 2~第 4 步,分别为计划财务部、投资管理部、项目管理部、信息资源部、总经理建立各自的访问账户名及密码,如图 1-26 所示。

图 1-24　创建用户账户

图 1-25　"用户账户管理"窗口

图 1-26　"多用户账户"窗口

步骤 6：打开资源管理器，双击文件数据盘（E：），进入上节所创建的"公司文件数据总目录"文件夹中。

步骤 7：单击资源管理器窗口的"工具"选项卡，然后选择"文件夹选项"，然后选择文件夹选项窗口中的"查看"选项卡，如图 1-27 所示。

步骤 8：将高级设置列表中的"使用简单文件共享（推荐）"前的复选框取消选中状态，单击窗口下部的"确定"按钮退出并回到资源管理器窗口。

步骤 9：右击"计划财务部"文件夹图示，选择"共享和安全"，在出现的弹出窗口中，选择"共享此文件夹"，采用默认的共享名，并单击下面的"权限"按钮，如图 1-28 所示。

图 1-27 "文件夹选项"窗口

图 1-28 "文件夹权限"设置界面

步骤 10：单击窗口中的"删除"按钮，将该共享文件夹设置为任何人不可见，然后单击"添加"按钮，在对话框中输入"ZHBGS"并确认，然后将 ZHBGS 用户的权限设置为"完全控制"，如图 1-29 所示。

图 1-29 赋予用户完全控制权限

步骤 11：继续添加，将总经理的账户（ZJL）及张萍自己的账户对该文件夹共享的权限设置成读取。

步骤 12：类似第 9～第 11 步，分别将各文件夹设置共享并赋予不同的权限。

1.2.4 技术解析

本案例所涉及的是计算机操作系统应用环境的配置，主要是介绍了如何更方便地配置计算机使之更有利于办公自动化的工作。其主要内容是桌面的调整、电源管理设定、打印机的安装与共享及活页夹共享的权限设定。这也是一个文员在办公室工作过程中需要掌握的计算机技能。

（1）Windows XP 的主题

Windows XP 的主题实质是一些桌面效果的集合，使用 Windows XP 主题可以改变窗口的接口、桌面背景、鼠标指针等，使 XP 看起来更华丽，但占内存。Windows XP 的主题可以在许多互联网网站上下载，如 http://www.xpzhuti.org/、http://www.zhuti123.cn 等。

（2）输入法

Windows XP 默认提供了全拼、双拼、智能拼音、王码五笔等多种输入法，但这些输入法的功能相对过于简陋。一般在办公室中常用的输入法有极品五笔字型输入法、Google 拼音输入法、搜狗拼音输入法等。这些输入法与 Windows XP 自带的输入法相比最大的优势在于能更好地支持词组和长语句的输入，以及能记忆使用者的输入习惯，提供更快速的文字录入环境。

（3）安装硬设备

目前大多数的硬设备都具备"即插即用"技术，接口一般为常见的 USB。安装此类设备（如打印机、调制解调器等）时，一般应该先安装随设备提供的光盘内的设备驱动程序，然后再将该设备接通电源与计算机连接。

（4）受限账户

Windows XP 操作系统中的"受限制账户"自然是权利受到限制的账户，这类用户可以访问已经安装在计算机上的程序，可以更改自己的账户图片，还可以创建、更改或删除自己密码，但无权更改大多数计算机的设置，不能删除重要文件，无法安装软件或硬件，也不能访问其他用户的文件。

使用受限制账户时，某些程序可能无法正确工作，如果发生这种情况，可将用户的账户类型更改为计算机管理员。

（5）简单文件夹共享

简单文件夹共享就是满足系统最普通的文件共享权限，这是 Windows XP 操作系统为了方便用户实现共享而设计的，默认情况下设置共享时会自动采用此方式，如案例 1 实施中的"6.创建网络共享"中，使用的就是简单文件夹共享。

简单文件夹共享的主要缺点在于无法针对不同的用户设置不同的权限。本章案列中计算机中的文件夹分别为不同的部门使用，部门与部门之间的数据应该相互独立和保密，只有本部门的管理者才能有权利创建与修改。因此，在实施网络共享时，在第 8 步首先取消简单文件共享，然后就可以对不同用户自定义权限了。

1.2.5　实训指导

- 将显示分辨率调整为 800×600，确定后再调整为 $1\,024 \times 768$，对比检查效果。
- 从 Google 网站 http://tools.google.com/pinyin/上下载 Google 的拼音输入法安装程序，并安装。
- 为 Google 输入法分配 Ctrl＋Shift＋2 功能组合键。
- 添加一个打印机，并将它共享。
- 添加一个受限账户 TEST，为此账户设置一个密码，然后单击"开始"菜单，选择"注销"→"切换用户"，使用刚建立的账户及密码登录，打开资源管理器，检查是否能够浏览其他用户的文件及安装程序。
- 切换到管理员账户，打开资源管理，创建一个文件夹并共享，设置为只有 TEST 有权限访问。
- 通过网络访问方式（网上邻居→整个网络→Microsoft Windows Network）验证权限设定是否生效。
- 下载一种字体，并安装。
- 打开 Word 程序，调用 Google 输入法输入文字并使用刚才的字体。

1.2.6　课后思考

- Windows XP 系统与使用其他操作系统的计算机之间能够共享资源吗？
- 在计算机上为某个用户分配好文件共享访问权限后，如果该用户直接在该计算机上登录，这些共享权限是否继续发挥作用？
- 如果要严格限定某个用户（无论是网络访问还是本地访问）的权限，该如何设计文件夹权限？

Word的基本应用

第2章

学习目标

　　本章以"个人简历"、"Word 表格的制作"和"产品说明书"3 个案例为主线,主要介绍了 Word 常用的文档编辑方法,主要包括字符、段落、表格、图片以及页面等文档元素的基本编辑技巧,从而完成学习 Word 环境下文档的一般性编辑方法。

实用案例

个人简历　　　　　　Word 表格的制作　　　　　　　产品说明书

2.1　案例1——个人简历

2.1.1　案例介绍

　　个人简历是综合反映个人学习、工作和成长经历的概要性资料,也是对外宣传推销个人的典型文档。个人简历依据不同的需求和目的有着较强的针对性,不同的应用场合,其内容的选用、编排的格式都有不同。

　　本案例是为一个即将走上工作岗位的毕业生而设计的个人简历,在内容上主要体现学生个人的学习经历、社会活动经历和专业实践经历。在格式编排上,采用了 Word 文档常用的编辑格式,也部分体现了文档的个性格式。

2.1.2　知识要点

　　本案例涉及 Word 的主要知识点有:
* 文档操作——主要包括新建、保存、修改、更名和删除 Word 文档。
* 字符编辑——主要包括字符的格式、项目符号与编号、边框与底纹等。
* 段落格式——主要包括段落的格式、分栏等。
* 其他格式——包括页面边框、自选图形等。

2.1.3　案例实施

1. 创建 Word 文档

Word 文档的新建方法有多种,在 Windows 和在 Word 环境下的操作方法各有不同。

　(1) 在 Windows 环境下,新建 Word 文档的方法有

单击“开始”菜单,选择“程序”项目中的对应项目,即可创建一个新的 Word 文档,如图 2-1 所示。

图 2-1　菜单创建新的 Word 文档

双击桌面上的 Word 快捷方式来创建新的 Word 文档，如图 2-2 所示。

图 2-2 快捷方式创建新的 Word 文档

（2）在 Word 环境下，新建 Word 文档的方法有

单击窗口左上角的"Microsoft Office"按钮，选择"新建"命令，如图 2-3 所示。

说明：Microsoft Word 2007 中用"Microsoft Office"按钮取代了文件菜单。单击"Microsoft Office"按钮时，将看到与 Microsoft Office 早期版本相同的打开、保存和打印文件等基本命令，如图 2-4 所示。

图 2-3 "Microsoft Office"按钮   图 2-4 按钮下拉菜单中的命令

在 Word 环境下，还可以使用组合键 Ctrl＋N 来创建新的 Word 文档。

提示：新建 Word 文档的方法有多种，主要是要根据当前所处的环境来进行选择。一般而言，刚创建的 Word 只是一个临时性文档，无论是否对其进行过编辑，该文档都没有实质性地保存在磁盘上，因此，及时将文档保存到指定目录下是必须注意的问题。另外，通过鼠标右键的快捷菜单也能创建一个新的 Word 文档，而这种方式创建的 Word 文档却是在创建时就已经以默认文件名的方式保存在被创建的目录中。

新建的 Word 文档是一个可供图文编辑的空白文档，一旦创建，就可以输入文字或将已有的文字复制到文档中，以便开始编辑。

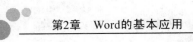

本案例虽然提供了所有的数据,可以将文字直接复制到文档中去进行编辑,但还是建议将部分文字以键盘方式输入到文档中去,以增进初学的效果。

> **注意**:将新建的 Word 文档命名为"个人简历.doc",并保存在个人工作目录中。文档名将会在打开该文档时显示在窗口的标题栏中间。

2. 字符编辑

文字数据一旦输入或复制完毕,就可以开始进行字符编辑了。所谓字符编辑是指将文字按特定的格式进行编排的操作方法,它包括:设置字体、字形、字号、颜色、下划线型、字符间距和效果等多种设置。实现字符编辑的要借助"字体"功能组。

Word 窗口标题栏下方是 Word 的"功能区"。"功能区"是 Office Fluent 用户界面的一个按任务分组工具的组件,它将使用频率最高的命令呈现在眼前,如图 2-5 所示。

(1)选项卡是针对任务设计的。

(2)在每个选项卡中,都是通过组将一个任务分解为多个子任务。

(3)每组中的命令按钮都可执行一项命令或显示一个命令菜单。

图 2-5 Word 基本界面及其功能区

步骤 1:打开保存案例相关的文本文件,将其中的文本资料复制到新建的 Word 文档中。

步骤 2:设置前四行文字。将文档中前四行的所有字符选中,单击字体组右下角的"字体"对话框启动器,即可打开"字体"对话框,如图 2-6 所示。根据案例样文的要求,对所选文字的字体进行设置,将所选文字的字体设置为:中文黑体,西文为 Times New Roman,字形为常规,字号为小四。重新选择文字"湖北武汉黄家湖西路 6 号",并设置其中文字体为宋体。

步骤 3:设置简历中分项标题字体。利用 Ctrl 键＋鼠标选定的方式,分别将"基本情况"、"教育背景"、"企业实习"等多行格式相同的文字选中,右击被选定的文字,打开快捷菜单,选取"字体"项目,在打开的"字体"对话框中,根据案例样文的要求,将所选文字的字体设置为:华文行楷，字形为加粗，字号为二号，颜色为深蓝，效果为阴影。效果如图 2-7 所示。

图 2-6　打开"字体"对话框

图 2-7　设置字体效果

步骤 4：设置对应的文本字体。用鼠标将"教育背景"下的文本选中，在"开始"选项卡的"字体"功能组中，根据案例样文的要求将所选文字的字体设置为：仿宋_GB2312，字号为小四。下面要将此格式应用到其他地方。选中刚设置好的文本，然后在"开始"选项卡的"剪贴板"组中，单击"格式刷"按钮。鼠标指针变为画笔图标。选择"企业实习"下面的文本，该文本的格式就被复制成"仿宋_GB2312"的字体和小四的字号了。用此方法可将"基本情况"、"企业实习""专业背景"、"个人特点"和"求职意向"中文本都设置为：仿宋_GB2312，小四。

注意：可以使用"开始"选项卡上的"格式刷"来复制文本格式和一些基本图形格式，如边框和填充。单击格式刷只能将格式复制一次。若需要更改文档中多个选定内容的格式，可双击格式刷。要停止设置格式，请按 Esc 键或再次单击"格式刷"按钮。

根据案例样文的要求,依次完成以下修改:

将"基本情况"中"姓名:"、"性别:"、"年龄:"等文字的字体修改为:黑体;将其后"张昶彬"、"男"、"21"等文字的字体修改为:华文行魏;将"教育背景"中部分文字如"基础课:"、"主修课:"、"专业课程:"和"选修课"设置为:黑体。

选中"专业背景"下的文字"专业水平"和"外语水平",单击"字体"任务组中的"加粗"按钮,设置其字形为粗体,将其字体设置为黑体,字号为四号,字体颜色为深红色。将此格式用格式刷依次复制给"个人特点"中的文字"曾任职务"、"兴趣特长"、"个人荣誉"……

> 建议:在 Word 字体的编辑过程中,为了提高工作效率,建议根据整个文档不同字体格式的情况,按编辑工作量大小来确定编辑的先后顺序。如本案例中正文部分的格式一致,且文字篇幅很大,就可以考虑将所有文本先按正文部分的格式编辑,然后再将其他部分进行小范围的更改。这种方式对长文档是很有效的。
>
> 在学习完样式的使用方法后,将会看到更有效的编辑方法。

3. 段落设置

完成字符的基本设置后,还需要对整个段落进行设置。所谓段落设置是指将段落按特定的格式进行编排的操作方法,它包括:设置对齐方式、设置段落缩进、调整行距或段落间距、设置边框和底纹等多种设置。这些设置可以通过"段落"功能组来实现。"段落"任务功能组如图 2-8 所示,单击右下角小按钮可打开"段落"对话框。

步骤 1:将文档中前四行的所有字符选中,单击"段落"功能组中第二行的"文本右对齐"按钮,使其靠文档页面右侧对齐,如图 2-9 所示。

移动电话:13989808898
邮件: jianliexcam@hotmail.com
地址: 湖北武汉黄家湖西路 6 号
邮政编码:430062

图 2-8 "段落"任务组   图 2-9 段落右对齐效果图

步骤 2:选中"基本情况"下的所有文本,右击鼠标,在快捷菜单中选择"段落"项目,打开"段落"对话框,在"间距"下设置行距为"固定值",设置值为 18 磅,如图 2-10 所示。

图 2-10 设置行距效果图

步骤3：选中"企业实习"下的所有段落，设置其行距为固定值20磅，选择"缩进"下的"特殊格式"为"首行缩进"、"2字符"，如图2-11所示。在段落仍被选中的状态下，双击"格式刷"，复制该段落格式，然后对"专业背景"、"个人特点"和"求职意向"中的段落进行同样的设置。

图2-11 设置行距效果图

步骤4：设置边框。选中"基本情况"4个字，在"段落"任务组中打开"设置边框"菜单，打开"边框和底纹"对话框。在"边框"选项卡的"设置"中选择"方框"、"样式"中选择虚线、"颜色"为"红色"、"宽度"为"1.5磅"，如图2-12所示。选择"底纹"选项卡，在"填充"框里选择"水绿色"，如图2-13所示。利用格式刷分别对"教育背景"、"企业实习"、"专业背景"等进行相同的设置。

图2-12 设置边框

图 2-13　设置底纹

4. 编号与项目符号

根据案例样文的要求,下面就要对"企业实习"、"专业背景"、"个人特点"中的文本添加编号和项目编号。

　　说明:用户可以快速给现有文本行添加项目符号或编号,或者 Word 可以在输入文本时自动创建列表。默认情况下,如果段落以星号或数字"1."开始,Word 会认为用户在尝试开始项目符号或编号列表。如果不想将文本转换为列表,可以单击出现的"自动更正选项"按钮。

　　步骤 1:在"企业实习"中选中第一段文字。在"开始"选项卡上的"段落"组中,单击"编号"按钮旁边的箭头,可找到多种不同编号格式,如图 2-14 所示。单击选择所需的编号格式,此时,该编号就被添加到该段前面。同样,可以为第二、三段添加相应编号。每次添加时,编号会自动累加。效果如图 2-16 所示。选中三段文字,打开"段落"对话框,设置"左缩进"为 0 字符、"首行缩进"为 0.7 厘米,效果如图 2-17 所示。

　　步骤 2:接下来在指定位置添加"项目符号"。选中"专业背景"下"专业水平"4 个字,在"开始"选项卡上的"段落"组中,单击"项目符号"按钮旁边的箭头,可找到多种不同项目符号格式,如图 2-15 所示。单击选择所需的项目符号,该符号就被添加到前面了。依照范例,在指定位置添加项目符号,如图 2-18 所示。

图 2-14　编号列表　　　　　　　　　　　　　图 2-15　项目符号列表

图 2-16　设置编号　　　　　　　　　　　　　图 2-17　调整后的效果

图 2-18　添加项目符号效果图

　　如果在"项目符号列表"或"编号列表"中找不到所需的符号，可以单击列表下方的"定义新项目符号（编号格式）"，打开"定义新项目符号（编号格式）"对话框，如图2-19、图2-20所示。在打开的对话框中进一步查找和选择。例如，单击图2-19中的"符号"按钮，在打开的"符号"对话框中选择合适的符号并单击"确定"按钮，如图2-21所示，该符号就会出现在"项目符号列表"中了。

图2-19　"定义新项目符号"对话框　　　　　图2-20　"定义新编号格式"对话框

图2-21　选择符号

5. 图片与图形

简历中除了文字以外，当然还希望添加图片和图形，使其更加生动。下面就依照范例，在简历中添加图片和图形。

步骤1：插入图片，设置大小和环绕方式。将光标移到简历首页的首行。选择"插入"标签中的"插图"任务组，单击"图片"按钮如图2-22所示，在"插入图片"对话框中选择"武汉交通职业学院.JPG"并单击"确定"按钮，图片被插入到简历中。在图片上右击鼠标，选择"大小"项。在打开的"大小"对话框中，设置"高度"为1.25厘米、"宽度"为7.5厘米。再次在图片上右击鼠标,选择"文字环绕"下的"四周型环绕"项,用鼠标拖动图片到合适的位置,如图 2-23 所示。

图 2-22　"插图"任务组

图 2-23　插入图片后的效果图

步骤 2:插入并设置图形直线。在"插入"标签中的"插图"任务组中,单击"形状"按钮,在下拉列表中选择"线条"中的"直线",鼠标变成十字形的绘图状态。在文档中平行拖动鼠标,绘制一条直线。功能区显示"绘图工具"的"格式"标签。在"大小"组中设置其"宽度"为14.7 厘米。单击"形状样式"组的"形状轮廓"按钮,在下拉列表中选择"主题颜色"为"蓝色"、"粗细"为"3 磅",如图 2-24 所示。选择下拉列表中的"图案"项,打开"带图案线条"对话框。在"图案"中选择"大棋盘"的样式,如图 2-25 所示。单击"确定"按钮。将鼠标移至直线上,当鼠标变成十字箭头的形状时,就可按下左键拖动鼠标,将直线拖到指定位置。选择该线条,单击"开始"标签中的"剪贴板"组的复制按钮,根据需要可多次单击"粘贴"按钮,复制多条相同的直线。最后,拖动直线到适当的位置。

图 2-24　设置线条颜色和粗细

图 2-25　设置线条图案

步骤 3：将光标移至"基本情况"前，指定插入符号的位置。选择"插入"标签中的"符号"任务组，单击"符号"按钮，如图 2-26 所示，在下拉列表中单击所需的符号"✎"。如果该符号不在列表中，请单击"其他符号"。在"字体"框中，单击所需的字体"Wingdings"，再单击要插入的符号"✎"，然后单击"插入"，该符号就被插入到指定位置了，如图 2-27 所示。依照范例，在需要该符号的地方做插入操作，效果如图 2-28 所示。

图 2-26 "符号"组的"符号"按钮

图 2-27 查找其他符号

图 2-28 效果图

> **说明**：使用"符号"对话框可以插入键盘上没有的符号（如 1/4 和 ©）或特殊字符[如长划线（—）或省略号（…）]，还可以插入 Unicode 字符。可以插入的符号和字符的类型取决于选择的字体。例如，有些字体可能会包含分数（1/4）、国际字符（Ç,ë）和国际货币符号（£,￥）。
>
> 内置的 Symbol 字体包含箭头、项目符号和科学符号。可能还有其他符号字体，如 Wingdings，该字体包含装饰符号。

步骤 4：插入符号。将光标移到"个人特点"下"兴趣特长"的第一行文字前，确定插入符号的位置。选择"插入"标签中的"符号"任务组，单击"符号"按钮，在下拉列表中单击"其他符号"，打开"符号"对话框。选择"字体"为"普通文本"、"子集"为"其他字符"，如图 2-29 所示。单击符号"☆"，单击"插入"按钮。依照范例要求，在以下段落前添加该符号，效果如图 2-30 所示。

图 2-29 "符号"组的"符号"按钮

图 2-30 添加符号效果图

6. 分栏

先选中"基本情况"下的所有文本，选择"页面布局"选项卡的"页面设置"组，单击"分栏"按钮，在下拉列表中选择"两栏"项，如图 2-31 所示。

图 2-31 分栏效果图

7．其他操作

步骤1：修改页边距。依照范例要求，需要在"基本情况"中显示照片。先将其中的两栏文本全部选中，单击"页面设置"组的"页边距"按钮，打开下拉列表，选择"自定义边距"项。在"页面设置"对话框中将"右"页边距更改为7厘米，最后单击"确定"按钮。如图2-32、图2-33所示。这样，就可以在空出来的地方放上自己的照片了。效果如图2-34所示。

图2-32 设置页边距　　　　　　　　　　图2-33 更改右边距值

图2-34 添加照片的位置

步骤2：设置页面边框。选择"页面布局"的"页面背景"组，单击"页面边框"，打开"边框和底纹"对话框的"页面边框"选项卡。在其中选择"设置"为"方框"、"样式"为三线框、"颜色"为"蓝色"、"宽度"为0.75磅，然后单击"确定"按钮。设置后的效果如图2-35所示。

图 2-35　添加页面边框

2.1.4　技术解析

本案例所涉及的是文本编辑的常规性技术,其主要内容是文本的字体和段落编辑,这也是 Word 文本编辑的主要内容。

1. 字体的编辑

字体的编辑——文本的字体选择范围由 Windows 系统所提供的字库文件而定,对于特型字体,可通过添加相应的字库文件来得以实现。

字形的编辑——文本的字形编辑只能从常规、倾斜、加粗、加粗倾斜 4 种字形中选取。

字号的编辑——字号的选择实际上是选择文字的大小。Word 中的字号有两种表示方式:可以是知识点主要是“磅与号”。在 Word 字号下拉菜单中,英文字号范围为 5 磅到 72 磅,而中文字号范围为八号到初号,但实际上,Word 字号是可以更大的,用户可以将指定的字号磅值直接输入在 Word 字号下拉菜单中并回车加以确认即可得到预期的效果。但在 Word 中,字号的实际有效最大值为 1 638 磅。

2. 段落的设置

调整行距或段落间距——行距是指段落之间各各行文字之间的垂直距离。段落间距决定段落上方和下方的空间。默认情况下,各行之间是单倍行距,每个段落后的间距会略微大一些。Word 中提供了多种标准的行距供选择,打开“段落”对话框,在“缩进和间距”标签下的“间距”下拉列表中可以调整行距。下拉列表提供的选项有单倍行距、1.5 倍行距、双倍行距、最小值、固定值和多倍行距。只要做出相应的设置就可以得到用户满意的效果。其含义如下。

单倍行距:此选项将行距设置为该行最大字体的高度加上一小段额外间距。额外间距的大小取决于所用的字体。

1.5 倍行距:此选项为单倍行距的 1.5 倍。

双倍行距:此选项为单倍行距的两倍。

最小值:此选项设置适应行上最大字体或图形所需的最小行距。

固定值：此选项设置固定行距。其固定值在旁边的"设置值"中设置，单位为"磅"。

多倍行距：此选项设置按指定的百分比增大或减小行距。例如，将行距设置为 1.2 就会在单倍行距的基础上增加 20％。

同样，在对话框中可以调整"段前"间距和"段后"间距的值。

调整缩进——缩进决定了段落到左右页边距的距离。在页边距内，可以增加或减少一个段落或一组段落的缩进。Word 中提供的缩进包括段落的左缩进和右缩进、首行缩进和悬挂缩进。

左缩进是指每一段除第一行以外距离左页边距的长度。右缩进是指每一段右边距离右页边距的长度，如图 2-36 所示。首行缩进是指每段第一行向右空出的距离或者字符个数，中文文档习惯上要向右空两个字符。悬挂缩进是一种段落格式，在这种段落格式中，段落的首行文本不加改变，而除首行以外的文本缩进一定的距离。首行缩进和悬挂缩进的最小值是 0，而段落左缩进和右缩进可以设置成负值也就是创建反向缩进（即凸出），使段落超出左边的页边距。

图 2-36　左缩进和右缩进

设置对齐方式——对齐方式包括左对齐、右对齐、居中、两端对齐和分散对齐。左对齐和右对齐分别是将文字左对齐或右对齐；居中是指将文字居中对齐；两端对齐是同时将文字左右两端对齐，并根据需要增加字间距。

2.1.5　实训指导

本案例是一个 Word 文档编辑的实例，对学习者掌握文档的基本编辑方法有一定帮助。

1. 实训目的

掌握如何新建、编辑和保存 Word 文档，能熟练地在文档中对文字的字体进行设置，熟练地对文档的段落格式进行设置，能为相关文档内容创建一级项目编号。

2. 实训准备

（1）知识准备

• Word 窗口的特征。

• Word 窗口的标签、功能区和按钮的功能。

（2）资料准备

• Microsoft Office 2007 环境（实训室准备）。

• 案例中所需的文字和图片（教师准备）。

3. 实训步骤

• 获得原始文本，并建立工作文件夹。

• 创建 Word 空白文档，将获得的原始文本复制到文档中。

• 根据案例样文的格式，对各部分的文字分别设置其字体格式。

• 根据案例样文的格式和要求，对各部分文字分别设置其段落格式。

• 创建各部分的项目符号和编号。

- 插入图片和图形。
- 分栏及设置页面边框。

4. 实训要求
- 实训文档的结果与案例样文的格式基本一致。
- 实训文档如果课内无法完成需在课后继续完成。

2.1.6　课后思考

- 设置字体的方法有哪几种？
- 编排文档有什么技巧？

2.2　案例 2——Word 表格的制作

2.2.1　案例介绍

　　Word 除了可以用来编辑文本以外，还可以制作表格。在 Word 中，可以通过从一组预先设好格式的表格模板中选择，或通过选择需要的行数和列数来插入表格。用户可以将表格插入到文档中或将一个表格插入到其他表格中以创建更复杂的表格。本案例中表一教用户利用"绘制表格"工具制作特殊形式的表格，表二教用户利用"插入表格"工具制作复杂表格。

2.2.2　知识要点

本案例涉及 Word 的主要知识点有：
- 插入表格——介绍如何添加表格。
- 表格单元格的操作——主要包括单元格的合并、拆分。
- 表格中文字的排版——主要指表格中文本的对齐设置。
- 设置表格属性——主要包括表格边框和底纹的设置。

2.2.3　案例实施

1. 制作表一

　　表一是关于"职工基本情况与个人年度业绩"，是由基本情况表和个人年度业绩表拼装而成。首先制作"基本情况表"。

　　步骤 1：新建 Word 文档，命名为"表格案例.doc"。单击"插入"标签中"表格"组的"表格"按钮，在下拉列表中选择"绘制表格"命令。指针变成铅笔状即可开始绘制表格。

首先,拖动鼠标绘制一个矩形作为表格的边框;然后,在边框内水平拖动鼠标绘制行线,垂直拖动鼠标可绘制列线。依照案例绘制表格如图 2-37 所示。

图 2-37 绘制表格的效果

注意: 绘制整条行线或整条列线拖动幅度不能过小,否则线条画不出来。若希望绘制局部的行、列线效果,可以在绘制时控制线条的起点和终点。停止绘制可按 Esc 键。

步骤 2: 擦除不需要的线条。绘制表格后,会出现"表格工具"。在"表格工具"下"设计"标签中,单击"绘图边框"组的"擦除"按钮,鼠标变成橡皮状。移动橡皮到需要擦除的线条上,单击鼠标,即可擦除该线条。擦除最后一列中的三段水平线,如图 2-38 所示。

图 2-38 擦除后的效果

步骤 3: 在表中添加文字。选中表格。单击"开始"标签中"段落"组右下角箭头,打开"段落"对话框。设置"段前"、"段后"间距为 0 行。设置字体为"宋体"、"五号"。在"表格工具"下的"布局"标签中,单击"对齐方式"组里的"水平居中"按钮。依照案例中表一,在每个单元格中输入对应文字。然后,修改以下文字:"编号"、"性别"、"单位"、"基本情况"、"部门"、"年龄"、"职务"、"电话"、"姓名"、"工龄"的字体为"楷体_GB2312";修改第四行第二个单元格中文本的对齐方式为"中部两端对齐"。调整"基本情况"的段落行距为"最小值"。

步骤 4: 调整表格大小。将鼠标指针移向表格右下角,形状变为左右双箭头时,按住鼠标左键拖动,调整表格的大小到合适的尺寸。

步骤 5: 设置底纹。选中第一列中的 4 个单元格。在"设计"标签的"表样式"组中单击"底纹"按钮,选择下拉列表中的主题颜色淡紫色。所选单元格的背景变成此颜色。依照案例,对相关单元格的底纹进行同样的设置。

步骤 6: 设置边框。选中表格。在"设计"标签的"表样式"组中单击"边框"按钮,选择下拉列表中的"边框和底纹..."选项,打开"边框和底纹"对话框。如图 2-39 所示,设置边框颜色为红色,宽度为 2.25 磅,线形为直线。最后的表格效果如图 2-40 所示。

图 2-39　设置表格边框

图 2-40　表格效果图

下面制作"个人年度业绩表"。

步骤 7: 插入另一个表格。单击"插入"组的"表格"按钮。在下拉列表中的"插入表格"下方的单元格里移动鼠标选中六行六列。单击鼠标,如图 2-41 所示,就可以插入一个六行六列的表格。

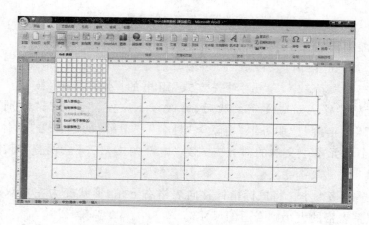

图 2-41　插入 6×6 的表格

步骤 8: 合并相应单元格。选中第一行 2~5 共 4 个单元格。在"表格工具"的"布局"标签中,单击"合并"组的"合并"按钮,这 4 个单元格合并成一个。然后分别选中第一列的前两个单元格和第六列的前两个单元格,对其进行合并,效果如图 2-42 所示。

步骤 9: 输入相关信息,如图 2-43 所示。

图 2-42 单元格合并效果

项目	2007 年销售额（万元）				合计
	第一季度	第二季度	第三季度	第四季度	
计算机	230.45	302.27	312.39	330.21	
网络设备	120.34	134.56	137.43	144.29	
其他	89.21	92.33	93.56	95.43	
小计					

图 2-43 输入文字和数据

步骤 10：设置文字字体和单元格底纹。设置前两行单元格底纹为"水绿色"背景，字体为"黑体"、"五号"；设置其余行的单元格底纹为"浅绿色"背景，字体为"宋体"、"五号"，其中数字金额字体设置为"加粗"、"深蓝色"。

设置背景色时，"底纹"按钮的下拉列表中可能没有用户需要的颜色，单击"其他颜色"，打开"颜色"对话框。用户可以在"标准"标签中选择一个用户需要的颜色，也可以在"自定义"标签中设定一种用户需要的颜色。如图 2-44 和图 2-45 所示。

图 2-44 "标准"颜色

图 2-45 "自定义"颜色

步骤 11：设置文字对齐方式。设置文字内容为数字金额的单元格对齐方式为"中部右对齐"，设置文字内容为"2007 年销售额（万元）"的单元格"靠上居中对齐"，设置其他单元格为"水平居中"对齐。

选中表格，设置其段落的"段前"、"段后"间距为"自动"。

将鼠标移至表格右下角调节大小的"小方块"上，待鼠标变成双箭头状时，拖动鼠标，使表格整体按比例缩小。将鼠标移至第二行行线上，鼠标变成调整状态。向上拖动鼠标即可调整第二行单元格的高度，使其变小。调整后的表格如图 2-46 所示。

项目	2007 年销售额（万元）				合计
	第一季度	第二季度	第三季度	第四季度	
计算机	230.45	302.27	312.39	330.21	
网络设备	120.34	134.56	137.43	144.29	
其他	89.21	92.33	93.56	98.43	
小计					

图 2-46　表格效果图

步骤 12：使用函数功能。单击"合计"下的第一个单元格。在"表格工具"的"布局"标签中，单击"数据"组的"公式"按钮，打开"公式"对话框。在"公式"下输入"＝SUM(LEFT)"，在"编号格式"中选择第二项，如图 2-47 所示，单击"确定"按钮。用同样的方法计算出下面两个单元格的金额。单击"小计"右边第一个单元格，打开"公式"对话框后，输入公式"＝SUM(ABOVE)"，如图 2-48 所示，单击"确定"按钮。用同样的方法计算出另外 4 个单元格中的金额。在所有金额前插入符号￥。

图 2-47　对左边数据求和

图 2-48　对上方数据求和

步骤 13：自定义边框。选中整个表格。右击鼠标，在菜单中选择"边框和底纹..."选项，打开"边框和底纹"对话框。在"边框"标签下选择设置为"自定义"方式。设置"颜色"为"深蓝"、宽度 2.25 磅，然后在"预览"下面直接单击需要设置的边框。修改"颜色"为"红色"、宽度 1.0 磅。如图 2-49 所示，单击"确定"按钮。表格最后的效果如图 2-50所示。

图 2-49 设置边框

项目	2007 年销售额（万元）				合计
	第一季度	第二季度	第三季度	第四季度	
计算机	￥230.45	￥302.27	￥312.39	￥330.21	￥1,175.32
网络设备	￥120.34	￥134.56	￥137.43	￥144.29	￥536.62
其他	￥89.21	￥92.33	￥93.56	￥98.43	￥373.53
小计	￥440.00	￥529.16	￥543.38	￥572.93	￥2,085.47

图 2-50 表格的最后效果图

步骤 14：将两个表格放入文本框。绘制两个文本框，将两个表格移至文本框中。将两个文本框并列排在一行，如图 2-51 所示。调整表格大小，使其高度相同。调整文本框大小，使其刚好容纳相应表格。

编号	0201	部门	销售部	姓名	李童昊	
性别	男	年龄	38	职务	经理 工龄 15	职工照片
单位	武汉微星科技公司		电话	027-88212345		
基本情况	2002 年加入本公司，2006 年调入销售部任经理，主要负责本公司在省外的销售情况。					

项目	2007 年销售额（万元）				合计
	第一季度	第二季度	第三季度	第四季度	
计算机	￥230.45	￥302.27	￥312.39	￥330.21	￥1,175.32
网络设备	￥120.34	￥134.56	￥137.43	￥144.29	￥536.62
其他	￥89.21	￥92.33	￥93.56	￥98.43	￥373.53
小计	￥440.00	￥529.16	￥543.38	￥572.93	￥2,085.47

图 2-51 拼接两个表格

步骤 15：设置两个文本框的"形状轮廓"为"无轮廓"。然后微移两个文本框使其靠拢。最后选中两个文本框，然后对其"组合"，效果如图 2-52 所示。

编号	0201	部门	销售部	姓名	李童昊	
性别	男	年龄	38	职务	经理 工龄 15	职工照片
单位	武汉微星科技公司		电话	027-88212345		
基本情况	2002 年加入本公司，2006 年调入销售部任经理，主要负责本公司在省外的销售情况。					

项目	2007 年销售额（万元）				合计
	第一季度	第二季度	第三季度	第四季度	
计算机	￥230.45	￥302.27	￥312.39	￥330.21	￥1,175.32
网络设备	￥120.34	￥134.56	￥137.43	￥144.29	￥536.62
其他	￥89.21	￥92.33	￥93.56	￥98.43	￥373.53
小计	￥440.00	￥529.16	￥543.38	￥572.93	￥2,085.47

图 2-52 组合两个表格

2. 制作表二

步骤 1: 创建表二。在"插入"标签的"表格"组中单击"表格"按钮,在下拉列表中选择"插入表格..."项。在"插入表格"对话框中输入"列数"为 21,"行数"为 13。如图 2-53 所示,单击"确定"按钮,插入一个 13×21 的表格。

步骤 2: 调整单元格。选中第一列的最后 8 个单元格。在"表格工具"下的"布局"标签中,单击"合并"组的"拆分单元格"按钮,打开"拆分单元格"对话框。设置列数为 2,行数为 8。如图 2-54 所示,单击"确定"按钮,执行拆分操作。

图 2-53　插入表格

图 2-54　拆分单元格

用"合并单元格"命令,依照案例,将相关单元格进行合并。调整部分行的行高和列宽,出现表二的大体框架,如图 2-55 所示。

图 2-55　表二的初步框架

步骤 3: 输入相关内容到表格。选中整个表格,打开"段落"对话框,设置段落格式中段前、段后间距为 0。依照案例,输入单元格中的文字内容,如图 2-56 所示。

步骤 4: 设置第一行文字字体为"宋体"、"五号",其他文字为"宋体"、"六号"。设置第一列下方两单元格文字为"粗体"。

步骤 5: 设置对齐方式表中"小计"的文字方向为垂直方向。单击该单元格,然后单击"布局"标签中"对齐方式"组的"文字方向"按钮,可使文字方向在水平和垂直间切换。表中不同单元格的文字对齐方式有所不同。例如,第一行第一个单元格为"靠下两端对齐",第二个单元格为"靠下居中对齐",第一列下方的 8 个单元格为"中部两端对齐",其余单元格为"水平居中对齐"。依照案例,在表二中调整文字方向和文字对齐方式,然后用鼠标调整部分列的列宽,效果如图2-57所示。

填报单位					年 月																
项目	机器编号	户数(户)		注册资金(万元)	广告经营额(万元)		营业收入(万元)						从业人员(人)								
		小计	其中:经营外商广告		小计	其中:经营外商广告	小计	广告代理费	广告设计制作费	户外广告发布费	自有媒体发布费	其他	小计	管理人员	客户业务人员	媒介业务人员	调查策划人员	设计制作人员	广告审查人员	其他人员	
甲	乙	1	2	3	4	5	6	7	8	9	10	11	12	13	14	15	16	17	18	19	
合计																					
其中: 国有企业																					
集体企业																					
私营企业																					
外商投资企业																					
联营企业																					
其他																					
其中: 股份有限公司																					
有限责任公司																					

图 2-56　输入文字后的表二

填报单位:					年　　月																
项 目	机器编号	户数(户)		注册资金(万元)	广告经营额(万元)		营业收入(万元)						从业人员(人)								
		小计	其中:经营外商广告		小计	其中:经营外商广告	小计	广告代理费	广告设计制作费	户外广告发布费	自有媒体发布费	其他	小计	管理人员	客户业务人员	媒介业务人员	调查策划人员	设计制作人员	广告审查人员	其他人员	
甲	乙	1	2	3	4	5	6	7	8	9	10	11	12	13	14	15	16	17	18	19	
合 计	1																				
国有企业	2																				
集体企业	3																				
私营企业	4																				
其 中　外商投资企业	5																				
联营企业	6																				
其他	7																				
其 中　股份有限公司	8																				
有限责任公司	9																				

图 2-57　调整后的表二

步骤6:在表二单元格中嵌入一个新的表。选择"插入"标签的"表格"组,单击"表格"按钮,选择下拉列表中的"插入表格"项,插入一个四行两列的表格。在表格中输入内容如下。设置字体为"宋体"、"六号"。将第一列的文字设置为"靠上右对齐",第二列为"分散对齐"(此命令在"开始"标签中),如图2-58所示。将此小表格以"嵌套表格"的方式"复制"、"粘贴"到表二第一行第三个单元格中,如图2-59所示。

表　号	广　告　2　表
制表机关	国家工商行政管理总局
文　号	工商办字[2003]第93号
备案机关	国家统计局

图 2-58　制作小表格

		表　号	广　告　2　表
		制表机关	国家工商行政管理总局
		文　号	工商办字[2003]第 93 号
		备案机关	国家统计局

图 2-59　嵌入小表格

步骤 7：设置嵌入表。将小表格的边框设置为"无框线"。选中表二，打开"边框和底纹"对话框，选择"设置"为"自定义"。先选择宽度为 1.5 磅，在预览框中只单击下边框。再修改宽度为 0.25 磅，在预览框中单击中间的水平线和垂直线，单击"确定"按钮，如图 2-60 所示。

局部设置边框如下：选择表二中的第一行单元格；再次打开"边框和底纹"对话框，选择"设置"为"自定义"；选择宽度为 1.5 磅，在预览框中单击下边框，取消其他的行、列线。如图 2-61 所示，单击"确定"按钮。这样表二就完成制作了。

图 2-60　设置边框

图 2-61　局部设置边框

2.2.4　技术解析

1. 表格中的插入操作

在某一行的上方或下方插入一整行；在某一列的左边或右边插入一整列；插入单元格。

活动单元格右移——插入单元格，并将该行中所有其他的单元格右移。

> **注意**：Word 不会插入新列。这可能会导致该行的单元格比其他行的多。

活动单元格下移——表示插入单元格，并将现有单元格下移一行。表格底部会添加一新行。

整行插入——表示在用户单击的单元格上方插入一行。

整列插入——表示在用户单击的单元格左侧插入一列。

2. 表格中的删除操作

在表格中删除一行、一列或删除单元格。

通过单击要删除的单元格的左边缘来选择该单元格。可以单击"行和列"组中的"删除"按钮，再单击"删除单元格"。在弹出的对话框中有这样几个选项：

右侧单元格左移——删除单元格，并将该行中所有其他的单元格左移。

> **注意**：Word 不会插入新列。使用该选项可能会导致该行的单元格比其他行的少。

下方单元格上移——删除单元格，并将该列中剩余的现有单元格每个上移一行。该列底部会添加一个新的空白单元格。

删除整行——删除包含用户单击的单元格在内的整行。

删除整列——删除包含用户单击的单元格在内的整列。

3．合并或拆分单元格

用户可以将同一行或同一列中的两个或多个表格单元格合并为一个单元格，也可以将选定的单元格拆分成若干列数或行数的新的形式。

4．文本的对齐

单元格中的文字有9种对齐方式。分别是：

靠上两端对齐——文字靠单元格左上角对齐；

靠上居中对齐——文字居中，靠单元格顶部；

靠上右对齐——文字靠单元格右上角对齐；

中部两端对齐——文字垂直居中，并靠单元格左侧；

水平居中——文字在单元格水平和垂直都居中；

中部右对齐——文字垂直居中，并靠单元格右侧；

靠下两端对齐——文字靠单元格左下角对齐；

靠下居中对齐——文字居中，靠单元格底部；

靠下右对齐——文字靠单元格右下角对齐。

5．设置表格的边框和底纹

可以为整个表格或表格的局部设置边框和底纹。表格的底纹是指将某种颜色作为背景，表格的边框是指设置边框的线条粗细、颜色和线形。

6．改变表格的大小

创建表格时，Word表格的列宽往往采用默认值，可以对其进行修改。根据不同的需要，有4种调整方法可供选择使用：

- 利用鼠标左键在分隔线上拖动。
- 利用鼠标左键在水平标尺上拖动。

将插入点置于表格中，水平标尺上会出现一些灰色方块，把鼠标指针移向它们，形状变为左右双箭头时，用鼠标左键对它们左右拖动即可改变相应列的列宽。

注意：用上述两种方法进行拖动的过程中如果同时按住Alt键，可以对表格的列宽进行精细微调，同时水平标尺上将显示出各列的列宽值。

- 平均分布各列或各行：在"布局"标签中的"单元格大小"组中，按钮"分布行"和按钮"分布列"，可以分别实现在所选行间平均分布高度和在所选列间平均分布宽度。
- 利用"表格属性"对话框：对于此对话框，在"表格"选项卡中可以指定表格的总宽度；在"列"选项卡中可以设定具体某列的宽度，在"行"选项卡中可以设定具体某列的高度。

2.2.5 实训指导

本案例是一个在Word文档中制表的实例。

1．实训目的

掌握如何在Word中插入和删除表格。熟悉插入和删除行、列、单元格的方法，熟悉调整行高和列宽的方法，熟悉设置表格边框和底纹的方法。

2. 实训准备

（1）知识准备

- 表格、单元格、行高和列宽的概念。
- 边框和底纹的多种形式。
- 单元格中文本的对齐形式。

（2）资料准备

- Microsoft Office 2007 环境（实训室准备）。
- 案例中所需的文字和数据（教师准备）。

3. 实训步骤

- 获得原始文本，并建立工作文件夹。创建 Word 空白文档。
- 分别创建表一中的基本情况表和个人年度业绩表。
- 依照案例擦除及合并单元格。
- 依照案例，分别调整两个表的大小、行高和列宽。
- 分别在两个表中输入相关文字内容；设置文本的字体格式和段落格式。
- 分别设置表的边框和底纹。
- 对个人年度业绩表，在相关单元格中插入函数，完成计算。最后插入货币符。
- 将表格分别放入对应文本框；设置文本框边框；依照案例，调整文本框位置。

4. 实训要求

- 实训表格的结果与案例中的表格格式基本一致。
- 实训文档如果课内无法完成需在课后继续完成。

2.2.6 课后思考

- 如何灵活使用 Word 自带的表格样式？
- 设计制作一个复杂的表格有什么技巧？

2.3 案例 3——产品说明书(手机)

2.3.1 案例介绍

手机是人们日常生活用品，人们对手机的了解来源于手机的宣传说明书。案例 3 就是针对"摩托罗拉"某款手机产品的说明书。产品说明书除了能以文字形式介绍手机的性能参数和功能以外，更强调能以鲜明的色调、图文的混排、整齐的布局来突出产品的特点，以实现对其宣传广告的作用。

本案例的综合性很强，具有实用性。通过该案例，读者将会学习如何使用和修饰文本框、如何插入和修饰图形图片、如何进行图文混排以及对多个对象进行组合等操作。相信读者在掌握该案例以后，会对文档的修饰、文档内多个元素的整体布局有更进一步的认识体会。

2.3.2 知识要点

本案例涉及 Word 的主要知识点有：
- 插入文本框——主要包括文本框的插入、文本框格式的设置等。
- 插入图形——主要包括插入自选图形、设置自选图形格式。
- 插入图片——主要包括插入图片和设置图片格式。
- 其他操作 ——主要包括多个对象的组合、排列等操作。

2.3.3 案例实施

1. 设计页面

新建 Word 文档，文档名为"手机说明.doc"。设计页面包括确定纸张大小和方向等操作。

步骤 1：本案例根据需要要将纸张方向设为横向。在"页面布局"标签中的"页面设置"任务组中单击"纸张方向"按钮，在下拉列表中选择"横向"，如图 2-62 所示。继续单击该任务组中的"纸张大小"按钮，在下拉列表中选择"A4"大小。这样页面就变成案例所需要的格式。

步骤 2：将编辑窗口右下角的"显示比例"调整为 64%，以方便后面的设置，如图 2-63 所示。在"插入"标签中的"插图"任务组中单击"形状"按钮，选择下拉列表中"基本形状"中的矩形。拖动鼠标画一个矩形。这时，功能区出现绘图工具"格式"标签。在"大小"任务组中设置矩形大小为高度 3.83 厘米、宽度 30 厘米，拖动矩形到页面上部并与页面边框对齐。

图 2-62　设置纸张方向

图 2-63　调整显示比例

步骤 3：首先，在"形状样式"任务组中单击"形状填充"按钮，在下拉列表中选择主题颜色为"蓝色"；然后，在下拉列表中单击"渐变"按钮，在其下级菜单中选择"深色变体"中第二行第四项"角部辐射"，如图 2-64 所示；最后，单击"形状轮廓"按钮，在下拉列表中选择"无轮廓"。

步骤 4：找到"阴影效果"任务组。单击"阴影效果"按钮，在下拉列表中选择"阴影样式

3"。继续在该下拉列表中单击"阴影颜色"按钮,在其下级菜单选项中选择颜色为"深红",如图 2-65 所示。在矩形上右击鼠标,在弹出的菜单中单击"叠放次序",在其中选择"衬于文字下方"选项。

图 2-64　设置渐变色

图 2-65　设置阴影

步骤 5:按照上述方法,再绘制一个矩形,设置其高度为 0.83 厘米、宽度为 30 厘米、填充颜色为"淡蓝色"。将该矩形移至页面底部并与页面边框对齐。最后,在矩形上右击鼠标,在弹出的菜单中设置"叠放次序"为"浮于文字上方"。

步骤 6:选择"插入"标签下的"页"任务组,单击"空白页",插入新的空白页面。将第一页中下方的矩形复制、粘贴到第二页,然后移动它到适当的位置即可。效果如图 2-66 所示。

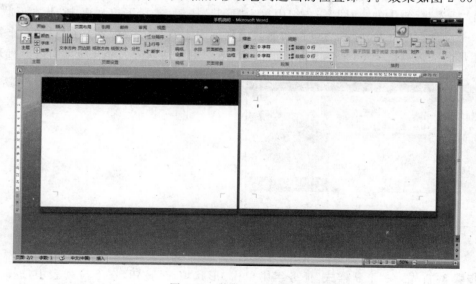

图 2-66　修饰页面效果图

2. 插入文本框

文本框是一个对象,可以利用它将文本添加到页面的任意位置。利用文本框会使文档的版面更加丰富多彩。在本案例中,就是通过插入文本框的方式来为页面添加文本以及布局文本的。

　　步骤1：选择"插入"标签，在"文本"任务组中单击"文本框"按钮，在下拉列表中选择"内置"中的"简单文本框"，一个文本框就被插入到页面中了，如图2-67所示。

图2-67　插入简单文本框

　　步骤2：在随即出现的"文本框工具"下的"格式"标签中找到"大小"任务组，将其高度和宽度分别设置为3.65厘米和8.19厘米，如图2-68所示；找到"文本框样式"任务组，单击"形状轮廓"按钮，在"标准色"中选择"蓝色"；在"阴影效果"任务组中单击"阴影效果"按钮，选择"阴影样式4"，如图2-69所示。

图2-68　设置大小　　　　　　　　　　图2-69　设置阴影

　　步骤3：删掉文本框中的默认文字。在文本框上右击，选择菜单中的"复制"命令；连续单击"开始"标签里"剪贴板"任务组的"粘贴"按钮，在第一个页面上复制出6个文本框，在第二个页面上复制出7个文本框；用鼠标将这些复制出来的文本框分别拖到页面上的相应位置，如图2-70所示（为方便说明，为这13个文本框编上序号）。

　　提示：用鼠标指向文本框边框，当指针变成十字箭头时，可以移动该文本框对象。若要复制某个文本框，还可以在按下Ctrl键的同时拖动该文本框。

图 2-70 文本框的基本布局

3. 添加文本

手机说明信息被保存在 t3-1. txt 文档中,将该文件打开。

步骤 1:在 t3-1. txt 文档中,将"基本技术参数"下面六行的文字内容选中,右击鼠标,选择"复制"。回到页面,在第 1 个文本框中单击鼠标,文本框呈输入状态,右击鼠标,选择"粘贴"命令,文字被复制到该文本框中。依次将"外观设计"、"通话功能"、"图像及视频功能"、"音乐功能"、"信息功能"、"连接功能"、"上网功能"、"电子邮件"、"即时通信"、"游戏及应用"、"信息管理"和"智能系统"下面的信息文字复制到第 2~13 个文本框中。由于有些文本内容较多,文本框不能完全显示出来,这时需要用鼠标来对文本框高度和位置进行调整。

> **提示:**调整文本框高度可以在"格式"标签的"大小"任务组中直接输入高度值,也可以利用鼠标拖动文本框边框改变其大小。文本框边框上有 8 个拖动点,移动鼠标到拖动点上,当指针变成↔时,拖动此指针可以调整"文本"窗格的大小。拖动圆形点,可同时改变高度和宽度;拖动水平边上的方形点可以改变高度;拖动垂直边上的方形点可以改变宽度。

步骤 2:选中第一个文本框中的内容,设置文字字体为"宋体",字号为"小五",效果为"加粗"。利用"格式刷"将该格式复制给第 1~13 个文本框中的文本。稍作调整后,效果如图 2-71 所示。

图 2-71 设置文本格式

4. 添加文本框头

步骤 1： 打开"插入"标签，在"文本"任务组中单击"文本框"按钮，选择下拉列表中的"绘制文本框"项，在页面空白处拖动鼠标，绘制一个文本框。

步骤 2： 在文本框上右击鼠标，在菜单中选择"设置文本框格式…"选项，打开"设置文本框格式"对话框，在"大小"标签中设置"高度"绝对值为 0.84 厘米，"宽度"绝对值为 4.76 厘米。在"颜色与线条"标签中设置"线条"颜色为"无颜色"，如图 2-72 所示。单击"填充效果…"按钮，打开"填充效果"对话框，选择"图片"标签，单击"选择图片…"按钮，在"选择图片"对话框中选中图片"框头.jpg"，单击"确定"按钮，如图 2-73 所示。一个文本框头就创建好了。将框头移动到第一个文本框上，如图 2-74 所示。

图 2-72　设置文本框颜色

图 2-73　设置填充

图 2-74　框头效果

步骤 3： 复制该文本框头，为每一个文本框添加框头。在每个框头中依次输入文字"基本技术参数"、"外观设计"、"通话功能"、"图像及视频功能"、"音乐功能"、"信息功能"、"连接功能"、"上网功能"、"电子邮件"、"即时通信"、"游戏及应用"、"信息管理"、"智能系统"。设置框头中的文字格式为"黑体"、"五号"、"加粗",颜色为"白色"。效果如图 2-75 所示。

图 2-75　添加框头文字

5. 调整文本框位置

经过以上步骤后,页面的大致框架也就显现出来了。但是,用户可能会发现文本框之间出现了重叠、间隔不统一,或者框头和文本框怎么都对不齐等问题。下面开始要对其进行调整。

步骤 1:找到某个无法对齐的框头,单击其边框,然后直接按键盘上的方向箭头键即可将框头朝对应方向进行细微移动。用该方法使每个框头都被准确地放置到相应位置。

> **提示:**在移动对象时,若要限制对象以使它仅沿水平或垂直方向移动,请在按住 Shift 键的同时拖动该对象。要小幅移动对象,可选中该对象后,按箭头键调整。

步骤 2:单击第一个文本框,在按下 Shift 键的同时再单击第一个文本框头,同时选中两个文本框。选择"文本框工具"下"格式"标签里的"排列"任务组,单击"组合"按钮,在下拉列表中选择"组合"命令。如图 2-76 所示。这样,两个文本框被组合为一个对象整体。将每个文本框头和其对应下方的文本框进行组合。

图 2-76　组合对象

> **提示:**"组合"可以将选中的两个或多个对象联结起来,看作一个对象来处理。若要取消组合对象,请在"格式"选项卡上的"排列"组中,单击"组合"按钮,然后单击"取消组合"。

步骤 3:按照范例所示,分别将第 1、3、6 个文本框放置到距离页边框合适的位置。

按住 Shift 键,同时选中第 1、2、3 个文本框及其框头,在"图片工具"下的"格式"标签中的"排列"组中单击"对齐"按钮,选择下拉列表中的"左对齐"项。再次单击"对齐"按钮,选择"纵向分布"项,如图 2-77 所示。

图 2-77　设置文本框的对齐

同时选中第 1、4、6 个文本框,单击"对齐"按钮,选择"横向分布"项。

同时选中第 1 和第 4 个文本框,单击"对齐"按钮,选择"顶端对齐"项。

同时选中第 4 和第 5 个文本框,单击"对齐"按钮,选择"左对齐"项。

同时选中第 3 和第 5 个文本框,单击"对齐"按钮,选择"底端对齐"项。经过上述操作,第一个页面中的文本框就变得整齐了。

按照此方法,对第二页的文本框进行调整。最后效果如图 2-78 所示。

图 2-78　对齐后的效果

6. 添加图片

步骤 1:选择"插入"标签中的"插图"组,单击"图片"按钮,打开"插入图片"对话框;在对话框中找到图片"MOTOROLA1200(1).jpg",双击插入该图片。在图片上右击鼠标,单击菜单命令"文字环绕",在下级菜单中选择"浮于文字上方"选项。

提示：插入图片后，会出现"图片工具"下的"格式"标签。在标签中的"排列"组里也可找到"文字环绕"项，并进行相应设置。

步骤 2：在图片上右击鼠标，选择"大小"项，打开"大小"对话框。在对话框中设置图片"高度"为 8.4 厘米、"宽度"为 6.34 厘米、"旋转"为 15°，如图 2-79 所示。

图 2-79　设置图片格式　　　　　　　　图 2-80　旋转手柄

提示：图片是围绕中心被旋转的。旋转图片还可以通过图片顶端的"旋转手柄"。将鼠标移到"旋转手柄"上，鼠标形状变成弯曲箭头时（图 2-80），按照所需方向拖动即可进行旋转。要将旋转变化幅度限制为 15°角，可在拖动旋转手柄的同时按住 Shift 键。要指定精确的旋转角度，可在"大小"对话框中输入图片旋转的度数。

步骤 3：下面要将手机图片部分区域变成透明，以便更好地层叠在蓝色区域上。单击手机图片，在"图片工具"下"格式"选项卡上的"调整"组中，单击"重新着色"。单击"设置透明色"，然后单击手机图片中要使之变透明的颜色。图片变化效果如图 2-81 所示。

图 2-81　设置图片透明效果

步骤 4:用相同的方法,在页面中插入图片"M.jpg"。设置其"文字环绕"为"浮于文字上方",将其拖到页面左上方。将图片按上述方法将图片深蓝色部分变成透明。

根据需要对该图片进行局部裁剪。选中该图片,在"图片工具"下"格式"标签中的"大小"组里单击"裁剪"按钮,图片边框出现 8 个裁剪点,将鼠标放在任一点上拖动,就可以裁剪掉相应的区域。图片裁剪变化过程如图 2-82 所示。最后将图片大小设置为:"高度"1.11厘米,"宽度"1.11 厘米。

图 2-82 裁剪图片的过程

步骤 5:插入图片"MOTOA1200(2).jpg"。设置其"文字环绕"为"浮于文字上方",将其放置到第一页的页面右下方,并对其大小进行调整。单击"格式"标签里"图片样式"组的"图片效果"按钮,在下拉列表中单击"映像"按钮,然后再选择下层列表里"映像变体"中的第一个类型"紧密映像,接触"。最后单击"调整"组的"重新着色",在列表中选择"颜色模式"中的"黑白"色,效果如图 2-83 所示。

步骤 6:在第二个页面中插入手机图片"MOTOROLA 1200(3).jpg"。设置其"文字环绕"为"浮于文字上方",将其放置到页面中部。设置其大小为"高度"10.95 厘米、"宽度"6.66 厘米。

图 2-83 图片映像效果

步骤 7:在第二个页面中绘制文本框,将文本框拖到页面右下方。在文本框中依次插入图片"移动内存卡.jpg"、"蓝牙耳机H700.jpg"、"MPT 数据套装.jpg"。调整图片大小,并在图片旁输入文字说明,文字格式为"小四"、"宋体"、"加粗"。

两个页面的效果如图 2-84 所示。

图 2-84 添加图片后的效果

7. 添加艺术字

步骤 1:选择插入位置后,在"插入"标签的"文本"组中,单击"艺术字",选择下拉列表中的"艺术字样式1",打开"编辑艺术字文字"对话框。在文本中输入"摩托罗拉",修改字体为"楷体",并单击"确定"按钮,如图2-85所示,艺术字就被添加到页面上了。

图2-85　编辑艺术字

图2-86　更改艺术字形状

步骤2:窗口中出现"艺术字工具"的"格式"标签,如图2-87所示。在"排列"组中设置艺术字"文字环绕"方式为"浮于文字上方";在"艺术字样式"组中单击"形状填充"按钮,设置艺术字填充色为"白色";单击"形状轮廓"按钮,设置艺术字轮廓颜色为"白色";单击"更改形状"按钮,设置形状为"双波形1",如图2-86所示。在"大小"组中设置其高度为0.75厘米、宽度为3厘米。参照案例,将艺术字移到指定位置。

图2-87　艺术字"格式"标签

步骤3:用同样的方法添加艺术字"明 尚品PDA"页面中。设置其字体格式为"隶书",填充色为"白色",轮廓颜色为"白色",形状为"左近右远",大小为高度0.7厘米、宽度3.5厘米,效果如图2-88所示。

图2-88　艺术字效果图

8. 其他内容

步骤1:绘制3个文本框,放在页面顶部。设置3个文本框为"顶端对齐"及"横向分布"。在文本框中输入相应的文字内容,文字格式为"黑体"、"五号"、"加粗",如图2-89所示。

同时选中3个文本框,设置"文本框样式"。设置"形状填充"为"无填充颜色",设置"轮廓颜色"为"无轮廓"。修改文本颜色为"白色",效果如图2-90所示。

步骤2：为文本框中每项信息添加"项目符号"。对需要强调突出的部分文本，更换其颜色。

图2-89 绘制文本框

图2-90 修饰文本框样式

步骤3：绘制一个文本框，设置文本框"形状填充"为"淡紫色"，设置其"形状轮廓"为"无轮廓"。将 t3-1.txt 文档中最后一段文字复制到文本框中。设置文字格式为"宋体"、"小五"、"加粗"。最后移动文本框到第二页页面左下方，效果如图2-91所示。

图2-91 效果图

步骤4：在第二页中的手机图片旁，绘制一个文本框，设置其"形状轮廓"为"无轮廓"。在文本框中输入文字"听筒"，设置字体格式为"宋体"、"五号"。参照案例，移动文本框到合适的位置。在"插入"标签里"插图"组中单击"形状"，选择"直线"，在文本框和图片中听筒位置之间绘制一条直线。

用上述方法，对手机图片中的各个部件进行文字说明，效果如图2-92所示。

2.3.4 技术解析

本案例所涉及的是文本编辑的综合性技术，主要是关于文本框的设置、图片的设置以

图2-92 添加直线

及形状的绘制等内容。

1．文本框的设置

　　Word 提供了内置的 30 多种文本框模板，主要是排版位置、颜色、大小有所区别，用户可根据需要选择一种，也可以绘制文本框。绘制的文本框有两种类型：横排（文字方向为横向）和竖排文本框（文字方向为竖向）。插入后可看到文本框工具栏已经弹出，输入所需要的内容，之后对文本框进行美化。

　　在"文本框样式"任务组，可对文本框填充颜色、外观颜色进行调整。还可单击下拉小箭头，弹出"设置自选图形格式"对话框，可以设置大小、版式等。在该组的下拉列表中是可选择的 Word 内置的文本框样式，有不同颜色、不同形式的轮廓和填充效果，鼠标移到某一项上去时，用户可以预览到该样式的效果。如果没有用户满意的样式，可以自行设置。

　　设置填充效果——是文本框背景的设置。文本框的背景可以是单纯的一种背景颜色，也可以是图片、渐变色、纹理或图案。案例中文本框头就是以图片作为填充。

　　渐变是指颜色和阴影逐渐变化的过程，通常从一种颜色向另一种颜色或从同一种颜色的一种深浅向另一种深浅逐渐变化。颜色的透明度可以通过移动"透明度"滑块，或者在滑块旁边的框中输入一个数字来调整。透明度百分比可以在 0%（完全不透明，默认设置）和100%（完全透明）之间变化。

　　纹理源于生活中的不同材质。例如，大理石、编织物、木头等。Word 提供了 24 种纹理。纹理也可以自行定义。

　　Word 提供了 48 种背景图案。例如，大棋盘、小棋盘、网格、球体等。图案的前景色和背景色可以分别进行设置。

　　设置轮廓效果——是文本框边框的设置。可以设置边框线的颜色、粗细和虚线线形。虚线有方形虚线、圆形虚线、长划线、短划线、画线点等类型。轮廓颜色和填充颜色是两回事，轮廓颜色是文本框边框的颜色。可以将文本框设为"无轮廓"。

　　设置阴影效果——是文本框阴影的设置。在"阴影效果"按钮下的列表中有 20 种阴影效果可以选择，而阴影的颜色也可以单独设置。

　　设置排列效果——设置文本框对齐方式和环绕方式。对齐方式有：左对齐、左右居中、右对齐、顶端对齐、上下居中、底端对齐。环绕方式有：四周型、紧密型、穿越型、上下型、衬于文字下方、浮于文字上方和嵌入型。

　　要将对象的边缘向左对齐，请单击"左对齐"。要将对象沿中心垂直对齐，请单击"左右居中"。要将对象的边缘向右对齐，请单击"右对齐"。要对齐对象的上边缘，请单击"顶端对齐"。要将对象沿中线水平对齐，请单击"上下居中"。要对齐对象的下边缘，请单击"底端对齐"。要左右居中对齐多个对象，请单击"横向分布"。要垂直上下居中对齐对象，请单击"纵向分布"。

2．图片的设置

　　插入图片——所插入图片的左下角将定位于插入点。在"插入"标签上，单击"图片"按钮。通过浏览找到包含要插入的图片的文件夹，单击图片文件，然后单击"插入"按钮。

　　调整图片大小——如有必要，可以单击插入的图片，然后通过拖动尺寸手柄来调整图片大小，调整图片大小还有以下两种方法：

- 右击鼠标,选择"设置图片格式…"选项,打开"设置图片格式"对话框。在其中可以设置宽度和高度。
- 直接在"图片工具"的"格式"标签的"大小"组中进行修改。

设置图片位置和环绕——在 Word 中插入或粘贴的图片环绕方式默认为"嵌入型",在这种环绕方式下图片既不能旋转也不能拖动移位,插入图片经常还需要将版式调整为"四周型"再进行处理。环绕方式有:四周型、紧密型、穿越型、上下型、衬于文字下方、浮于文字上方和嵌入型。设置方法和文本框相同。

如有必要,可以对图片进行旋转。方法一:将鼠标移到图上的旋转柄上,然后按下左键,拖动鼠标即可。方法二:在"图片工具"的"格式"标签中,单击"排列"组的"旋转"按钮,在下拉列表中选择旋转的角度。

3. 形状的设置

Word 内置有 6 种类型近 140 个形状。分别是线条形状、基本形状(矩形、圆形等)、箭头形状、流程图形状、标注形状和星与旗帜。这些形状可以直接插入到页面中。其大小、轮廓颜色、填充的设置方法和文本框是相同的。

2.3.5　实训指导

本案例是一个在 Word 中综合编辑文档、图片和图形的实例。

1. 实训目的

掌握如何在 Word 文档中插入和删除文本框,如何插入和删除图形和图片。能熟练对文本框、图片及图形进行设置和布局。

2. 实训准备

(1) 知识准备

- 文本框的边框和底纹形式。
- 图片和图形的设置(旋转、阴影、透明度)。
- 对象的布局(对齐方式和环绕方式)。

(2) 资料准备

- Microsoft Office 2007 环境(实训室准备)。
- 案例中所需的文字和图片(教师准备)。

3. 实训步骤

- 获得原始文本和图片,并建立工作文件夹。
- 创建 Word 空白文档,完成页面设置。
- 在第一张页面的顶端和低端各添加一个蓝色边栏,在第二页低端添加一个蓝色边栏。对边栏进行修饰。
- 依照案例,添加若干相同形式的文本框。移动文本框到适当的位置。在文本框中输入文本(或将文本复制到相应文本框中)并设置文本格式。对相应的文本设置项目符号。
- 调整文本框大小。为文本框添加框头后,对其设置组合。
- 整体地对文本框进行水平、垂直等方式的对齐设置。

- 分别插入手机图片到第一页和第二页中合适的位置。调整图片大小。对第一页中的图片进行旋转、透明、裁剪等设置。
- 在第一页中插入艺术字,对艺术字进行修饰;在第二页中插入直线图形,为手机的各个部件进行文字性的说明。

4. 实训要求

- 实训文档的结果与案例样文的格式基本一致。
- 实训文档如果课内无法完成需在课后继续完成。

2.3.6　课后思考

- 总结创建和布局多个文本框的技巧?
- 在文档中如何合理安排文本框、图形、图片等多个对象?

第 3 章

Word高级应用

 学习目标

　　本章以"毕业论文排版"、"商务信函"和"小型报纸编辑"3 个案例为主线，在 Word 基本应用的基础上进一步介绍了 Word 文档编辑的高级应用方法，主要包括长文档的排版技巧、页面设置的高级应用、邮件合并的使用方法、文本框的使用等高级编辑技巧，完成学习 Word 环境下特殊文档的编辑排版方法。

 实用案例

毕业论文排版

商务信函

小型报纸编辑

3.1 案例1——毕业论文排版

3.1.1 案例介绍

毕业设计是各专业教学计划的最后一个重要环节,其主要目的是检验学生综合利用所学知识独立分析、解决实际问题的基本能力。毕业论文是根据所做毕业设计课题提交的一份有一定学术价值的文章,它反映了作者掌握专业基础知识的程度以及利用这些知识进行课题研究的实际应用能力。毕业论文是学生第一份研究工作的文字记录,在内容和格式两方面都应做到科学严谨、有条理。

本案例是按照论文的一般格式要求对××学院××学生的毕业论文进行排版,主要应用 Word 编排长文档的各项功能,使论文看起来前后格式统一、各章节层次清晰,充分体现毕业论文的格式要求和特点。

3.1.2 知识要点

本案例涉及 Word 的主要知识点有:
- 样式的使用——主要包括新建、编辑、修改、应用样式。
- 多级符号的使用——设置多级符号的格式和形式。
- 页眉设置的高级应用——主要包括页眉中插入"域",分节进行页眉设置等。
- 页脚设置的高级应用——主要包括不同页脚显示方式不同的设置等。
- 插入题注——主要包括插入题注和更新题注。
- 其他格式——包括文档网格的设置、利用已有文档自动生成目录等。

3.1.3 案例实施

1. 设定纸张大小

每篇文档在进行格式编辑之前都应该首先设定纸张大小。设定纸张大小的方法是在"页面布局"选项卡上的"页面设置"组中单击"纸张大小",如图 3-1 所示。可以使用 Word 已经设定好的纸张大小,例如 A4、B5 等。

也可以采用自定义的纸张大小,选择"纸张大小"中的"其他页面大小"选项,弹出如图 3-2 所示的对话框,在"纸张大小"下拉菜单中选择"自定义大小"选项,并在下面的"宽度"和"高度"文本框中输入纸张的大小数据即可。

图 3-1　更改纸张大小

图 3-2　"纸张大小"选项卡

2．设定文档网格

设定文档网格可以规定文档每页上文字的行数和每行的字数。

设定文档网格的方法是在"页面布局"选项卡中打开"页面设置"对话框,如图 3-3 所示。在弹出的如图 3-4 所示的"页面设置"对话框中选择"文档网格"选项卡,在"网格"中选中"指定行和字符网格"单选按钮,并在"字符数"和"行数"的文本框中分别输入数字指定页面的行数和每行的字符数。

图 3-3 "页面设置"对话框

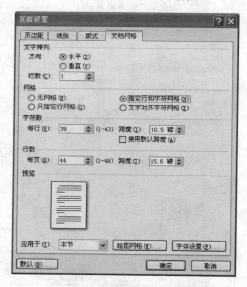

图 3-4 设置"字符数"和"行数"

步骤 1：新建 Word 文档，选择"页面布局"选项卡中"纸张大小"下拉菜单中选择"A4"类型的纸张。

步骤 2：打开"页面设置"对话框，在"文档网格"选项卡上的网格选项中选择"指定行和字符网络"单选按钮，然后指定每行的字符数为 39，每页 44 行。

3. 样式的使用

使用样式，可以将所选文字的字体和段落格式设置保存下来，方便以后使用。合理地使用样式可以简化文档的格式设置操作，使不同级别的标题或文字的格式分别具有统一的字体格式和段落格式，提高工作效率。Word 提供一些样式供用户选择使用，用户也可以根据自己的需要建立新的样式,或在已有样式的基础上加以修改然后应用到自己的文档。

(1) 应用样式

选中要应用样式的文字,在"开始"选项卡上的"样式"组中单击一种样式名称就可将该样式应用于所选文字,如图 3-5 所示。若需要查看更多的样式就单击"其他"按钮打开样式库,如图 3-6 所示,选择一种样式应用于文字或段落;或者打开"样式"对话框选择合适的样式应用,如图 3-7 所示。

图 3-5　应用样式后的效果

图 3-6　样式库

将文档中的标题设定成不同的格式,除了可以规范不同层次标题的字体格式和段落格式之外,同时也将不同样式的标题设定成了不同的级别,文档按照"标题 1"、"标题 2"……级别依次降低,方便用户以大纲视图查看和进行长文档编辑。

> **提示:**(1) 选中要设置格式的文字后,将鼠标指针指向某个样式时便会显示选中文字应用该样式后的效果,当鼠标指向别处时,此效果消失。
>
> (2) 将光标定位于某个段落,将鼠标指针指向某个样式时便会显示这个段落应用该样式后的效果,当鼠标指向别处时,此效果消失。
>
> (3) 在"样式"对话框中,用鼠标指针指向某个样式,会看到该样式中各种格式的详细信息。

(2) 编辑样式

用户可以在 Word 提供的已有样式的基础上进行修改,使之符合自己的使用要求。编辑样式的方法有两种。

第一种,选择其样式的样式属性需要更改的文本,进行新格式的设置,然后在样式库的该样式上右击鼠标,选择"更新以匹配所选内容"。

第二种,直接在"开始"选项卡的"样式"组中,右击要修改属性的样式名称,单击"修改"命令,弹出如图 3-8 所示"修改样式"的对话框,在此对话框中按要求修改各种格式后单击"确定"按钮保存编辑好的样式。

图 3-7 "样式"对话框

图 3-8 "修改样式"对话框

步骤 1：将毕业论文中"标题 1"的字号修改为"小三"，字形设置为"加粗"，对齐方式修改为"居中"，段后空 0.5 行，行距设置为"固定值"，值为"20 磅"，保存样式，将此样式应用于论文每章的章标题（即论文的第一级标题）。

步骤 2：将毕业论文中"标题 2"的字号修改为"四号"，字形设置为"加粗"，段前段后各空 0.5 行，行距设置为"固定值"，值为"20 磅"，保存样式，将此样式应用于论文的二级标题。

步骤 3：将毕业论文中"标题 3"的字号修改为"小四"，字形设置为"加粗"，行距设置为"固定值"，值为"20 磅"，保存样式，并应用于论文的三级标题。

步骤 4：将毕业论文中"正文"的字号修改为"小四"，行距为"固定值"，值为"20 磅"，行距设置为"固定值"，值为"20 磅"，首行缩进"2 字符"，应用于论文的正文。

步骤 5：将论文文本复制到此文件中，并将各个标题和正文分别应用对应的样式。

（3）新建样式

如果 Word 提供的样式都不满足用户的需要，用户可以创建自己的新样式。新建样式的方法有两种，一是选中已经设定好格式的文字，右击鼠标，在弹出的快捷菜单中单击"样式"菜单，选中"将所选内容保存为新快速样式"的命令，在弹出的提示框中输入新样式的名称即可，若需要再次修改样式，可以单击该对话框中的"修改"命令；二是在"样式"对话框中单击"新建样式"的按钮，在弹出的对话框中设置样式的名称，修改好格式，单击"确定"按钮即可。

> 提示：新建的样式会显示在样式库中以供使用。
>
> 建议：尽量直接对 Word 提供的样式加以修改来使用而不是新建样式来使用。

4. 多级符号的设置

多级符号通过不同级别来显示列表项，可以使用多级符号为文档的标题添加编号，使得文档中的同级标题编号具有相同的格式和统一的编号样式。

（1）使用样式库中的多级列表

可以直接使用 Word 提供的多级符号样式。选中需要设置多级符号的文字，一般来说是标题文字，在"开始"选项卡的"段落"组中，选择"多级列表"的下拉按钮，如图 3-9 所示，在弹出的多级列表样式库中选择合适的列表样式就可以在所选文字上应用该多级符号的样式，如图 3-10 所示。

图 3-9　多级符号列表按钮

（2）自定义多级列表

在图 3-10 显示的"列表库"对话框中选择"定义新多级列表"命令，弹出如图 3-11 所示的"定义新的多级列表"对话框，在级别框中选择要修改的多级列表的级别，在"输入标号的格式"中设置该级别符号的格式，在"此级别的编号样式"中选择一种编号样式，在"位置"栏中设定该编号的段落格式，然后单击"确定"按钮保存此多级符号的样式和格式设置。

若要设置更多选项，单击此对话框左下角的"更多"按钮，可以展开更多的项目，如图 3-12

所示,可以在"将级别链接到样式"中将当前级别的符号链接到某一种标题样式,令该样式的文字自动具有指定的级别。

图 3-10　样式库

图 3-11　"定义新多级列"表样式

图 3-12　展开更多多级列表选项

提示:如果要将一个多级列表移至其他编号级别,选择该项目,单击位于"开始"选项卡上的"段落"组中"项目符号"或"编号"旁的下拉按钮,指向"更改列表级别",然后单击要将该列表项目移动到其中的列表级别。

步骤 1:选中毕业论文的第一章的标题选中,单击多级列表下拉按钮,在弹出的列表库中选择具有"第 1 章、1.1、1.1.1……"格式的多级列表样式,将每一章的章标题都设置成这种多级符号样式。

步骤 2:依次选中毕业论文的第二级、第三级……标题,都设置成同章标题具有相同多级符号的样式,第二级、第三级等标题就会按照层次自动具有 1.1、1.1.1……编号格式。

5.分页符的使用

一般来说,在文档的一个章节书写完毕之后,即使这一章节的最后一页没有写满,也会从新页上开始下一章节的书写,这种情况下最好采用插入分页符的方法开始新的一页,而不是手动输入回车的方法。

将光标放置到要开始新一页的地方,在"页面布局"选项开的"页面设置"组中选择"分隔符"下拉菜单中的"分页符"命令。

> **提示:**(1) 在本案例中,每一章中要开始新页时使用插入"分页符"的方式。
>
> (2)尽管手动输入回车也可以达到分页的效果,但由此插入的回车符号会在调整文档的过程中带来很多麻烦,所以在任何文档的编辑过程中要尽量避免出现手动分页的操作。

6.分节符的使用

在长文档中插入分节符可以有效地实现对文档的分段处理,例如,可以将不同分节符之间的文档设定不同的页眉文字等。

(1) 插入分节符

在长文档中插入分节符的方法是将光标放置到要插入分节符的位置,在"页面布局"选项卡的"页面设置"组中选择"分隔符"下拉菜单,如图 3-13 所示,在弹出的菜单中提供"下一页"、"连续"、"偶数页"、"奇数页"4 种类型的分节符,按照需要选择一种类型的分节符插入即可,如图 3-14 所示。

图 3-13 "分隔符"按钮

图 3-14 "题注"对话框

其中,"下一页"命令用于在下一页开始新的节,"连续"命令用于在同一页上开始新一节,"偶数页"或"奇数页"用于在下一个偶数页或奇数页开始新一节。

(2) 删除分节符

将光标移至需要删除的分节符前面,按键盘上的 Delete 键即可删除该分节符。

提示:(1)分节符控制它前面文本节的格式,删除分节符会同时删除该分节符之前的文本节的格式,这些文本将同后面节的文本采用相同的格式。

(2)分节符在文档的普通视图中以双虚线的方式显示,如果看不到,可以单击"Microsoft Office"按钮,选择"Word 选项",在左侧窗口中选择"显示",勾选右侧窗口中的"显示所有格式标记"复选框,并单击"确定"按钮,就可在文档中看到分节符的标记显示了。

注意:本案例中,封面末尾、目录末尾、每章的末尾处都插入"下一页"类型的分隔符。

7. 题注

(1)插入题注

题注是文档中表格或者图片的编号标签,给对象插入题注不仅可以对对象进行说明,还

图 3-15 选择分页方式

可以对对象进行管理。插入题注的方法是选中要插入题注的对象,可以是一张表格,或者是图表、图片等,在"引用"选项卡中选择"插入题注"的命令,弹出"题注"对话框,如图 3-15 所示,在对话框中设置题注的格式。

在"标签"下拉按钮中设置标签的名称,如果想使用自己定义的标签名称,请单击"新建标签"按钮,在弹出的提示框中输入标签名称,单击"确定"按钮,这样新建的标签名称就会出现在"标签"下拉菜单中,若只想在题注中出现编号而不出现标签,就勾选"题注中不包含标签"复选框。在"位置"下拉框中选择标签插入到对象的上方还是下方。单击"编号"按钮,打开"题注编号"对话框,在"格式"下拉菜单中选择一种编号格式,勾选"包含章节号"复选框,可以在题注编号之前加上章节的编号,并且可以在"章节的起始样式"列表中选择应用于章节标题的标题样式,在"使用分隔符"列表中选择一种将章节号和题注编号分隔开来的样式。

设置好各种题注格式之后,单击"题注"对话框中的"确定"按钮,将设置好的题注应用于选中的对象。

(2)删除题注

选择文档中要删除的题注,按键盘上的 Delete 键就可以删除选中的题注。

(3)更改题注

选择要更改的题注编号,然后在"引用"选项卡上的"题注"组中,单击"插入题注"命令,在弹出"题注"对话框上修改相应的项目,然后单击"确定"按钮就保存了对题注格式的修改。

(4)更新题注

如果文档中插入了新的题注,Word 会自动更新题注的编号;如果移动或者删除题注,那么可以手动更新题注,方法是选择要更新编号的题注,右击鼠标,选择快捷菜单中的"更新域"命令。

提示:一般来说,图片的题注放在图片的下方,表格的题注放在表格的上方。

步骤 1: 在"开始"选项卡的"样式"组中打开"样式库",选择"新建样式"的命令,将样式命名为"题注样式",设置字体为"黑体",字号为"五号","居中"对齐。

步骤 2: 选择论文中插入的图片,在"引用"选项卡中的题注组中选择"插入题注"的命令。在弹出的"题注"对话框中单击"新建标签"按钮,输入新的标签名称"图",单击"确定"按钮。

步骤 3: 在"题注"对话框的"标签"选项栏中选择"图",在"位置"选项栏中选择"所在项目下方",不勾选"题注中不包含标签"的复选框。单击"编号"按钮,选择编号格式为"1,2,3……",勾选"包含章节号"复选框,设置章节的起始样式为"标题1",设置"连字符"为章节与编号之间的分隔符,单击"确定"按钮,回到"题注"对话框,单击"确定"按钮,在图片的下方出现题注文本框,输入图片的名称,并应用步骤1中的"题注样式"格式。

步骤 4: 依照步骤3的顺序依次设置论文中的每个图片。

步骤 5: 依照图片的题注设置方法设置表格的题注,注意在"标签"选项栏中选择"表格",在"位置"选项栏中选择"所在项目上方"。

8. 生成目录

(1) 从已有文档生成目录

Word 可以根据文档已有的标题样式(如标题1、标题2、标题3 等)创建目录。将光标放置到要插入目录的位置上,一般来说是在封面后的新一页,在"引用"选项卡上的"目录"组中单击"目录"命令,弹出如图 3-16 所示菜单,选择需要的目录样式。

如果需要进行更详细的目录格式设置,请在刚才的弹出的菜单中选择"插入目录"的命令,弹出"目录选项"对话框。勾选"显示页码"可以在目录中显示页码,勾选"页码右对齐"可以控制页码的对齐方式为右对齐,在"制表符前导符"的下拉菜单中选择一种符号作为标题和页码之间的连接符号。勾选"使用超链接而不使用页码"可以在目录中只显示标题,不显示页码,通过单击标题就能直接定位到相应的页面上。单击"选项"按钮,弹出"目录选项"对话框,如图 3-17 所示,在"目录级别中"输入 1~9 中的任意一个数字,可以指定需要显示在目录上的标题级别,如果要去掉一级标题的显示,那么就在"目录级别"中删除一个数字,设置好之后单击"确定"按钮。

图 3-16　选择目录样式

图 3-17　设置目录样式

（2）修改目录格式

如果需要修改 Word 提供的目录样式再加以应用，可以在"目录"选项卡中单击"修改"按钮，弹出"样式"对话框，如图 3-18 所示，在弹出的对话框中选择"目录 1"，单击"修改"按钮，在弹出的对话框中就可以修改第一级目录的样式，单击"确定"按钮，回到"样式"对话框中，再单击"目录 2"、"目录 3"……依次修改各级别目录的格式，单击"确定"按钮，回到"目录"对话框中，设置好其他格式后单击"确定"按钮完成目录格式的修改。

图 3-18　目录"样式"对话框

（3）更新目录

如果在文档中添加或者删除了某一级标题，可以在已创建的目录中同步更新。方法是在"引用"选项卡的"目录"组中单击"更新目录"命令，在弹出的提示框中选择"只更新页码"或者"更新整个目录"的方式来更新目录。

（4）删除目录

选中要删除的目录部分，按键盘上的 Delete 键即可删除所选的目录。

步骤 1：保证文档中的标题都设置了不同的级别，然后在论文的封面后面插入一个"下一页"类型的分节符。

步骤 2：将光标移至新建页，在"引用"选项卡中选择"目录"组中的"目录"，在弹出的菜单中选择"插入目录"命令。

步骤 3：单击"选项"按钮，设置目录的有效样式为"标题 1"、"标题 2"、"标题 3"，单击"确定"按钮。

步骤 4：单击"修改"按钮，选择"目录 1"，单击"修改"按钮，设置论文中第一级别标题（即章标题）的格式为"宋体"、"五号"、"两端对齐"；选择"目录 2"，单击"修改"按钮，设置论文中第二级标题的格式为"宋体"、"五号"、"两端对齐"；选择"目录 3"，同样单击"修改"按钮,设置论文中第二级标题的格式为"宋体"、"五号"、"两端对齐",然后单击"确定"按钮回到"目录"对话框。

步骤5:勾选"显示页码"和"页码右对齐"复选框,并设置"前导符制表符"为"……"样式,单击"确定"按钮完成目录的设置。

> **提示**:如果想要将没有标题格式的文本纳入目录中显示,可以先标记该文本,然后添加到目录中。方法是先选择要在目录中显示的没有标题格式的文本,选择"引用"选项卡上"目录"组中的"添加文字",选择一个级别作为所选文字的标记,然后更新目录即可实现将所选文字添加到目录中的效果。

9. 页眉和页脚的高级设置

在前面的章节中已经学习了如何进行基本的页眉页脚设置,在此基础上,再学习如何在一篇文档中的不同分段中设置不同的页眉和页脚样式。

一般在一篇长文档书写完毕后再进行页眉和页脚的设置,并且在开始进行页眉设置之前要保证该文档各部分用分节符隔开,例如,封面为文档的第一节,目录为文档的第二节,第一章为文档的第三节等。

> **注意**:最好在完成整篇文档的录入之后,再从前往后对每一节进行页眉和页脚的设置。

（1）分节显示不同的页眉和页脚

选择"插入"选项卡上"页眉和页脚"组中的"页眉"或"页脚"命令,单击"编辑页眉"或"编辑页脚"命令,进入页眉或页脚的编辑状态。在"页眉和页脚工具 设计"选项卡上的"导航"组中,如图3-19所示,"上一节"、"下一节"命令能在页眉页脚的编辑状态下跳转到当前节的前一节或者后一节;"链接到前一节"按钮如果被选中,会呈彩色的显示,表示当前节的页眉页脚的显示内容同前一节相同,如果不被选中,那么当前节可以设置新的页眉页脚显示内容。

图3-19　"页眉和页脚工具 设计"选项卡

步骤1:将光标移至封面页,在"插入"选项卡中选择"页眉和页脚"组中的"页眉"命令,进入页眉页脚编辑状态,由于封面不需要设置页眉,所以,直接在"页眉和页脚工具 设计"选项卡上的"导航"组中单击"下一节"命令,跳转至目录页。

步骤2:同样,目录页也不需要设置页眉,再次单击"下一节"命令,跳转至第一章的开始页。

步骤3:去掉"选项"组中的"首页不同"复选框的勾选。如果在页眉编辑区下方看到"与上一节相同",则表示"链接到前一节"的命令被选中,单击此命令,断开当前节与前一节的链接,如图 3-20 所示。然后在页眉编辑区内输入第一章的名称"引言",采用右对齐的对齐方式。

图 3-20 "链接到前一节"效果

步骤 4：单击"导航"组中的"转至页脚"命令，进入当前节的页脚编辑区。单击"导航"组中的"页码"，选择在"页面底端"插入数字页码，并对页码设置居中的对齐方式。

步骤 5：单击"导航"组中的"转至页眉"命令，再单击"下一节"命令，进入第二章的页眉编辑区，同样去掉"链接到前一节"，输入第二章的名称"软件结构"，并设置对齐方式为右对齐。

步骤 6：同样的方法依次设置每一章的页眉，到达每一章的页眉显示当前章名称的效果。

> **提示**：由于页脚上页码的显示是连续的，所以可以保持每一章的页脚设置都"与上一节相同"来达到连续显示的效果。

（2）在页眉中使用域

如果希望在页眉中动态显示当前页所在的章节编号，可以使用插入域的方法。

将光标定位在要插入域的地方，在"插入"选项卡上的"文本"组中，选择"文档部件"，如图 3-21 所示，单击"域"命令，弹出"域"对话框，如图 3-22 所示。在其中选择一种域的类型，然后选择一种域，单击"确定"按钮即可插入域。

图 3-21 插入"文档部件"

图 3-22 "域"对话框

步骤1：进入页眉页脚编辑状态，将光标定位到毕业论文第一章的开始页上的章名称"引言"前，在"插入"选项卡上的"文本"组中选择"文档部件"，单击"域"，打开"域"对话框。

步骤2：在类别中选择"全部"，然后在"域名"中选择"StyleRef"，并在"域属性"中选择"标题1"，在"域选项"中勾选"插入段落编号"复选框，单击"确定"按钮，在页眉中显示当前所在的章名称，例如：第1章。

> 提示：也可以利用插入域的方式插入章的名称（如插入"引言"两个字），方法是在步骤2中不勾选"插入段落编号"复选框。

3.1.4　技术解析

在这个案例中学习的重点不是字体、段落这些基本格式的设置，而是掌握如何从整体上把握一篇长文档格式的设定。在学习如何进行论文格式编辑之前首先要先把握论文这类长文档编辑的步骤。

（1）录入文字之前先设定纸张大小和文档网格，以免在编辑完毕后由于要修改纸张设定而需要进行大量修改。

（2）边录入文字边利用样式对文本部分的各级标题和正文进行格式设定。在录入文字过程中需要开始新页时使用插入分页符的方式，在长文档每部分之间用分节符来隔开，不要使用回车来手动开始新页。

（3）插入图片和表格到文档中，并对这些对象插入题注。

（4）回到文章的开头，按照从封面到文档最后的顺序进行页眉页脚的设定，注意封面和目录页面上面应该没有页眉和页脚。

另外，本案例还采用了许多实用的处理长文档的编辑功能。

样式——给文字设置不同的样式，除了可以对各个部分的文字格式进行统一设定之外，更重要的是同时也对标题进行了级别的设置。从上述案例的实施过程可以看出这种级别的设置是进行长文档编辑排版处理的基础。可以直接使用Word提供的样式，也可以在Word已有的样式为基础加以修改来使用，或者直接新建样式来使用。

题注——使用题注给图片或者表格添加编号和说明性的文字，可以对文档中的图片或者表格进行统一的编号设定，这样做的好处是可以在添加或删除任何一个图片或表格之后，通过更新题注的方式自动重置该图片或表格之后的图片或表格的编号。

多级符号的设定——使用多级符号的设定可以将整个文档的标题风格统一成一个整体，并且可以将多级符号的样式链接到不同级别的标题。

页眉页脚高级设定——在长文档中不能仅仅进行页眉页脚的简单插入，而是要考虑页眉页脚如何变化显示，例如，在封面上不能显示页眉和页脚，在每一章中显示不同的页眉等。要达到不同部分文档上显示不同页眉的效果，主要是通过取消"链接到上一节"的设定来断开节与节之间的联系，从而对不同部分设置不同的页眉和页脚内容。

3.1.5　实训指导

本案例在 Word 基本知识的基础下,学习如何使用一些有效的工具从整体上把握一篇长文档的编辑排版。

1. 实训目的

学习在 Word 中进行长文档排版编辑的步骤和方法。

2. 实训准备

(1) 知识准备

- 复习在 Word 中进行文档格式设定的方法。
- 预习在 Word 中进行长文档排版的方法。
- 了解论文的格式要求。

(2) 资料准备

- Microsoft Office 2007 环境(实训室准备)。
- 案例中所需的文字、图片和表格(教师准备)。

3. 基本步骤

- 获得文本、图片和表格等数据,并建立工作文件夹。
- 创建空白 Word 文档,进行页面设置,包括纸张大小设置和文档网格设定。
- 设置多级符号列表的格式并与各级标题链接。
- 将文本文件中的文字复制到此 Word 中,并在已有样式基础上设置合适的文档正文格式和各级标题的基本格式。
- 在文章中的适当位置插入图片和表格,设定图片和表格的格式,插入题注并编辑题注的样式。
- 生成目录,设置目录的格式。
- 根据案例的样式,在不同页面中设置页眉和页脚(如封面和目录页无页眉和页脚、每章的页眉页脚内容不同等)。

4. 实训要求

- 实训文档的结果与案例样文的格式基本一致。
- 实训文档如果课内无法完成需在课后继续完成。

3.1.6　课后思考

- 在页眉设置中如果要显示章的名称,可以直接输入,也可以用插入域的方式。请考虑如果采用插入域的方式,那么"链接到上一节"需不需要选中?请在案例中试试看。
- 如果将毕业论文制作成一本书的形式,该如何进行格式设置?请将毕业论文制作成一本书。

3.2　案例2——商务信函

3.2.1　案例介绍

　　商务信函的特点是要将一封信件发送给许多不同的对象,这些信件除了部分细节内容不一样之外(如称呼不一样),主体文档的内容都相同。处理这类商务信函,如果一封封地单独制作就显得很烦琐,效率很低,为了解决这个问题,Word开发了"邮件合并"功能。

　　本案例是为一家电脑公司制作商务邀请函,邀请的对象不同、联系地址不同、入住酒店的信息也不同,但是参加会议的邀请内容是相同的,首先使用 Word 制作出信封和信函主文档,然后根据电子表格中存放的收信人数据信息制作出所有的信封和信件。

3.2.2　知识要点

　　本案例涉及 Word 的主要知识点有:
- 信封主文档制作——使用"邮件合并"工具制作信封。
- 所有信封——使用"邮件合并"制作出所有的信封文件。
- 信件主文档制作——根据前几章学习的内容制作出信件的主文档。
- 制作信件——使用"邮件合并"制作出所有的信件文件。

3.2.3　案例实施

1. 制作信封主文档

　　在"邮件"选项卡上的"创建"组中选择"中文信封"命令,打开"信封制作向导",如图 3-23 所示,制作信封一共分为 4 个步骤。

　　(1)信封样式

　　在"信封样式"这一步中,主要完成对信封外观的设计。在"信封样式"下拉菜单中选择一种信封的样式,例如:国内信封—B5(176 * 125),"国内信封"表示信封的样式属于国内惯用样式,"B5(176 * 125)表示信封的大小。可以勾选 4 个复选框来设置是否打印左上角处邮政编码框、右上角处贴邮票框、书写线和右下角处"邮政编码"字样,并可以在当前窗口中对设置好的格式进行预览。

　　(2)信封数量

　　"信封数量"这一步中可以设置生成信封的方式和数量,有两个选项:"键入收件人信息,保存为单个信封"和"基于地址簿文件,生成批量信封",前者需要用户每次手动输入收信人地址和姓名等信息;后者基于含有收件人信息的地址簿文件生成信封,地址簿文件可以是Excel 文档或者 Word 文件。

　　(3)收件人信息

　　如果在"信封数量"步骤中选择的是"键入收件人信息,保存为单个信封"的方式,则在

"收件人信息"步骤中出现5个文本框,要求用户分别输入收件人的"姓名"、"称谓"、"单位"、"地址"、"邮编"5个信息。

　　如果在"信封数量"步骤中选择的是"基于地址簿文件,生成批量信封"的方式,则在"收件人能信息"步骤中选择"地址簿"的信息来源,并将地址簿上的字段与收件人的"姓名"、"称谓"、"单位"、"地址"、"邮编"5个信息一一对应。例如,在如图3-24所示的向导框中单击"选择地址簿"按钮,在弹出的窗口中选择素材中的"名单.xls"作为收件人数据源,这时,出现在姓名、称谓等项目右侧的下拉菜单中显示的就是"名单.xls"中的各个字段名,将这些字段名同左侧的项目一一对应好。

图3-23　信封制作向导

图3-24　使用地址簿填写收件人信息

（4）寄信人信息

最后一步是填写"寄信人信息",将要显示在信封上的寄信人信息输入即可。

步骤1:新建Word文档,命名为"信封主文档"并保存。

步骤 2：在"邮件"选项卡的创建组中选择"中文信封"命令，打开"信封制作向导"。

步骤 3：在"信封样式"中选择"国内信封—B5（176＊125）"样式，勾选 4 个复选框，单击"下一步"按钮。

步骤 4：在"信封数量"中选择"键入收件人信息，保存为单个信封"单选框，单击"下一步"按钮。

步骤 5：跳过"收信人信息"的设置，单击"下一步"按钮。

步骤 6：在"寄信人信息"中输入姓名为"严小萌"、公司为"成功电脑公司"、邮编为"430000"，单击"下一步"按钮，完成信封的制作，效果如图 3-26 所示。

图 3-25　制作好的信封

图 3-26　在信封上填好信息

提示：在制作好的信封上可以直接输入地址、收件人姓名、邮编等信息，邮编会自动填入方框中对应的方格，如图 3-26 所示。

2．制作信件主文档

制作信件主文档之前要先明确文档的作用，了解文档的格式规范，在符合公文文档规范的基础上进行美化。本案例要求制作一封商务邀请函，要突出邀请的事由、参加会议的时间地点等。样式上可以设计得比较活泼、突出企业风格。

在文档中的适当位置插入横线，有助于将文档的主要信息和附属信息分割开来，使文档结构清晰，信息分类明确。

（1）插入横线

插入横线之前首先要将光标移至文档中需要插入横线的地方，选择"页面布局"选项卡上"页面背景组"中的"页面边框"命令，弹出"边框和底纹"的对话框，如图 3-27 所示。在此对话框中，单击"横线"按钮，弹出"横线"对话框，如图 3-28 所示。选择一种横线的样式，单击"确定"按钮即可插入横线。

（2）调整横线形状

在已经插入的横线上单击鼠标，横线的周围会出现 8 个控制点，拖动控制点就可以改变横线的长度、宽度或者大小。

图 3-27 "边框和底纹"对话框

图 3-28 "横线"对话框

步骤 1：打开"信件素材"文档,将光标移至文档的开头,选择"页面布局"选项卡上"页面背景组"中的"页面边框"命令,单击"横线"按钮。

步骤 2：选择同样张所示的横线样式插入,并调整横线的大小和位置。

步骤 3：重复上述步骤,插入另一条横线到样张所示的文档中间位置。

步骤 4：在邀请函的左上角插入"星与旗帜"中的"横行卷"形状,调整好位置。设置使用粉红色填充该形状,填充的透明度为 57%,使用 0.75 磅的黑色线条。按照样张,在形状中添加文字,并设置文字的格式为四号、华文隶书、加粗显示。

步骤 5：在邀请函的右上角插入如样张所示的剪贴画,调整好大小和位置。

步骤 6：在形状和剪贴画中间插入一个文本框,输入如样张所示"成功电脑公司 您身边的朋友",设置文字格式为四号、楷体,并加粗显示。去掉文本框的边框,设置文本框的填充颜色为"无色"。

步骤 7：插入图片"公函背景.jpg",调整图片的大小和层次,作为公函的背景。

3. 使用"邮件合并"工具批量制作信件文档

使用"邮件合并",可以为地址列表中不同的收信对象撰写个性化的信件内容。每封邮件的信息类型相同,但具体内容不同。例如,人们希望信函上每个收件人的姓名、称谓等不相同,但信函的主体信息是相同的时候就可以利用已有的邮件主文档和地址列表,使用"邮件合并"功能来批量制作信件了。

提示：做邮件合并之前请按照样张所示先制作好信件的主文档。

（1）将邮件文档连接到地址列表

要将信息合并到邮件主文档中，必须先将文档连接到地址列表中，以获取数据文件。

在"邮件"选项卡上的"开始邮件合并"组中选择"选择收件人"下拉菜单。若使用已有的数据源，就单击"使用现有列表"，在弹出的对话框中选中包含数据的数据源文件，如图 3-29 所示，单击"打开"按钮，对数据源进行进一步的选择。如果数据源是 Microsoft Office Excel 工作表或 Microsoft Office Access 数据库文件，会弹出如图 3-30 所示的对话框，可以从 Excel 工作簿内的任何工作表或者命名区域中，或是 Access 数据库中定义的任何表或查询中选择数据来作为数据源。如图 3-31 所示。单击"新建条目"可以插入一条记录；单击"删除条目"可以删除当前记录；如果没有数据文件，就选择"键入新列表"，在弹出的对话框中输入数据作为数据源，单击"自定义列"，弹出"自定义地址列表"对话框，在对话框中单击"添加"按钮可以增加一个字段，单击"删除"按钮可以删除当前选中的字段，单击"重命名"按钮，可以更改当前字段的名称。设置好字段名并输入记录之后，在"信件地址列表"对话框中单击"确定"按钮即可将新建的数据表作为邮件合并的数据源。

图 3-29　选择数据源

图 3-30　指定数据表作为数据源

图 3-31   "新建地址列表"对话框

> **提示**：在"新建地址列表"对话框中制作好的列表将被保存为可以重复使用的数据库文件，该文件的扩展名为 .mdb。

如果要使用 Outlook 中的联系人列表，则单击"从 Outlook 联系人中选择"。

> **知识链接**：Outlook 是 Microsoft Office 办公系列软件中用于电子邮件处理的工具。

可以在邮件合并中可以使用以下类型的数据文件：

来自基于文件的已经安装了 OLEDB 提供程序或 ODBC 驱动程序的单层数据库程序文件。

包含单个表的 HTML 文件。表的第一行必须包含列名（即字段名），其他行包含数据。

电子通讯簿，例如 Microsoft Outlook 通讯簿。

Microsoft Word 文档。文档应包含单个表，表的第一行必须包含列名（即字段名），其他行包含数据。

任何包含由制表符或逗号分隔的数据域以及有段落标记分隔的数据记录的文本文件。

（2）编辑收件人列表

将数据文件连接到邮件主文档中后，如果需要对数据文件中的记录进行编辑，可以在"邮件"选项卡的"开始邮件合并"组中单击"编辑收件人列表"按钮，弹出"邮件合并收件人"对话框，如图 3-32 所示。可以对数据文件中的记录进行如下操作。

图 3-32   选择"邮件合并收件人"

① 选择单个记录

选中要包括的收件人旁边的复选框,清除要排除的收件人旁边的复选框,即可将选中的记录作为邮件合并的数据。

② 排序

单击任意一个字段右侧的黑色三角符号,展开该字段的下拉菜单,选择下拉菜单中的"升序排列"或者"降序排列"命令可以使得记录以这个字段为关键字按照字母顺序进行升序或者降序排列。如果要进行复杂的排序,请单击"调整收件人列表"下的"排序",可以按照多关键字来进行排序。

③ 筛选

如果要在邮件合并之前去掉数据文件中某些不希望看到的记录,可以在"调整收件人列表"下,单击"筛选",弹出"筛选和排序"对话框,如图 3-33 所示。在"域"中选择某个字段名,在"比较关系"中选择一种关系,在"比较对象"的文本框中输入内容,例如,在"域"中选择字段"称谓",在比较关系中选择"等于",在"比较对象"中输入"经理",表示筛选出数据文件中称谓是"经理"的所有记录。要进一步调整筛选条件,单击"与"或"或","与"表示在记录中筛选出右侧若干个设定好的域条件同时成立时的记录,"或"表示右侧设定的若干个条件中只要有一个成立,该记录就可以被筛选出来。

图 3-33　对记录进行"筛选和排序"

(3) 插入地址块和问候语

如果在连接好数据文件后才开始进行主文档的编辑,那么可以通过在邮件中放置域的方式使得特定的信息显示在指定的位置。

例如,新建 Word 文档,将此文档与素材中名为"名单"的电子表格文件连接起来。单击"地址块"按钮,弹出如图 3-34 所示的对话框,在左侧选择一种收件人名称的格式,然后单击右下角的"匹配域"按钮,弹出"匹配域"对话框,如图 3-35 所示,地址和问候语的元素在对话框的左边列出,数据文件中的字段名在右边列出,单击右边列表右侧的下拉按钮即可看到数据文件中的列标题(即字段)。可以将数据文件中的"姓名"字段同"尊称"匹配,将数据文件中的"称谓"字段同"称谓"匹配,将"地址"和"邮编"也进行相应的匹配,效果显示在图 3-34 的预览框中。单击"问候语"按钮,选择一种问候语的格式,设置将"名单"中的"姓名"字段同"姓名"元素进行匹配。

图 3-34　插入地址块

> **注意:**按照上述做法将域插入到邮件主文档中的时候,域名由书名号(《 》)括起来。这些书名号不在最终电子邮件中显示,它们只是用来将电子邮件主文档中的域与常规文字区分开来,插入域后的邮件主文档如图 3-36 所示,合并后的文档如图 3-37 所示。

图 3-35　"匹配域"对话框

图 3-36　插入域后的主文档

（4）插入合并域

　　除了可以设定匹配来插入地址块和问候语外,还可以根据信件的内容选择需要的数据文件字段作为域插入到文档中。将光标移至要插入合并域的位置,单击"编写和插入域"组中的"插入合并域",会弹出与主文档连接的数据文件的字段名列表,在此列表中选择要插入的域即可。

　　例如,新建 Word 文档,输入常规文字并在适当的地方插入相应的域,如图 3-38 所示,插入的域由书名号括起来。输入完毕后合并文档的结果如图 3-39 所示。

图 3-37　插入域后邮件合并的文件

图 3-38　插入域后的主文档　　　　　　　　　图 3-39　合并后的文档

（5）预览合并结果

　　要对合并后的效果进行预览，请在"邮件"选项卡上的"预览结果"组中选择"预览效果"按钮，即可在文档中预览合并效果。使用"上一记录"或"下一记录"按钮可以逐页查看每封电子邮件。如果需要查找某个特定文档，就选择"查找收件人"按钮，输入查找的项目名称，单击"查找下一个"按钮即可。

　　提示:将来自数据文件的信息合并到 Word 文档时，并不能将原始数据的格式也应用到合并后的文档上，要设置文档中的数据格式，请将邮件合并域选中，注意连同书名号一起选中，然后像设置文本格式一样进行设置即可。例如可以选中"《地址》"，然后进行格式设置，那么合并后的文档中地址域部分的数据也具有该格式。

（6）完成合并

确认邮件无误后，可以在"邮件"选项卡上的"完成"组中单击"完成并合并"按钮，以如下几种方式进行邮件合并。

① 编辑单个文档

如果以此种方式进行邮件合并，那么合并后会生成一个新的文档，新文档与主文档是分开的，图 3-40 显示的是编辑好的主文档，图 3-41 显示的是经过合并后的文档。如果要将合并后的文档用于别的地方，请先对其进行保存。

图 3-40　信函主文档

图 3-41　合并后的文档

将信函主文档进行保存时，同时也保存了它与数据文件的连接。下次打开该文档时，会提示用户是否要将数据文件中的信息再次合并到文件中，如图 3-42 所示，如果选择"是"，则再次打开该主文档时，主文档包含合并记录的第一条记录信息，可以在"邮件"选项卡上继续对该主文档进行邮件合并的操作；如果选择"否"，将断开主文档和数据文件的连接，域将被第一条记录中的唯一信息替换。

图 3-42　再次打开主文档时弹出的对话框

② 发送电子邮件

如果要将合并后的文档作为电子邮件发送，请在"完成并合并"下选择"发送电子邮件"选项，如图 3-43 所示。在"收件人"下拉框中选择用于存储收件人电子邮件地址的域进行匹配；在"主题行"文本框中输入邮件的主题；如果要将文件以正文的形式发送，则在"邮件格式"框中选择"HTML"或"纯文本",如果要将文档作为电子邮件的附件发送,则选择"附件"选项;最后可以在"发送记录"中设置需要发送的记录条目。

③ 打印文档

如果要将合并后的文档直接打印,请在"完成并合并"下选择"打印文档",选择要打印的数据范围,如图 3-44 所示,确定打印机已经安装好就可以进行打印了。

图 3-43 合并到电子邮件

图 3-44 合并到打印机

注意:如果将文档合并为纯文本的方式来发送电子邮件,则不会包含任何文本格式设置或图形。

(7) 使用向导完成邮件合并

如果不熟悉邮件合并的过程,可以使用邮件合并向导来一步一步地完成邮件合并。

选择"邮件"选项卡上的"开始邮件合并"组中的"开始邮件合并",单击"邮件合并分步向导",可以打开"邮件合并"向导窗口,在向导的指引下一步一步地完成邮件合并,如图 3-45 所示。

第一步,选择文档类型。设置当前文档的类型,提供 5 种类型以供选择,分别是"信函"、"电子邮件"、"信封"、"标签"、"目录"。单击向导窗口最下方的"下一步:正在启动文档"进入第二步。

第二步,选择开始文档。选择"使用当前文档",那么对于电子邮件的编辑就从当前的文档开始;选择"从模板开始",就单击"选择模板"操作链接,打开模板库,选择一种模板作为电子邮件文件的主文档;选择"从现有文档开始",就可以选择已经存在的 Word 文档作为电子邮件的主文档。单击"下一步:选取收件人",进入数据源的设置。

第三步,选择收件人。提供 3 个单选按钮,分别对应 3 种不同的连接数据源的方式。选择一种方式后,下方就会显示与该方式相应的操作链接,单击此操作链接完成数据源的连接。完成后会自动弹出如图 3-32 所示"邮件合并收件人"对话

图 3-45 邮件合并向导

框,在此对话框上对数据信息进行筛选和排序等操作,完成后单击"下一步:撰写信函",进入到信函的编写步骤。

第四步,撰写信函。在主文档的窗口中编写信函,可以单击"地址块"或"问候语"的操作

链接进行地址块和问候语匹配数据文件域的设置,选择"其他项目"可以在主文档的指定位置插入数据文件的字段作为域。进行单击"下一步:预览信函",可以预览信函效果。

第五步,预览信函。单击"上一个"、"下一个"按钮可以依次浏览合并后的每封电子邮件,还可以在此窗口中对收件人进行编辑,选择去掉部分数据信息,设置好后单击"下一步:完成合并"。

第六步,完成合并。可以选择将合并的电子邮件作为单个文档保存或直接打印。

在使用"邮件合并"向导时,可以通过单击"上一步⋯⋯"、"下一步⋯⋯"随时跳转到六步中的任何一个步骤去对邮件合并选项进行修改。

步骤1:打开制作好的会议公函主文档。

步骤2:在"邮件"选项卡上的"开始邮件合并"组中单击"选择收件人",选择"使用现有列表"的方式,在弹出的对话框中选择素材中的"名单"电子表格文件中的"名单"表作为数据源。

步骤3:在主文档上选中"【姓名】",在"编写和插入域"组中单击"插入合并域",选择"姓名",将数据文件中的姓名字段作为域插入。同样的方式将"【称谓】"与"称谓"、"【报到时间】"与"报到时间"、"【报到地点】"与"报到地点"、"【住宿安排】"与"住宿安排"进行对应。

> **说明**:在主文档中录入的【姓名】,文字旁边加上了方括号,只是为了标注出要进行插入域的位置并且预留出插入域的空间,在制作邮件合并时可以用域名将它们替换。

步骤4:在"预览结果"组中单击"预览结果"按钮,可以直接在文档中对邮件合并的结果进行预览。

步骤5:在"完成"组中单击"完成并合并",选择"编辑单个文档",将合并后的电子邮件以单个文件的形式保存下来。

至此,邮件合并已完成,通过邮件合并已将主文档制作成了若干封信息不尽相同的电子邮件。可以按照同样的方式对信封也进行邮件合并操作,生成跟信函文档对应的信封文件。

3.2.4　技术解析

1. 制作信封

Word提供制作信封的工具,用户可以利用信封制作向导,按照各类标准信封的大小和常用格式来制作信封文件。并且可以将收件人的地址和姓名直接同Outlook软件中的信息进行一一对应来实现一次完成多个信封制作的操作,也可以手动输入收件人信息。需要补充的是:

如果需要调整信封的格式,在"邮件"选项卡上的"新建"组中,单击"信封",在"信封选项"选项卡上可以进行设置。

对于寄信人的信息,可以单击"Microsoft Office"按钮,然后单击"Word选项",单击"高级",在"常规"组下的"通讯地址"框中输入寄信人地址,然后单击"确定"按钮,那么Word会将此地址保存下来,以后如果希望在信封、标签或其他文档中使用寄信人地址时,都会输出该寄信人信息。

如果需要打印信封,可以先进行打印机选项。在"邮件"选项卡上的"新建"组中,单击"信封",在"打印选项"中对打印机的打印方式进行设置,然后将信封装入打印机的相应位置即可进行打印。

2. 使用"邮件合并"制作电子邮件文档

使用"邮件合并"制作电子邮件文档大体上可以分为以下 3 个步骤。

(1)指定数据源

为邮件合并指定数据文件,然后通过排序、筛选等方法对数据文件进行筛选,挑选出将应用于邮件合并的数据信息记录。数据文件可以是:

- Excel 工作表。
- Access 数据库文件。
- 其他数据库文件。
- HTML 文件。
- Word 文档。
- 文本文件。

(2)插入合并域

编辑邮件合并主文档,并在适当位置插入域,与数据文件的字段对应,在合并后的该位置上就显示数据文件中该字段某条记录上的信息。在编辑主文档时,可以先用带有标记的文字指定插入域的位置,在进行插入合并域操作的时候就用数据文件的字段来替换带有标记的文字。

(3)完成邮件合并

在确认邮件合并的结果无误后,完成邮件合并。注意在保存主文档的过程中也将主文档与数据源的连接保存下来了,再次打开主文档时,系统会提示用户是否也要同时打开数据源并显示数据。可以将合并后的文档:

- 保存成一个独立的文档。
- 发送电子邮件。
- 直接打印出来。

(4)使用向导完成邮件合并

对于不太熟悉邮件合并工具的用户,可以使用"邮件合并"向导,分布完成邮件合并。这些步骤同使用邮件合并工具的作用是一样的。如果已经掌握了邮件合并工具的使用,那么建议直接使用工具来做邮件合并。

3.2.5 实训指导

本案例是基于商务信函的写作要求,使用邮件合并工具和已有的数据文件批量制作电子邮件的实例,具有一定的代表性和指导意义。

1. 实训目的

学习如何制作美观的商务信函,在 Word 中制作信封的方法,利用邮件合并工具制作具有个性的电子邮件文档的方法。

2. 实训准备

（1）知识准备

- 了解商务信函的写作要求和格式要求。
- 预习信封的制作方法。
- 预习邮件合并工具及邮件合并向导的使用方法。
- 理解邮件合并各个步骤的作用和效果。

（2）资料准备

- Microsoft Office 2007 环境（实训室准备）。
- 案例中所需的文字和数据文件（教师准备）。

3. 实训步骤

- 获得原始数据，并建立工作文件夹。
- 准备好数据文件。
- 根据要求制作信封主文档，并设置好收件人信息和寄信人信息。
- 设计并制作出商务信函主文档，既要符合商务信函的要求，又要求在外观上体现出个性和特点，在制作的过程中标记出主文档中要使用数据域的地方。
- 将主文档与数据源中的数据表进行连接，并选择要进行邮件合并的记录。
- 在主文档的指定位置插入合并域，与数据文件的字段一一对应。
- 预览、完成邮件合并，产生一个新的 Word 文档用于保存合并后的电子邮件文档。
- 使用上述方法制作出批量的信封文档。

4. 实训要求

- 实训文档的结果与案例样文的格式基本一致。
- 实训文档如果课内无法完成需在课后继续完成。

3.2.6 课后思考

- 批量制作文档的步骤有哪些？各步骤的作用分别是什么？
- 请尝试使用不同类型的数据文件作为数据源来进行邮件合并的方法。
- 请使用邮件合并的工具制作其他的公函文件。

3.3 案例 3——小型报纸编辑

3.3.1 案例介绍

　　系部月报是小型报刊，体现一个系部每个月的动态，提供一个平台让学生了解学院及系部的各种新闻。这种类型的报纸对排版的要求不是特别专业，可以 Word 来进行排版编辑。Word 提供的文本框工具可以让文字的排版产生丰富的变化，这个案例中主要使用文本框工具设计并制作一份小型的系部月报。尽管是小型报纸，月报也必须具有一份报纸应该具有的基本元素，并达到美观和图文并茂的效果。

本案例是以××学院电子与计算机系的一份月报为基础介绍小型报纸的制作，要求报纸有一定的信息含量，要配有插图，并要求整体版面看上去和谐美观。

3.3.2　知识要点

本案例主要介绍文本框在排版中的作用，主要知识要点如下：
- 文本框的使用以及文本框的格式设定
- 在 Word 中进行公式编辑的方法

3.3.3　案例实施

本案例的效果如图 3-46 所示，将整个版面分为①～⑦部分来制作。

图 3-46　系部月报样张

1. 版面编辑

步骤 1:新建空白的 Word 文档，并保存。

步骤 2:进行页面设置，设置纸张大小为"A3"，纸张方向为"横向"，页边距为上 2 cm、下 2 cm、左 1.75 cm、右 1.75 cm。

步骤 3:插入页面边框，插入如样张所示的边框。

步骤 4:制作第一部分，即标题部分。输入报纸名称"青鸟月报"，将其设置成艺术字：使用"艺术字样式 16"，字体为"华文琥珀"，字号为 54，并居中显示。

步骤 5:在标题的下方插入一条横线，使用如样张所示的横线样式，调整横线的大小和位置，使它居中显示。

步骤 6:按照样张，在横线的下方输入"××学院 电子与计算机系学生会主办 2008 年 5

月 第十期 总第二十期"字样,设置中文字体为"宋体",英文字体为"Times New Roman",字号均为"五号",这部分文字表示该报纸的出版时间和版次信息。这些信息也居中显示。

步骤7:制作第二部分。插入文本框,并将素材中找到第二部分的文字,复制到本框中,进行格式设置:英文部分:字体"Times New Roman",字号为"小三";中文部分:字体"楷体",字号为"小三"。设置文本框的形状填充设置为"无填充颜色",形状轮廓为"无轮廓",将文本框不显示在文档中。调整文本框的位置,使它位于版次信息的下方。

步骤8:制作第三部分。在文档中插入文本框,设置文本框的格式为:形状轮廓使用"方点 虚线",形状填充为"无颜色"。

步骤9:将光标放置到文本框的第一行,制作标题。输入"学院动态",并将此文字设置成艺术字,使用艺术字样式15,字体为"宋体",字号为36。然后在艺术字后面插入如样张所示的剪贴画,如果没有相同的剪贴画,可以用另外的剪贴画代替。

步骤10:将素材中第三部分的文字复制到此文本框中,设置文本标题的格式为:宋体、小四、加粗显示,文字颜色为"水绿色,深色50%",并对标题应用如样张所示的项目符号。对于其他文字,设置中文字体为"宋体",英文字体为"Times New Roman",字号均为"小四"。

步骤11:制作第四部分。插入文本框,设置文本框的填充为"无颜色",边框为"圆点虚线"样式。然后输入"试一试 shiyishi",设置文字的字体为"华文彩云",字号为"小初"。然后将第四部分的文字复制到文本框中,调整字体为"宋体",字号为"小四"。

2. 公式编辑

在 Word 文档中,使用常规的文字编辑方式无法完成对某些复杂公式的编辑,为了解决这个问题,Word 提供了专门的公式编辑器来帮助我们进行公式的编辑。

(1) 编写公式

可以使用以下几种方式在 Word 文档中插入公式:

第一种,从常用的或预先设好格式的公式列表中进行选择。将光标移至文档中需要插入公式的地方,在"插入"选项卡的"符号"组中,单击"公式"旁边的箭头,将会展开一个公式列表,如图 3-47 所示,可以从列表中直接选择所需的公式插入到文本中。

第二种,插入常用的数学结构。将光标移至文档中要插入公式的地方,在图 3-47 所示的下拉菜单上单击"插入新公式"按钮,在"公式工具"下的"设计"选项卡上的"结构"组中,单击所需的机构类型,然后选择所需的结构。如果结构包含占位符,则在占位符内单击鼠标,将光标移至占位符内,再输入所需要的数字或者字符。

本案例中有关数学公式的编辑如下。

步骤1:输入字母"f",然后单击"插入新公式",这时,菜单栏上会出现一个"公式工具"选项卡,如图 3-48 所示,在此选项卡上的"结构"组中单击"括号"旁边的按钮,选择"方括号"中的第一个——小括号,将一对小括号插入到公式中。单击小括号中的占位符,然后在"结构"组中单击"分数"下方的按钮,选择"分数"中的"分数(竖式)",将分式格式插入到公式中。单击分子部分的占位符,输入"15",然后单击"结构"组中的"函数"右侧的按钮,选择"三角函数"中的 s,单击 sin 后的占位符,输入"2x",分子即全部插入完毕。单击分母部分的占位符,在"函数"中选择 c,单击 cos 后的占位符,然后在"结构"组中·再次选择小括号,在小括号中依次输入"x"和"+",再次插入"分数(竖式)",在分母的地方输入"4",单击分子部分的占位符,在"公式工具"选项卡上的"符号"组中单击"其他"按钮,如图 3-49 所示,找到"　"符号插入,即完成公式的编辑。这些步骤的过程如图 3-50 所示。

图 3-47　预设公式列表

图 3-48　"符号"菜单

图 3-49　"公式工具"选项卡

f	$f\left(\dfrac{15\sin}{\quad}\right)$	$f\left(\dfrac{15\sin2x}{\cos\left(x+\dfrac{}{4}\right)}\right)$	$f\left(\dfrac{15\sin2x}{\cos\left(x+\dfrac{\pi}{4}\right)}\right)$

图 3-50　案例中插入公式的过程

> **提示:** 可以将公式按照从外到内、从左到右的顺序进行编辑。

(2) 修改公式

对于编辑好的公式,如果觉得不合适,可以单击该公式,"公式工具"选项卡会出现,再进行修改。注意需要在公式上修改什么地方,就移动光标到这个地方,然后再进行修改。

(3) 公式的显示方式

公式可以以专业格式的方式显示,也可以在一行内显示。选中某个公式后,单击公式右侧的按钮,可以选择"专业型",按照专业格式显示,或是选择"线性",在一行内显示。效果如图 3-51 所示。

$$f\left(\frac{15\sin 2x}{\cos\left(x+\frac{\pi}{4}\right)}\right) \qquad f((15\sin 2x)/\cos(x+\pi/4))$$

图 3-51　两种公式显示方式的比较

步骤 2:制作第五部分。同样的方式插入文本框,文本框的格式同第四部分。然后进行格式的设置,将"学生天地"设置为艺术字样式 9,文字格式同第四部分相同,最后对文字部分应用项目符号。

步骤 3:制作第六部分。按照相同的方式制作第六部分。

步骤 4:制作第七部分。插入竖排文本框,在文本框中插入"星与旗帜"中的"竖型卷"的形状,在形状中添加文字"诗歌欣赏",设置字体为"隶书",字号为 32,文字在形状中居中显示,用"白色大理石"的纹理填充形状。

步骤 5:诗歌标题部分字体为"华文行楷",字号为 25,加粗显示,颜色为"蓝色 深色 25%";作者名字字体为"楷体",字号为"小四";诗歌正文部分字体为"华文行楷",字号为 17。

至此,已经按照样张制作出了一张小型报纸。在制作的过程中主要使用文本框来进行文档与文档之间的分隔,文本框的插入可以为文档提供丰富的变化。

3.3.4　技术解析

1. 小型报纸的编辑要点

通过这个案例可以看出,编辑一张小型报纸的关键点就是使用文本框将不同部分的文字分开,然后在文本框中对各个部分单独进行编辑。在这个过程中,不但可以对文字部分进行丰富的格式设置,还可以通过对文本框进行边框或者填充的设定,使得整个版面看上去更加美观。

另外,还要清楚报纸编辑时必须具备的基本信息以及这些基本信息应该放置在什么位置,并且,报纸的编辑最好是图文并茂的,才能具有足够的吸引力。

2. 插入公式

Microsoft Office Word 包含写入和更改公式的内置支持功能。但是,如果已使用早期的 Word 版本中的 Microsoft 公式 3.0 写入了公式,则需使用公式 3.0 来更改公式。还可以将包含公式的早期版本编写的文档转换为 Office Word 2007,否则将无法使用写入和更改公式的内置支持功能。转换文档的方式是:用 Word 2007 打开文档,单击"Microsoft Office"按钮,然后单击"转换",保存该文档即可。

为用户提供很方便的公式编辑器,在公式编辑器上将所有的公式编辑元素以按钮的形式放置,不论是符号还是数学公式,都可以使用公式编辑器进行输入。可以在文档中以以下 3 种方式插入公式:

- 从常用的或预先设定好格式的公式列表中选择。
- 插入符号。

- 插入常用的数学结构。

当插入公式或修改公式时，值得注意的是：要在公式中的哪个位置插入符号或数字，请单击该位置的占位符，或将光标移至该位置。

3.3.5　实训指导

本案例基于文本框的应用进行小型报纸的编辑排版。

1. 实训目的

学习在 Word 环境下，通过使用文本框来进行具有更多变化的文本格式设置。学习在 Word 文档中插入公式的方法。

2. 实训准备

（1）知识准备

- 预习文本框的插入方法及文本框的格式设置方法。
- 预习公式的编辑方法。
- 预习艺术字的编辑方法。

（2）资料准备

- Microsoft Office 2007 环境（实训室准备）。
- 案例中所需的文字（教师准备）。

3. 实训步骤

- 设计报纸的版面。
- 设置文档的纸张大小、纸张方向等页面格式。
- 制作报纸的标题和版次信息部分。
- 依次在报纸版面的各个部位插入文本框，将文字复制到文本框中，然后对文字部分进行格式编辑。

4. 实训要求

- 实训文档的结果与案例样文的格式基本一致。
- 实训文档如果课内无法完成需在课后继续完成。

3.3.6　课后思考

- 公式插入后，可以更改公式的文本格式吗？如何更改？

第4章

Excel的基本应用

学习目标

　　本章通过"表格设计"及"数据管理"两个案例的制作,详细介绍了 Excel 2007 的基本入门操作,包括 Excel 文档的建立;选项卡菜单、命令组和命令按钮的运用;数据输入、智能输入、编辑工作表、格式化单元格、设置列宽与行高、隐藏单元格或工作表、设置对齐方式、设置单元格的底纹和图案、设置数据的有效性、打印预览、页面设置、分页打印设置、数据合并、数据筛选、数据排序与汇总、公式及函数的运用等,从而掌握 Excel 的基本操作技巧。

实用案例

表格设计

数据管理

4.1　案例1——表格设计

4.1.1　案例介绍

本案例通过制作两个基本表格——课程表和学生成绩单,使读者掌握 Excel 的各种基本操作。

制作美观、清晰的课程表,可以让人们尽快熟悉 Excel 文本的基本输入和编辑操作、各种菜单命令的使用、多种格式的设置方法和文本的美化修饰方式,为进一步学习 Excel 的使用打下良好的基础。

制作一个完整的学生成绩单,能使初学者掌握各种数据的输入操作、数据查找替换、数据的格式化、数据的筛选及公式和函数的使用等基本数据处理操作。

4.1.2　知识要点

本案例涉及 Excel 的主要知识点有:

- 文档操作——主要包括新建、保存、修改、更名和删除 Excel 文档。
- 文本及数字输入——主要包文本及数据输入、智能输入;单元格及区域的选定、格式化单元格、设置单元格的底纹和图案;设置数据的有效性等。
- 编辑工作表——添加、删除、重命名工作表;行高、列宽的设置;隐藏单元格或工作表;修饰工作表。
- 公式与函数——公式的构成及使用、函数的应用、数值计算。

4.1.3　项目实施

1. 初识 Excel 2007

(1) 创建 Excel 文档

创建 Excel 2007 文档,就是创建 Excel 2007 工作簿。Excel 中,每个工作簿包含若干个工作表,各种表格制作和数据处理等操作都是在工作簿中进行的。本节的两个表格设计实例将在一个工作簿中实现。

创建 Excel 工作簿的方法有多种,一般启动 Excel 软件的同时会创建一个默认名称(如Book1、Book2)的工作簿。

步骤 1:启动 Excel 2007。

方法一:对于已经安装了 Microsoft Office 2007 软件的计算机,如果桌面有 Excel 快捷方式,可直接双击快捷方式启动 Excel,如图 4-1 所示。

方法二:单击"开始"菜单,选择"所有程序"中的"Microsoft Office"下的"Microsoft

Office Excel 2007"，启动 Excel，如图 4-2 所示。

图 4-1　快捷方式启动 Excel　　　　　　图 4-2　通过"开始"菜单启动 Excel

步骤 2：创建新工作簿。

除了在启动 Excel 时可以默认创建工作簿以外，还如下常用方法创建工作簿。

方法一：在 Excel 2007 中，单击"Office"按钮，在展开的下拉菜单中选择"新建"命令，在弹出的"新建工作簿"对话框中，选择"空工作簿"，单击"创建"按钮，即可创建新的工作簿，如图 4-3 所示。

图 4-3　使用"Office"按钮创建新工作簿

方法二：在 Excel 2007 为当前工作环境下，直接使用组合键 Ctrl＋N 来创建新的工作簿。

步骤 3：保存工作簿。

在工作簿创建完成后，在制作表格及数据输入和处理过程中或完成工作后都应当保存工作簿，以免数据丢失。

方法一：通过"保存"命令保存工作簿。操作过程为：单击"Office"按钮，选择"保存"命令,在"另存为"对话框中设置工作簿保存位置,在文件名框中输入文件名。对于已经存在的文件,则在选择了"保存"命令后,即完成了最新编辑结果的保存操作。

方法二:通过"另存为"命令保存工作簿。操作过程为,单击"Office"按钮,在弹出的下拉菜单中选择"另存为"命令,在"保存文档副本"窗格中选择要保存的文档类型(如选择 Excel工作簿),在弹出的"另存为"对话框中设置工作簿保存位置,在文件名框中输入文件名。

方法三:通过快捷键 Ctrl+S 或 Shift+F12 可直接保存当前正在编辑的工作簿。此时如果工作簿未被保存过会弹出"另存为"对话框。也可以通过 F12 键快速打开"另存为"对话框。

方法四:单击 Excel 的快速访问工具栏中的保存按钮,也可以保存当前工作簿。

> **提示:** Excel 2007 创建的文档保存时默认的扩展名为". xlsx"。这种类型的文档使用 Excel 2003 及其以前的版本是打不开的。为了能够在早期的 Excel 软件打开并编辑用 Excel 2007 创建的工作簿,保存时应当在"另存为"对话框中选择"保存类型"为"Excel 1997—2003 工作簿(∗. xls)"。或者直接通过单击"Office"按钮,选择"另存为"命令,在该命令的"保存文档副本"窗格中选择"Excel 1997—2003 工作簿"。此时就将工作簿保存为"兼容模式"的工作簿。

步骤4:关闭工作簿。

当完成了对工作簿的创建并保存后,可以关闭工作簿。

方法一:通过单击"Office"按钮下拉菜单的"关闭"命令关闭。

方法二:通过工作簿右上角的关闭按钮关闭。

(2) 打开 Excel 文档

步骤1:打开"表格制作"工作簿。

方法一:在存储工作簿的目录中直接双击对应的文件名"表格制作"可启动 Excel 并打开工作簿。

方法二:单击"开始"菜单 ,在"我最近的文档"中选择"表格制作.xlsx",启动 Excel 并打开工作簿。

方法三:启动 Excel 2007,单击"Office 按钮",在下拉菜单中选择"打开"命令,在"在最近使用的文档"窗格中双击"表格制作.xlsx"。

方法四:启动 Excel 2007,单击"Office 按钮",双击下拉菜单中"打开"命令,在打开对话框中找到存储工作簿的目录 ,双击"表格制作. xlsx"。

步骤2:认识 Excel 2007 的窗口的组成。

打开 Excel 2007 以后,可以看到其工作的窗口如图 4-4 所示。初次创建的工作簿由 3 张工作表(Sheet)组成,其默认的名称为 Sheet1、Sheet2、Sheet3。工作表是用户进行数据输入、编辑和处理的窗口。可以对工作表进行选择、重命名操作,也可以添加、删除和移动工作表。

图 4-4 Excel 的工作界面

① 选项卡菜单

Excel 2007 将传统的菜单更新为选项卡菜单,通过双击某个选项卡可以展开该选项卡的多个菜单组,再次单击可折叠该选项卡。每个菜单组又由多个子菜单或菜单命令构成。单击"开始"选项卡,展开其各个菜单组及菜单命令。

② 单元格与活动单元格

Excel 表格上一个个长方形的格子就是单元格,是构成工作表的基本单位,是用来填写文本和数据的地方。活动单元格是当前正在接受用户输入内容的单元格,活动单元格会被粗线框围着。

③ 行号和列标

在工作表中,每个单元格都有自己唯一的地址,也就是它的名称。单元格是通过地址进行标识的,地址由列标题 A,B,C…和行号 1,2,3…构成。图 4-4 中的活动单元格是 A1,表示此单元格在第 A 列第 1 行。可见,通过单元格地址可知道单元格在工作表中的位置。

列标用字母来表示,其顺序从 A 到 Z,再从 AA 到 AZ,BA 到 BZ,CA 到 CZ,依次类推,直至 AZ 到 ZZ,再从 AAA 到 AAZ,从 ABA 到 ABZ,最后到 XFD 列,每个工作表共计 16 383列。行号从 1 开始顺序排列,每个工作表共计 1 048 576 行。

④ 工作表标签

单元格的集合构成工作表,也称为电子表格,就像平时办公使用的一张张报表。工作表的集合构成工作簿。Sheet1、Sheet2、Sheet3 是工作表的标签,它相当于工作表的名称。通过它们可以区别和选择工作表。

⑤ 名称框

一般情况下,名称框中显示当前活动单元格的地址。另外,对于选定的命名区域,名称框中显示命名区域的名称。用户也可以通过名称框来选定一个单元格,使其称为活动单元格。

⑥ 编辑栏

编辑栏中显示当前活动单元格的内容,也可以在其中输入和编辑数据、公式或函数等。

（3）操作工作表

步骤 1：选择工作表。

将鼠标移到 Sheet1 工作表标签上单击左键,可选中该工作表。要选中连续的多个工作表(如要选中 Sheet1～Sheet3),其操作过程是:在 Sheet1 工作表的标签单击鼠标左键,按住 Shift 键不放,再用鼠标左键单击工作表 Sheet3 的标签即可。要选择多个不连续的工作表,在按住 Ctrl 键的同时鼠标左键单击各个要选择工作表的标签。

步骤 2：重命名工作表。

方法一：将鼠标在 Sheet1 的标签上连续双击,当标签反相显示,成为可编辑状态,输入新名称"课程表"。

方法二：右击 Sheet1 的标签,在弹出的下拉菜单中选择"重命名"命令,输入"课程表"。

步骤 3：重命名工作表添加工作表。

方法一：在工作表的标签栏上单击"插入工作表"按钮一次即可添加一个工作表。

方法二：同时按下 Shift 和 F11 键。

步骤 4：复制工作表。

方法：按住 Ctrl 键的同时,用鼠标拖动要复制的表 Sheet1 的标签到适当的位置松开即可复制该表,所得表的名称为 Sheet12。

步骤 5：删除工作表。

鼠标右击要删除的工作表,在弹出的下拉菜单中选择"删除"命令。

步骤 6：隐藏工作表。

方法一：右击要隐藏的工作表,在下拉菜单中选择"隐藏"命令。

方法二：选择要隐藏的工作表(如选择表 Sheet2),在功能区中选择"开始"选项卡,在"单元格"组中选择"格式"下拉菜单,在"隐藏和取消隐藏"子菜单中单击"隐藏工作表"命令,即可隐藏该表 Sheet2。

步骤 7：显示隐藏的工作表。

要显示上面隐藏的工作 Sheet2,操作方法有两种。

方法一：鼠标单击任意表的标签,在下拉菜单中选择取消隐藏,弹出取消隐藏对话框,选择要取消隐藏的表 Sheet2。

方法二：在功能区中选择"开始"选项卡,在"单元格"组中选择"格式"下拉菜单,在"隐藏和取消隐藏"子菜单中单击"取消隐藏工作表"命令,弹出取消隐藏对话框,选择要取消隐藏的表 Sheet2。

步骤 8：单元格操作。

在 Excel 中,输入文本和数据必须先选定单元格使其成为活动单元格,才能对其进行操作,可以选定单个单元格,也可以同时选定多个连续单元格组成的单元格区域。

① 选定单个单元格

方法一：用鼠标单击想要选取的单元格就可以选中该单元格,此时该单元格的边框以黑色高亮度显示。

方法二：在单元个的名称框中输入单元格地址并按 Enter 键,如输入 A1,屏幕自动移动到显示 A1 的位置,A1 成为当前活动单元格。

② 选定单元格区域

选定单元格区域,必须知道单元格的表示方法。单元格区域的表示方法是:

区域中左上角单元格地址:区域中右下角单元格地址。例如:

- B1:C5 表示 B1~B5、C1~C5 这些单元格所构成的区域。
- D7:F10 表示 D7~D10、E7~E10、F7~F10 所构成的区域。

③ 选定单元格区域的方法

方法一:用鼠标拖动选定单元格区域。如要选定图 4-18 中的 B1:C5 区域,先单击区域一个角的单元格(这里为 B1),不释放鼠标,拖动鼠标到本区域的对角单元格 C5。在拖动过程中,活动单元格区域的粗边框随着指针的移动而扩大,选定的区域反相显示,名称框中出现所选定区域的大小,即行列数目。选定区域后,该区域的第一个单元格成为活动单元格。

方法二:单击单元格区域的起始单元格,再按住 Shift 键,单击区域的对角单元格。

④ 选定整行或整列

方法一:单击要选定的行的行号可以选定一行。如单击行号 3,可选定第 3 行,该行用粗框线围住。

单击要选定的列标可以选定一列。如单击 D 列列标,可以选定 D 列。

⑤ 选定连续的多行或多列

方法一:从选定的起始行号或列号开始,左键拖动行号或列标到要选定的最后一个行号或列标。

方法二:先选定第一行或第一列,按住 Shift 键,再单击最后一行的行号或最后一列的列标。

⑥ 选定不连续的单元格或单元格区域

方法:先选定第一个单元格或单元格区域,再按住 Ctrl 键的同时选定其他的单元格或单元格区域。

⑦ 选定全部单元格

方法一:单击工作表窗口的左上角行号与列标相交处的全部选定按钮可选定当前工作表的全部单元格。

方法二:按 Ctrl+A 键可快速全部选定当前工作表。

⑧ 选定多个工作表中的区域

有时需要同时选定多个工作表的单元格或单元格区域,以便同时进行操作。

方法:选定一个工作表中的单元格区域,再单击其他工作表标签,按相同方式在单元格区域。

⑨ 取消区域的选定

选定单元格或单元格区域以后,单击任何一个单元格都会选定新单元格的同时取消对前面单元格区域的选定。

⑩ 合并单元格

方法一:选定单元格区域,右击选定区域,在弹出的菜单中,单击合并单元格按钮。此方法是合并单元格并将其中的内容居中。

方法二:选定单元格区域 B1:I1,选择"开始"选项卡,在对齐方式组中选择合并单元格按钮。此方法合并单元格时可单击该按钮右侧的下拉箭头,选择合适的对齐方式,默认的对齐方式是居中对齐,合并后的单元格名称(地址)为 B1。

2."课程表"的制作

下面的各步骤就在标签为"课程表"的工作表中完成一个"计算机专业教学课程表"表格。

(1)创建"课程表"

步骤 1:创建课程表。

启动 Excel,将默认工作表 Sheet1 更名为"课程表",将当前工作簿另存为"表格制作",并保存在自己的工作文件夹中。

步骤 2:输入标题。

选定合并得到的单元格 B1,在编辑栏中输入"计算机专业教学课程表",或者双击 B1,当光标在 B1 中闪烁时直接输入上述文字。

步骤 3:输入课程表的表头。

在 C2～I2 单元格中分别输入星期一到星期日。输入方式可以逐个单元格输入,也可以采用快速输入法。

快速输入法又称智能输入法,有填充、自动补全已有内容等方法。

填充方法首先是输入来源数据,这里在 C2 中输入"星期一",将鼠标指向该单元格右下角的黑色方点,光标变成十字形的填充柄,拖动填充柄到最后一个单元格 I2,这时 C2～I2 之间会自动填充星期一到星期日,如图 4-5 所示。

图 4-5　使用拖动填充柄可快速输入序列

自动补全就是"记忆式键入"方法,即 Excel 2007 将输入的内容"记住",在下次输入相同的内容时,如果输入了第一个字符,后面的内容自动出现。本例中在 B2 中输入了"星期一",如果再在 B3 中输入"星"字,则"期一"会自动填充到这个单元格。

在 C3 单元中输入"MON",同样可以采用填充的方式来完成从"MON"到"SUN"的数据快速输入。

> **提示**:利用快速输入法可以让 Excel 自动重复或自动填充数据。可以自动重复列中已输入的项目;可以使用填充柄填充数据;可以将数据填充到相邻的单元格中;可以将公式填充到相邻的单元格中;可以填充数字、日期序列或其他内置序列项目;可以使用自定义填充序列填充数据。

步骤 4:输入数据。

分别在 B4、B6、B8、B10 单元格中输入"第 1-2 节"、"第 3-4 节"、"第 5-6 节"、"第 7-8 节"、"第 9-10 节"。

分别在 B5、B7、B9、B11 单元格中输入"8：10～9：50"、"10：05～9：50"、"8：10～9：50"、"8：10～9：50"。

合并单元格区域 H4:I11。操作方法:选定单元格区域 H4:I11,在"开始"选项卡中选择"对齐方式"组的"合并后居中"命令按钮即可。合并后得到的单元格名称为 H4,在该单元格中输入"休息"。

在 B13 中输入"说明:各课程的教师可将鼠标放置在单元格上查找"。

课程表中其他单元格的内容参照案例范文分别输入。

课程表内容输入完成后结果如图 4-6 所示。

图 4-6　输入数据后的课程表

> **技巧**:本例中当一门课程出现在多个单元格时,可以采用以下方法来同时完成。即按住 Ctrl 键,用鼠标选择要在其中输入相同数据的多个单元格(这些单元格不必相邻),在活动单元格中键入数据,然后按 Ctrl+Enter 键即可完成在多个单元格中同时输入相同的数据。

步骤 5:添加批注。

批注是对单元格内容进行解释说明的辅助信息,通常不显示出来。添加批注的方法是:右击要添加批注的单元格,如本例中的 C4,在快捷菜单中单击"插入批注"命令,出现批注输入框,在批注输入框中输入批注文本,输入完成后单击批注框外面的单元格。可以看到在 C4 的右上角有一个红色的小三角,表示此单元格有批注信息。鼠标移动至单元格之上,即可看到批注的内容,如图 4-7 所示。

图 4-7　给单元格添加批注信息

在右键快捷菜单中,还有对批注进行编辑、显示/隐藏以及删除的功能。

（2）美化"课程表"

美化工作表对工作表的外观进行调整，涉及字体、对齐方式、边框与底纹的设定等。Excel 2007还提供了许多套用格式，可以快速对工作表设定专业的外观。

步骤1：设置对齐方式。

选定要设置对齐格式的单元格或单元格区域B4:G11，右击该区域，在快捷菜单中选择"设置单元格格式"，在"单元格格式"对话框的对齐选项卡中，选择"水平对齐"的"居中"和"垂直对齐"的"居中"，单击"确定"按钮。

也可以利用功能区中的工具按钮来设置文本的对齐方式。

步骤2：合并单元格。

按下Ctrl键，连续选定单元格B2:B3和H4:I11，单击"开始"选项卡中"对齐方式"组中的"合并后居中"命令来完成单元格的合并，并在合并后的H4（即合并前的H4:I11）中输入字符"休息"。合并B13:I13，并设置其对齐方式为水平左对齐，如图4-8所示。

	星期一	星期二	星期三	星期四	星期五	星期六	星期日
	MON	TUE	WED	THU	FRI	SAT	SUN
第1-2节	程序设计基础	网络技术	C#程序设计	大学英语	网页设计		
8：10～9：50	教学楼南403	教学楼南506	教学楼南414	教学楼北505	实训楼201		
第3-4节	高等数学	体育	高等数学	网络技术	C#程序设计		
10:05～11：45	教学楼南204	南体育场	教学楼南414	实训楼104	实训楼204		
第5-6节	大学英语	数据库基础	程序设计基础		思想品德		休息
14:10～15：50	教学楼南303	教学楼北314	实训楼105				
第7-8节		网页设计					
16:05～17：45		教学楼北205					

说明：各课程的教师可将鼠标放置在单元格上查找。

图4-8　合并单元格

步骤3：设置边框与填充色。

Excel 2007默认下显示的网格线只是用于辅助单元格编辑的虚线，打印时这些网格线是看不见的。如果要为表格添加行列线和边框，就需要另外设置。

设置单元格边框的方法有两种。一是使用功能区"开始"选项卡的"字体"组中的"边框"命令来完成；二是通过右键快捷菜单中"设置单元格格式"对话框，来完成指定单元格的边框设置。相对而言，前者便捷，后者全面。本节主要介绍通过"设置单元格格式"来设置边框的基本方法。

选定不连续区域B2:I3和B4:B11，打开右键快捷菜单选择"设置单元格格式"。在"设置单元格格式"对话框中，选择"填充"选项卡中的背景色为茶色，深色75％。选择"边框"选项卡，线条样式为一般实线，颜色为白色，在"预置"栏中，先单击"无"，以确保未设置边框状态，再单击"内部"，对预选单元格的内边框设置白色实线。选择"字体"选项卡，将字体颜色设置为白色，深色5％。设置后的效果如图4-9所示。

	星期一	星期二	星期三	星期四	星期五	星期六	星期日
	MON	TUE	WED	THU	FRI	SAT	SUN
第1-2节	程序设计基础	网络技术	C#程序设计	大学英语	网页设计		
8：10～9：50	教学楼南403	教学楼南506	教学楼南414	教学楼北505	实训楼201		
第3-4节	高等数学	体育	高等数学	网络技术	C#程序设计		
10:05～11：45	教学楼南204	南体育场	教学楼南414	实训楼104	实训楼204		休息
第5-6节	大学英语	数据库基础	程序设计基础		思想品德		
14:10～15：50	教学楼南303	教学楼北314	实训楼105				
第7-8节		网页设计					
16:05～17：45		教学楼北205					

说明：各课程的教师可将鼠标放置在单元格上查找。

图4-9　设置部分单元格后的效果

选定 B4:B5,在"设置单元格格式"的"边框"选项卡的"预置"栏中,先单击"无",清除刚刚设置的边框,再分别单击"边框"栏中的"上边框"和"下边框",边框颜色依然为白色实线。将此设置方法依次应用在 B6:B7、B8:B9 和 B10:B11 等单元格中。也可以采用格式刷,即选定已经完成边框设置的 B4:B5,单击功能区中的格式刷,再应用于 B6:B7、B8:B9 和 B10:B11 等单元格中,即可达到相同的效果。

将理论课程所在的单元格 C4、D4、E4、F4、C6、E6、F6、C8、D8、G8 和 D10,其填充颜色为茶色,深色 25%;实训课所在的单元格 G4、F6、G6 和 E8 的填充颜色为茶色,深色 10%。其他为默认颜色。

将整个课程区域 C4:H4(实际上是 C4:I11)的内部和外部边框线设置为橄榄色的一般实线。将整个表格的外边框设置为深红的双线。

至此,表格的边框和填充色设置完毕,如图 4-10 所示。

计算机专业教学课程表

	星期一 MON	星期二 TUE	星期三 WED	星期四 THU	星期五 FRI	星期六 SAT	星期日 SUN
第1-2节 8:10～9:50	程序设计基础 教学楼南403	网络技术 教学楼南506	C#程序设计 教学楼南414	大学英语 教学楼北505	网页设计 实训楼201		
第3-4节 10:05～11:45	高等数学 教学楼南204	体育 南体育场	高等数学 教学楼南414	网络技术 实训楼104	C#程序设计 实训楼204	休息	
第5-6节 14:10～15:50	大学英语 教学楼南303	数据库基础 教学楼北314	程序设计基础 实训楼105		思想品德		
第7-8节 16:05～17:45		网页设计 教学楼北205					

图 4-10 边框设置完毕的表格

提示:在"设置单元格格式"对话框的"边框"选项卡中,可以根据具体需要来确定对指定边框的设置,其中间是示例框,表示当前选择的边框,示例框周围是 8 个边框按钮,单击这些按钮可以单独确定添加或删除哪些边框。在示例框中单击,也可以添加或删除单独的边框。

在对单元格实施边框设置的操作中,如果仅进行单个设置步骤,可考虑利用工具按钮来进行设置。

步骤 4:设置字体格式。

利用对话框设置字体格式。选定要设置字体的单元格或单元格区域 C2:I2,在右键快捷菜单中选择"设置单元格格式",在"字体"选项卡的字体列表中选择"华文新魏",在字号列表中选择 18 磅,在"字形"列表中选择加粗。在颜色下拉列表中选择"黄色",单击"确定"按钮。

也可以利用功能区中的工具按钮来设置字体格式。其他单元格的字体格式如表 4-1 所示。

表 4-1 其他单元格的字体格式

单 元 格	字 体	字 号	字 形	颜 色
C3:I3	Times New Roman	14	加粗	白色
B4,B6,B8,B10	宋体	16	加粗	白色
B5,B7,B9,B11	Times New Roman	11	加粗	白色

续 表

单 元 格	字 体	字 号	字 形	颜 色
C4;G4,C6;G6. C8;G8,C10;G10	黑体	12	常规	茶色,深色75%
H4	黑体	26	加粗	默认
其他	仿宋_GB2312	12	常规	深蓝
标题	华文新魏	28	加粗	深蓝

步骤5:调整列宽和行高。

调整列宽和行高的方法有多种。双击列选定块(标注列表的位置)的右边框或行选定块(标注行号的位置)的下边框,则Excel 2007会自动调整此列的列宽或此行的高度为最合适的列宽(或行高)。将鼠标置于要调整的列选定块的右边框(或行选定块的下边框),鼠标变成左右(或上下)可调节的形状,按下鼠标左键,则在显示列(或行)的列宽(或行高),此时拖动鼠标可调整该列的宽度(或该行的告诉),但不精确。如果想精确调整,则可右击该列(或该行),从快捷菜单中选择"列宽"(或"行高")命令,直接输入所要调整的值即可。以上操作也适用于多行的操作。

在本例中,先选择B~I列,将其列宽确定为14;再选择2~11行,将其行高确定为24。

说明:在工作表中,可以将列宽指定为0(零)~255。此值表示可在用标准字体进行格式设置的单元格中显示的字符数。默认列宽为8.43个字符。如果列宽设置为0,则隐藏该列。

可以将行高指定为0(零)~409。此值以点数(1点约等于1/72英寸)表示高度测量值。默认行高为12.75点。如果行高设置为0,则隐藏该行。

步骤6:隐藏单元格(隐藏行或列)。

本案例中,"课程表"涉及一个电子表格的9列13行。为了美观,可将电子表格的其他行和列隐藏起来,隐藏的单元格还可显示出来。

隐藏单元格的步骤是首先选中要隐藏的单元格区域,这里选中14~1 048 576行(Excel 2007一共有1 048 576行)。在"开始"选项卡上的"编辑"组中,单击"查找和选择"按钮,在下拉菜单中单击"转到(G)"命令,弹出"定位"对话框,在该话框的"引用位置"文本框中输入14:1 048 576,单击确定,这样就选定了14~1 048 576行。或先选定第14行,再按Ctrl+Shift+↓键也可以选定14行后的全部行。在选定隐藏区域后,右击选定的区域,在快捷菜单中选择"隐藏"即可。

采用相同的方法打开"定位"对话框,在"引用位置"文本框中输入K:XFD,单击"确定"按钮,选定J~XFD列(或者选定K列,再按Ctrl+Shift+→键选定K列后面所有的列),右击选定的列,在快捷菜单中选择"隐藏",可以隐藏第K列及其右边的列。

提示:要显示隐藏的行或列,可同时选中被隐藏的行上下的两行或被隐藏的列左右两列,右击被选中的单元格区域,在快捷菜单中单击"取消隐藏"命令即可。

步骤 7：取消网格线。

网格线是 Excel 为了对单元格进行良好地定位而设置的默认选项之一，在上述表格完成后，可考虑将其取消。

单击"快速访问工具栏"右侧的"自定义快速访问工具栏"按钮，选择"其他命令"，打开"Excel 选项"对话框。在其左边选项栏中选择"高级"，在右边的"在此工作表的显示选项"目录中，将"显示网格线"的勾选去掉，单击"确定"按钮即可完成取消网格线的设置。

至此，一个完整的美观的课程表就做成，如图 4-11 所示。

计算机专业教学课程表

	星期一 MON	星期二 TUE	星期三 WED	星期四 THU	星期五 FRI	星期六 SAT	星期日 SUN
第1-2节 8：10～9：50	程序设计基础 教学楼南403	网络技术 教学楼南506	C#程序设计 教学楼南414	大学英语 教学楼南505	网页设计 实训楼201		
第3-4节 10:05～11：45	高等数学 教学楼南204	体育 南体育场	高等数学 教学楼南414	网络技术 实训楼104	C#程序设计 实训楼204	**休息**	
第5-6节 14:10～15：50	大学英语 教学楼南303	数据库基础 教学楼北314	程序设计基础 实训楼105		思想品德		
第7-8节 16:05～17：45		网页设计 教学楼北205					

说明：各课程的教师可将鼠标放置在单元格上查找。

图 4-11　编辑完成的课程表

3."学生成绩单"的制作

案例一中的"学生成绩单"工作表的编辑，是一个有关 Excel 函数训练的范例。其中包括 AVERAGE 和 COUNTIF 等两个函数的使用，单元格的重命名、文档内超链接的使用等项技术。在"学生成绩单"工作表中，将要编辑高一（1）～高一（4）四个班的成绩表，编辑"高一年级学生成绩统计数据表"和"平均分统计表"，如图 4-12 所示。

高一（1）班

学号	姓名	语文	数学	英语	平均
G0101	朱春华	90	80	89	86
G0102	梁山河	90	70	70	77
G0103	李书文	90	70	86	82
G0104	戴广竹	70	90	50	70
G0105	任红玉	50	70	90	70
G0106	施磊	70	80	80	77
G0107	刘跃	60	90	90	80
G0108	胡川	90	70	60	73
G0109	胡珺	60	70	50	60
G0110	罗朝兵	70	50	50	57
G0111	袁国胜	80	90	90	87
G0112	杨星三	50	90	90	77
G0113	胡涛	70	50	60	60
G0114	黄锋	90	90	90	90

高一年级各科平均成绩统计数据

班级	高一（1）	高一（2）	高一（3）	高一（4）	年级
语文	72	69	69	71	70
数学	74	69	72	69	71
英语	70	71	72	70	71
平均	72	70	71	70	71

高一年级各班成绩分段统计数据

班级	高一（1）	高一（2）	高一（3）	高一（4）	年级
不及格人数	21	29	20	24	94
90～100	1	1	0	2	4
80～90	9	6	3	4	22
70～80	15	14	24	17	70
60～70	11	15	10	13	49
60以下	4	4	3	4	15

图 4-12　编辑完毕的部分学生成绩单

（1）创建"学生成绩单"

步骤 1：创建"学生成绩单"数据表，如图 4-13 所示。

打开"表格制作"工作簿，将其默认的 Sheet2 工作表改名为"学生成绩单"。

步骤 2：输入各班成绩数据。

在 B2 中输入"高一（1）班"。选定单元格区域 B2:G2，合并选定的单元格区域。

　　在 B3、C3、D3、E3、F3、G3 中分别输入"学号、姓名、语文、数学、英语、平均"等标题文字。

　　由于学生的学号是有规律的,所以在输入学生的学号时,可以采用快速输入法来完成。在 B4 单元格输入"G0101",将指针指向单元格右下角,指针变成黑色的"十"字形的填充柄,向下拖动填充柄到填充数据的最后一个单元格 B43。这样即完成了学生学号的填充。

　　为了尽快获得原始数据,对于输入量大的学生姓名和各科成绩,将采用复制的方法输入。选中案例范文中的相关单元格,使用组合键 Ctrl＋C,将数据复制到剪贴板中,返回正在编辑的"学生成绩单"数据表,右击单元格 C4,在快捷菜单中选中"选择性粘贴",并在对话框的"粘贴"栏中选择"数值",确定后即将高一(1)班所有同学的姓名以及三门功课的成绩全部复制到指定地方,并仅仅保留了数值,如图 4-14 所示。

　　采用相同的方法,可以完成其他 3 个班级的数据的输入工作。

> 提示:当然,一次复制并选择性粘贴所有班级的成绩也是可行的,但为了学习起见,所以采用了分批编辑的方法进行。

图 4-13　"新建名称"对话框　　　　　　　　图 4-14　"选择性粘贴"对话框

步骤 3:设置成绩统计数据区域。

　　选定单元格 I2,输入字符"高一年级学生成绩统计数据",并将 I2:N2 单元格区域合并。

　　在单元格 I3:N3 中,分别字符"班级"、"高一(1)"、"高一(2)"、"高一(3)"、"高一(4)"和"年级",并将其复制到单元格 I11:N11 中。

　　复制 D3:G3 单元格区域中的数据,右键选定单元格 I4,打开"选择性粘贴",选取"转置",确定后 D3:G3 单元格区域中的数据将复制到单元格 I4:I7 中。

　　采用常规的数据输入方法,完成成绩统计数据区域的基本编辑工作。只是注意 I9:N10 为"平均分统计"标题区。当然,将案例范文中的数据一次性粘贴,然后去掉具体计算数据,也可以完成设置成绩统计数据区域的任务,如图 4-15 所示。

学号	姓名	语文	数学	英语	平均	班级	高一(1)	高一(2)	高一(3)	高一(4)	年级
			高一(1)班					高一年级各科平均成绩统计数据			
G0101	朱春华	90	80	89		语文					
G0102	梁山河	90	70	70		数学					
G0103	李书文	90	70	86		英语					
G0104	戴广竹	70	90	50		平均					
G0105	任红玉	50	70	90							
G0106	施磊	70	80	80				高一年级各班成绩分段统计数据			
G0107	刘跃	60	90	90		班级	高一(1)	高一(2)	高一(3)	高一(4)	年级
G0108	胡川	90	70	60		不及格人数					
G0109	胡珺	60	70	50		90-100					
G0110	罗朝兵	70	50	50		80-90					
G0111	袁国胜	80	90	90		70-80					
G0112	杨星三	50	90	90		60-70					
G0113	胡涛	70	50	60		60以下					
G0114	黄锋	90	90	90							

图 4-15 成绩统计数据区域的部分数据

步骤 4:设置单元格名称。

所有单元格都有默认的名称,但对于有特殊需要的情况,可为选定的单元格设置新的名称。

选定单元格 A1,单击名称框,名称框中的内容反相显示;在名称框中输入"Top",确定后就为单元格 A1 名称增添了一个新的名字。实际上,原有的名称依然可以使用。

选定单元格 B2,单击名称框,名称框中的内容反相显示;在名称框中输入"Class_1",然后回车,存有数据"高一(1)班"的单元格名称增添了一个新的名字,如图 4-14 所示。

采用同样的方法,可以为其他 3 个班级名称所在单元格分别设置新的名称"Class_2"、"Class_3"和"Class_4"。

其实,还有一种方法也可以对单元格进行设置新的名称,而且实用性更好。右击 B2 单元格区域,在快捷菜单中选择"命名单元格区域"命令,弹出新建名称对话框,在"名称"框中输入"高一_1_班";在"范围"文本框选择"学生成绩单";在"备注"栏中写入相应的说明;在"引用位置"文本框中采用默认值,确定后单元格 B2 同样可以获得一个名为"Class_1"的新名称,与前面所不同的是采用后一种方法设置的新名称可以选择适用的范围,而前一种方法只能适用于整个工作簿。

提示:对于已经设置的单元格新名称,可以通过"公式"选项卡中的"命令管理器"命令来进行新建、编辑和删除的管理。

(2) 计算"学生成绩单"

步骤 1:计算学生各科成绩平均分。

利用公式来进行计算:

单击要输入公式的单元格 G4,输入"=(D4+E4+F4)/3",并按 Enter 键,这样在 G4 单元格中就得到 D4,E4、F4 三个单元格(即三门课程)的平均成绩。

选定 G4 单元格,采用填充柄向下拖动到最后一个单元格 G43,这时,会在拖动过程中经过的各个单元格中复制与 G4 相对应的公式,并得到公式的计算结果。

利用函数来进行计算:

单击单元格 G4,编辑栏左侧单击"插入函数"按钮,打开"插入函数"对话框,选择"常用函数"中的"AVERAGE"函数。

在"函数参数"对话框的"Number1"文本框中直接输入要计算的单元格区域D4:F4。或者单击"Number1"文本框右侧的折叠按钮,使"函数参数"对话框变成一个长条,此时可以在工作表中拖动选择要引用的区域,拖动的同时,所选择的单元格区域将在文本框中自动出现,选定完成后再次单击折叠按钮,将返回到原来的"函数参数"对话框。参数输完后,单击"确定"按钮即可。

选定G4单元格,采用填充柄向下拖动到最后一个单元格G43,这时,会在拖动过程中经过的各个单元格中复制与G4相对应的公式,并得到公式的计算结果。

采用相同的方法,可以完成其他3个班的学生各科平均分的计算,如图4-16所示。

高一（1）班					高一（2）班				
学号	姓名	语文	数学	英语	平均	学号	姓名	语文	数学	英语	平均
G0101	朱春华	90	80	89	86	G0201	余文明	90	60	90	80
G0102	梁山河	90	70	70	77	G0202	易良	90	50	90	70
G0103	李书文	90	70	86	82	G0203	许小东	90	50	50	63
G0104	戴广竹	70	90	50	70	G0204	许明清	80	90	50	73
G0105	任红玉	50	70	90	70	G0205	陈大亮	60	90	50	67
G0106	施磊	70	80	80	77	G0206	王群	50	50	50	50
G0107	刘跃	60	90	60	70	G0207	许东	60	80	90	77
G0108	胡川	90	70	60	73	G0208	熊光英	70	50	80	67
G0109	胡君	60	70	50	60	G0209	夏小飞	50	70	50	57
G0110	罗朝兵	70	50	50	57	G0210	武家林	50	70	80	67

图4-16　高一(1)、(2)班部分学生的平均分计算结果

> **提示:**无论是采用公式,还是采用函数进行计算,所运用的拖动填充方法实际上是一种复制公式的方法,要注意的是以上的操作是采用数据相对引用的方法来实现的。
> 有关数据(单元格)引用方法的解释见技术解析部分。

步骤2:学生各科平均成绩统计计算。

选定J4单元格,在"编辑栏"中输入函数"=AVERAGE(D4:D43)",确定后即得到了高一(1)班语文课程平均分。先后在J5单元格输入函数"=AVERAGE(E4:E43)",在J6单元格中输入函数"=AVERAGE(F4:F43)",在J7单元格中输入函数"=AVERAGE(J4:J6)",即可得到该班其他课程及其各科的总平均分。

采用相同的方法,在下列各个单元格中输入指定的公式,即可得到各班学生课程平均分的统计数据,如表4-2所示。

表4-2　其他各班学生课程平均分计算公式

单元格	公　式	单元格	公　式
K4	=AVERAGE(D47:D86)	M4	=AVERAGE(D133:D172)
K5	=AVERAGE(E47:E86)	M5	=AVERAGE(E133:E172)
K6	=AVERAGE(F47:F86)	M6	=AVERAGE(F133:F172)
K7	=AVERAGE(K4:K6)	M7	=AVERAGE(M4:M6)
L4	=AVERAGE(D90:D129)	N4	=AVERAGE(J4:M4)
L5	=AVERAGE(E90:E129)	N5	=AVERAGE(J5:M5)
L6	=AVERAGE(F90:F129)	N6	=AVERAGE(J6:M6)
L7	=AVERAGE(L4:L6)	N7	=AVERAGE(N4:N6)

步骤 3：各班成绩分段统计数据计算。

选中 J11 单元格，在编辑栏左侧单击插入函数按钮，打开"插入函数"对话框，在"选择函数"列表框中选择"COUNTIF"函数。在"函数参数"对话框的"Range"文本框中，输入单元格区域 D4:F43（即高一（1）班学生所有成绩数据），在"Criteria"文本框中输入"<60"，或在"编辑栏"中直接输入"=COUNTIF(D4:F43,"<60")"，在 J11 单元格中就得到高一（1）班不及格的人数。

按上述相同的方法，统计各个班不及格的人数。

有关统计每个班级各个分数段人数的计算公式，可按下表中的相关数据进行计算。其计算公式如表 4-3 所示。

表 4-3 其他班级各个分数段人数的计算公式

单元格	公　式	单元格	公　式
J13	=COUNTIF(G4:G43,">=90")	L13	=COUNTIF(G90:G129,">=90")
J14	=COUNTIF(G4:G43,">=80")−J13	L14	=COUNTIF(G90:G129,">=80")−L13
J15	=COUNTIF(G4:G43,"<80")−J16−J17	L15	=COUNTIF(G90:G129,"<80")−L16−L17
J16	=COUNTIF(G4:G43,"<70")−J17	L16	=COUNTIF(G90:G129,"<70")−L17
J17	=COUNTIF(G4:G43,"<60")	L17	=COUNTIF(G90:G129,"<60")
K13	=COUNTIF(G47:G86,">=90")	M13	=COUNTIF(G133:G172,">=90")
K14	=COUNTIF(G47:G86,">=80")−K13	M14	=COUNTIF(G133:G172,">=80")−M13
K15	=COUNTIF(G47:G86,"<80")−K16−K17	M15	=COUNTIF(G133:G172,"<80")−M16−M17
K16	=COUNTIF(G47:G86,"<70")−K17	M16	=COUNTIF(G133:G172,"<70")−M17
K17	=COUNTIF(G47:G86,"<60")	M17	=COUNTIF(G133:G172,"<60")

选中单元格 N12，利用快速输入法，将 N12 的计算公式依次填充到 N 列中的其他单元格中（N13:N17）。其结果如图 4-17 所示。

高一年级各科平均成绩统计数据					
班级	高一（1）	高一（2）	高一（3）	高一（4）	年级
语文	72	69	69	71	70
数学	74	69	72	69	71
英语	70	71	72	70	71
平均	72	70	71	70	71

高一年级各班成绩分段统计数据					
班级	高一（1）	高一（2）	高一（3）	高一（4）	年级
不及格人数	21	29	20	24	94
90-100	1	1	0	2	4
80-90	9	6	3	4	22
70-80	15	14	24	17	70
60-70	11	15	10	13	49
60以下	4	4	3	4	15

图 4-17 计算后的各班成绩分段统计数据

（3）美化"学生成绩单"

步骤 1：设置各班成绩表格式。

设置班级标题格式。选择单元格 B2、B45、B88 和 B131，将其文字设置为黑体 16 磅，颜色为白色。单元格的填充色为蓝色。文字水平居中。

设置课程名称格式。选择单元格 B3:G3、B45:G46、B89:G89 和 B132:G132，将其文字设置为宋体 12 磅，加粗，颜色为默认的黑色。单元格的填充色为茶色，深色 10%。文字水平居中。

设置学生信息格式。选择单元格 B4:C43、B47:C85、B90:C129 和 B133:C172，将其文字设置为宋体 12 磅，加粗，颜色为默认的黑色。单元格的填充色为橙色，淡色 60%。文字水平居中。

设置学生成绩格式，默认格式。

设置班级成绩表边框格式。选择各班级所在的单元格，将表格的边框设置为内部为默认的黑色细实线，外部为加粗的红色边框。

步骤 2：设置成绩统计数据格式。

设置成绩统计数据标题格式。选择单元格 I2 和 I9,将其文字设置为华文新魏 18 磅,颜色为白色。单元格的填充色为橙色,深色 25%。文字水平居中。

设置班级名称标题格式。选择单元格 I3:N3、I11:N11,其格式与课程名称格式相同。

设置栏目个格式。选择单元格 I4:I7、I12:N17,将其文字设置为宋体 12 磅,加粗,颜色为深蓝。单元格的填充色为蓝色,淡色 80%。文字水平居中。

其他单元格文本格式为默认字体字号,颜色为深红,加粗。

两张统计表格的外边框为紫色粗实线,深色 25%,内部为一般实线。

完成后的成绩统计数据格式如图 4-18 所示。

高一（1）班					
学号	姓名	语文	数学	英语	平均
G0101	朱春华	90	80	89	86
G0102	梁山河	90	70	70	77
G0103	李书文	90	70	86	82
G0104	戴广竹	70	90	50	70
G0105	任红玉	50	70	90	70
G0106	施磊	70	80	80	77
G0107	刘跃	60	90	90	80
G0108	胡川	90	70	60	73
G0109	胡珺	60	70	50	60
G0110	罗朝兵	70	50	50	57
G0111	袁国胜	80	90	90	87
G0112	杨星三	50	90	90	77
G0113	胡涛	70	50	60	60
G0114	黄锋	90	90	90	90

高一年级各科平均成绩统计数据					
班级	高一（1）	高一（2）	高一（3）	高一（4）	年级
语文	72	69	69	71	70
数学	74	69	72	69	71
英语	70	71	72	71	71
平均	72	70	71	71	

高一年级各班成绩分段统计数据					
班级	高一（1）	高一（2）	高一（3）	高一（4）	年级
不及格人数	21	29	20	24	94
90~100	1	1	0	2	4
80~90	9	6	3	4	22
70~80	15	14	24	17	70
60~70	11	15	10	13	49
60以下	4	4	3	4	15

图 4-18　完成格式设置的表格（部分）

步骤 3:设置条件格式。

Excel 可以使用条件格式直观地注释数据以供分析和演示使用。本案例中采用条件格式主要是运用于反映学生成绩基本数据中。由于条件格式可以采用多种方式,因此,本例在 4 个高中班级中选取了不同的形式来学习条件格式的运用方法。

设置高一(1)班的条件格式。选择单元格 D4:G43,在"开始"选项卡的"样式"组中,选择"条件格式"的"色阶"中的"黄-绿色阶"(图 4-19),其结果如图 4-20 所示。

高一（1）班					
学号	姓名	语文	数学	英语	平均
G0101	朱春华	90	80	89	86
G0102	梁山河	90	70	70	77
G0103	李书文	90	70	86	82
G0104	戴广竹	70	90	50	70
G0105	任红玉	50	70	90	70
G0106	施磊	70	80	80	77
G0107	刘跃	60	90	90	80
G0108	胡川	90	70	60	73
G0109	胡珺	60	70	50	60
G0110	罗朝兵	70	50	50	57
G0111	袁国胜	80	90	90	87
G0112	杨星三	50	90	90	77

图 4-19　"条件格式"对话框　　　　　图 4-20　设置条件格式的结果

设置高一(2)班的条件格式。选择单元格 D47:G86,在"开始"选项卡的"样式"组中,选择"条件格式"的"数据条"中的"绿色数据条"(图 4-21),其结果如图 4-22 所示。

图 4-21 "条件格式"对话框

高一（2）班					
学号	姓名	语文	数学	英语	平均
G0201	余文明	90	60	90	80
G0202	易良	70	50	90	70
G0203	许小东	90	50	50	63
G0204	许明清	80	90	50	73
G0205	陈大亮	60	90	50	67
G0206	王群	50	50	50	50
G0207	许东	60	80	90	77
G0208	熊光英	70	50	80	67
G0209	夏小飞	50	50	70	57
G0210	武家林	50	70	80	67
G0211	温蓉	90	90	90	90
G0212	王英	80	80	90	83

图 4-22 设置条件格式的结果

设置高一（3）班的条件格式。选择单元格 D90:G129，在"开始"选项卡的"样式"组中，选择"条件格式"的"图标集"中的"五象限图"（图 4-23），其结果如图 4-24 所示。

图 4-23 "条件格式"对话框

高一（3）班					
学号	姓名	语文	数学	英语	平均
G0301	冯菲	90	90	50	77
G0302	张晓溪	80	80	90	77
G0303	付佳	90	80	90	77
G0304	杨江丽	70	60	90	70
G0305	阮衍玮	60	90	90	77
G0306	林佳	80	60	90	77
G0307	徐丹丹	90	60	50	67
G0308	张英	50	50	70	57
G0309	秦娟	60	90	60	70
G0310	何欢	60	80	90	77
G0311	张浩	70	80	90	77
G0312	黄琴	80	90	70	77

图 4-24 设置条件格式的结果

设置高一（4）班的条件格式。选择单元格 D47:G86，在"开始"选项卡的"样式"组中，选择"条件格式"的"突出显示单元格规则"中的"小于"，选择小于 60 的单元格，文本格式为加粗的红色字符（图 4-25），其结果如图 4-26 所示。

图 4-25 "条件格式"对话框

高一（4）班					
学号	姓名	语文	数学	英语	平均
G0401	高丽	80	70	90	80
G0402	文泰安	70	90	50	70
G0403	陈文洪	70	70	70	70
G0404	万金涛	90	50	60	67
G0405	盛从剑	90	60	90	80
G0406	张彤池	80	70	50	67
G0407	文光明	90	70	70	77
G0408	李章军	60	80	60	67
G0409	侯方	60	70	60	63
G0410	付伟	60	60	80	67
G0411	蒋进军	90	50	80	73
G0412	戚勇	50	80	50	60

图 4-26 设置条件格式的结果

步骤4：设置数据有效性。

如果某个单元格输入的数据是固定值或者是局限在一定范围内的值，如本例中要求成绩数据在0～100之间，为了避免输入时出错，可以通过Excel 2007中的"数据有效性"功能来进行设置。设置了有效性后，一旦输入的数据产生了错误就会出现提示信息。

以高一（1）班"语文"、"数学"和"英语"3门功课的数据输入为例，设置单元格的数据有效性。

选定要设置数据有效性的单元格区域D4:F43，单击"数据"选项卡，在"数据工具"组中单击"数据有效性"右边的三角形，在下拉菜单中选择"数据有效性"命令，打开如图4-27所示的"数据有效性"对话框。

在"数据有效性"对话框中，选择"设置"选项卡，在"允许"下拉列表中选择"整数"选项；在"数据"下拉列表中选择"介于"选项。在"最小值"和"最大值"文本框中分别输入0和100，如图4-27所示。

设置数据输入时的提示信息，此信息在数据输入时会自动在浮动提示窗口中显示。在"数据有效性"对话框中，选择"输入信息"选项卡，在"标题"文本框中输入"请注意输入值！"，在"输入信息"文本框中输入"成绩应在0～100之间，请不要输错！！"。

设置数据输错后的警告信息，该信息在用户输入的数据不在所设置的有效性范围之内，则会自动显示以提示用户应该在单元格中输入什么样的数据才有效。设置方法如下：

在"数据有效性"对话框中，选择"出错警告"选项卡，在"样式"下拉列表中选择"停止"，在"标题"文本框中输入"友情提示！"，在"错误信息"文本框中输入"成绩应在0～100之间，请重新输入！！"如图4-28所示。

图4-27 "数据有效性"对话框

图4-28 设置出错警告信息

步骤5：创建超链接。

在"学生成绩单"中，由于4个班级的表格较长，所以，给浏览和编辑带来了不便。为此，可以借助于超链接来解决本文档中不同位置的跳转问题。

选择单元格J3（即高一（3）所在的单元格），在右键快捷菜单中选择"超链接"，打开"插入超链接"对话框，选择链接到"本文档中的位置"，并选择已定义名称中的"学生成绩单！Class_1"，确定后即建立了与单元格"Class_1"的超链接，如图4-29所示。

用相同的方法，在单元格K3、L3和M3，分别将其链接到"学生成绩单！Class_2"、"学生成绩单！Class_3"和"学生成绩单！Class_4"位置上。单击这些超链接，即可快速定位到指定的位置上。同时，复制 3 个小图标，将其分布在高一（2）、高一（3）和高一（4）班的成绩表表头的位置，并在其上分别设置超链接，将其链接到"学生成绩单！Top"的位置上，其目的是为了在浏览这几个班级的成绩后，能通过这个超链接迅速回到"学生成绩表"的起始位置。最后调整单元格的对齐方式，调整整个表格的行高和列宽。

图 4-29　"插入超链接"对话框

至此，"表格制作"案例全部完成，如图 4-30 所示。

图 4-30　编辑完成的学生成绩单（部分）

4.1.4　技术解析

本案例主要讲述用 Excel 2007 制作基本的电子表格，涉及 Excel 操作的各个基本方面。其关键的操作就是对数据的操作、单元格的编辑和数据的计算。

1. 复制和移动数据

在数据输入过程中，常常需要成批地复制或移动数据，以提高工作效率。

（1）利用剪贴板复制数据

剪贴板是内存中的公共区域，可用在同一工作表的不同位置，不同工作表之间或不同的工作簿之间复制数据。

选定要复制的单元格区域作为源数据,右击该区域,采用常规的"复制"命令,即可将选定的数据复制到剪贴板上。选定目标单元格区域,右击该区域,采用"粘贴"命令,将剪贴板中的数据粘贴到目标区域。

（2）使用拖放的复制数据

当来源区域和目的区域相距不远时可用拖放的方法复制数据。

选定要复制的源数据单元格区域,将鼠标指针移动到选定数据的边框,待其变成箭头形状时,按住 Ctrl 键,拖放选定区域到目的位置即可。

（3）移动数据

移动数据的操作与复制操作类似,只是在选定来源数据后选择"剪切"命令,而不是"复制"命令。如果用拖放方法移动数据,在选定源数据单元格区域之后直接拖动即可,不需按住 Ctrl 键。

2. 复制属性

上面所介绍的复制方法既复制了数据,又复制了单元格的格式等属性。实际中有时需要有选择的复制单元格的数据或属性。其操作步骤如下:

选定要复制属性的单元格区域并选择"复制"命令,右击目的单元格区域的左上角单元格,在弹出的快捷菜单中选择"选择性粘贴"命令,出现如图 4-31 所示的"选择性粘贴"对话框。在该对话框中选择要复制的属性,再单击"确定"按钮。

3. 删除数据

删除数据将把数据所在的单元格或单元格区域一并删除。

选定要删除的单元格区域,右击快捷菜单中的"删除"命令,出现删除对话框,如图 4-32所示。选择删除后单元格的移动方向,确定后即可完成删除操作。

图 4-31 "选择性粘贴"对话框

图 4-32 "删除"对话框

4. 单元格的引用

（1）单元格的引用方式

单元格的引用方式有 3 种:

· 相对引用,如 E3、F11。

· 绝对应用,如 ＄B＄3、F＄11。

- 混合引用,包括两种,其一为行号为相对的,列标为绝对的引用,如 $B3;其二行号是绝对的,列标是相对的,如 F$11。

在上述引用的表达中,符号$表示是否为绝对引用,如果它在行号前面,则行号就是绝对引用,如果它在列标之前,则列标就是绝对引用。

(2) 公式或函数复制对相对单元格引用的影响

在相对引用的情况下,通过复制或拖动"填充柄"将应用了公式或函数的单元格复制到其他位置,公式中引用的单元格地址也会相应地变化,其特点是引用地址与应用公式或函数的单元格之间的相对位置不变。

在 4.1.3 节中制作学生成绩单时,在 G4 单元格输入函数"=AVERAGE(D5:F5)",当将 G4 单元格函数复制到 G5 单元格时,公式中引用的地址自动变成"=AVERAGE(D5:F5)",即 G5 单元各中函数引用的单元格区域地址 D5:F5 和 G5 在同一行,且相差一列,这与 G4 单元格和 D4:F4 单元格区域的相对位置是一样的。

(3) 公式或函数复制对绝对单元格引用的影响

在绝对引用的情况下,复制后公式或函数的位置发生了变化,绝对引用的地址不会改变。例如,在 G4 单元格中的函数为"=AVERAGE($D$5:$F$5)",如果将 G4 单元的函数复制到 G5 单元格,其中的函数还是"=AVERAGE(D5:F5)"。

(4) 公式或函数复制对混合单元格引用的影响

在混合引用的情况下,复制后的公式位置发生了改变,引用中的绝对部分不会变化,相对部分变化。例如,在图 4-33 中,B4 中的公式为"=$B$1+$B2+B$3",结果是 B1、B2、B3 这 3 个单元格的数值之和 12。将此公式复制到 D5,就变成了"=$B$1+$B3+D$3",结果是 B1、B3 和 D3 这 3 个单元格之和是 8。

图 4-33　公式复制对混合单元格引用的影响

(5) 引用其他的工作簿或工作表

如果引用的单元格区域在当前工作簿的其他工作表中,引用方法为:工作表名! 单元格区域。如当前操作的是 Sheet1 工作表,要引用 Sheet3 工作表的 A2:D6 区域,其引用为:Sheet3！A2:D6。

如果要引用的单元格区域在其他工作簿中,则引用方法为:

'工作簿路径[工作簿名]工作表名'! 单元格区域。

如要引用"D:\hyj\"目录中"2008 年销售统计"工作簿中 Sheet2 表中的 B3:E9 单元格区域引用方式为:'D:\hyj[2008 年销售统计]'! B3:E9。

5. 常用函数的介绍

(1) SUM(参数 1,参数 2,…)

对数值或单元格区域数据进行求和计算。如"=SUM(B1,C2:E3)"求 A1 和 B2:D3 区域的数据之和。

（2）IF（判断值，值1，值2）

此函数求出判断值，如果为真，则返回"值1"，如果为假，则返回"值2"。

（3）MAX（参数1，参数2，…）

求出各参数所表示的单元格区域中的最大值。

（4）COUNT（参数1，参数2，…）

求出数值参数或单元格区域参数中包含数值的总个数。

（5）NOW（ ）

此函数不需要任何参数，它将插入系统时钟的当前日期和时间。当工作表打开或保存时，都更新这个日期和时间。

4.1.5　实训指导

1. 实训目的

学习 Excel 2007 的基本入门知识，熟悉如下操作：

（1）Excel 文档的建立。

（2）选项卡菜单、命令组和命令按钮运用。

（3）编辑工作表、格式化单元格。

（4）数据的格式化、单元格的引用、数值计算、公式及函数的使用。

要求掌握上述基本操作技巧，为进一步学习 Excel 数据处理打下坚实的基础。

2．实训准备

（1）知识准备

* 预习新建、保存、打开、修改、更名和删除 Excel 文档的方法。
* 预习文本及数据输入、智能输入方法；单元格及区域的选定、格式化单元格、设置单元格的底纹和图案的方法及设置数据的有效性等知识。
* 预习编辑工作表的知识，包括添加、删除、重命名工作表；行高、列宽的设置；隐藏单元格或工作表；修饰工作表等。
* 预习公式及函数的应用、单元格的引用及数值计算等知识。

（2）资料准备

* Excel 2007 环境（实训室准备）。
* 案例中所需的文字和原始数据（教师准备）。

3．实训步骤

* 建立工作文件夹。
* 创建 Excel 工作簿，根据案例要求用合适的文件名保存工作簿。
* 按案例要求在工作簿的第1个工作表中创建"课程表"。
* 按要求输入文本数据并格式化"课程表"工作表。
* 对工作表进行页面设置及打印设置并打印工作表（如果没有条件打印则进行打印预览）。
* 在工作簿的第2个工作表中创建"学生成绩单"。

- 设置单元格数据有效性,录入学生成绩数据。
- 利用公式或函数对学生成绩单中的数据进行简单统计。
- 保存工作簿。

4. 实训要求
- "课程表"制作所有的文本及数据都要求学生亲自输入,输入过程中应注意运用智能输入,最终表的结构及格式应与案例基本一致。
- "成绩单"的制作中,要灵活运用多种数据输入方法,要注意输入数值的单元格格式的设置。
- 输入公式和函数时,对于所引用的单元格区域的输入,要练习选取和选择两种方法。

4.1.6　课后思考

- 设置单元格的格式包含哪些方面的内容?各应当怎样设置?
- 在 Excel 2007 中快速输入数据的方法有哪些?除了教材中所讲的方法外,你还能不能查找相关资料学习其他一些快速输入数据的方法。
- 在使用公式和函数时,绝对应用和相对应用有什么区别?
- 在单元格区域的复制和粘贴时,执行"选择性粘贴"有什么作用?"选择性粘贴"对话框中有哪些选项可供选择,各有什么效果?

4.2　案例 2——数据管理

4.2.1　案例介绍

　　本案例通过对"佳美电器连锁店"各分店 1～3 月份数据的统计分析,让读者掌握利用 Excel 2007 进行数据的合并计算、分类汇总、数据筛选和创建数据透视表等数据管理操作。"佳美电器连锁店"的原始数据事先给出,保存在"佳美电器连锁店数据管理"工作簿的"原始数据"工作表中。

4.2.2　知识要点

　　本案例涉及 Excel 的主要知识点有:
- 数据合并——利用汇总函数从一个或多个数据源中汇总数据。
- 数据的筛选——通过筛选,在大量的数据中只显示满足条件的数据行,分"自动筛选"和"高级筛选"两种。
- 数据排序——将数据区域的数据按照某种顺序排序,以便用户更好地分析和查看数据。
- 分类汇总——按照数据区域的某个列标题进行分类,并对各类进行汇总。
- 创建数据透视表——从数据区域中按一定的方式产生统计数据,使用户能够从不同的角度观察数据。

4.2.3　项目的实施

1. 导出分店的数据

从"原始数据"工作表中导出北京、上海、广州、武汉各个分店的1～3月份各种家电的销售收入导出到各自的单独的单元格区域中,形成各分店的数据表格区域,并计算出各分店每月的总销售额以及每个分店各种电器的销售排名。

(1) 导出"北京"分店的数据

步骤1:将"佳美电器连锁店数据管理"工作簿的"Sheet2"工作表重命名为"分店数据"

步骤2:将"分店数据"工作表B2:H17单元格区域格式化为如图4-34所示的形式。

步骤3:选中"分店数据"工作表的D4单元格,在编辑栏中输入公式"＝原始数据！B5",得到北京分店1月份电冰箱的销售额(万元)。选定D4单元格,采用快速输入法分别向右和向下拖动填充柄到D16单元格,得到北京分店3个月份所有家电的销售额。

步骤4:选定D17单元格,在编辑栏中输入函数"＝SUM(D4:D16)",按Enter键,得到北京分店1月份的销售总额。选定D17单元格,拖动右下角的填充柄到F17单元格,得到2～3月份的销售总额。

步骤5:选定G4单元格,在编辑栏中输入函数"＝SUM(D4:F4)",按Enter键,得到北京分店第1季度电冰箱的销售总额。选定G4单元格,拖动右下角的填充柄到G17单元格,得到北京分店1季度每种电器产品的销售总额及第1季度的所有电器的销售总额。

步骤6:利用排序函数"RANK()",在"排序"列按1季度每种商品的多少显示排序号。选定H4,在编辑栏中单击插入函数按钮,在"插入函数"对话框的"或选择类别"下拉列表中选择"统计",在"选择函数"列表框中选择"RANK"函数,单击"确定"按钮。

在弹出的"函数参数"对话框中,在"Number"框中选择或输入单元格G4,在Ref框中输入"G＄4:G＄16"。单击"确定"按钮,就在H4单元格中应用了函数"＝RANK(G4,G＄4:G＄16)",得到结果2。即电冰箱在第1季度销售额的排名为第2。

选定H4单元格,拖动右下角的填充柄到H16单元格,得到北京分店2月份所有家电的销售额的排名值。

最终得到的北京分店电器销售数据如图4-35所示。

北京分店						
类型	商品	一月	二月	三月	季度小计	排序
白色家电	电冰箱					
黑色家电	电视机					
白色家电	洗衣机					
白色家电	空调机					
黑色家电	小电器					
米色家电	手机					
米色家电	数码产品					
黑色家电	音响					
黑色家电	光碟机					
小家电	风扇					
小家电	电磁炉					
小家电	微波炉					
小家电	热水器					
	总计					

图4-34　格式化分店数据区域

北京分店						
类型	商品	一月	二月	三月	季度小计	排序
白色家电	电冰箱	200.34	205.13	212.25	617.72	2
黑色家电	电视机	301.23	311.67	308.34	921.24	1
白色家电	洗衣机	90.24	102.67	121.49	314.4	5
白色家电	空调机	50.41	61.35	58.38	170.14	6
黑色家电	小电器	45.22	56.47	52.49	154.18	7
米色家电	手机	180.21	190.22	192.35	562.78	3
米色家电	数码产品	160.34	179.42	171.01	510.77	4
黑色家电	音响	20.39	32.81	33.28	96.48	8
黑色家电	光碟机	20.39	25.34	27.31	73.04	9
小家电	风扇	8.29	8.91	8.33	25.53	12
小家电	电磁炉	9.24	9.98	10.12	29.34	11
小家电	微波炉	10.21	11.37	11.82	33.4	10
小家电	热水器	5.33	5.78	5.91	17.02	13
	总计	1111.74	1201.12	1213.08	3525.94	

图4-35　导出北京分店的数据

> **提示:** RANK()函数返回某数字在一列数字中相对于其他数值的大小排名。第一个参数指定要排名的数字,第二个参数指定一组参与排名的数字范围或数据列表的引用。

（2）导出其他分店的数据

仿照导出北京分店数据相同的方法,分别在单元格区域 J2:P17、B19:H34 和 J19:P34 导出上海分店、广州分店和武汉分店数据且单元格区域的结构相同。

根据案例范文,对表格进行适当的修饰。

2. 合并计算

通过合并数据创建合并表,将佳美电器连锁店各分店 1～3 月份各类家用电器的销售额汇总起来,得到如图 4-36 所示的数据合并表。

四分店电器类型合并计算结果

类型	一月	二月	三月	季度小计
白色家电	1659.20	1770.94	1771.03	5201.17
黑色家电	1666.34	1804.50	1826.10	5296.94
米色家电	1324.47	1429.22	1391.73	4145.42
小家电	153.15	168.93	171.30	493.38

图 4-36 分店合并计算结果

步骤 1: 将"佳美电器连锁店数据管理"工作簿的 Sheet3 工作表重新命名为"合并数据"。

步骤 2: 在 B1 单元格中输入标题"四分店电器类型合并计算结果",合并 B1:F1,设置该单元格字体为"华文新魏",24 号,深蓝色,文本居中。

步骤 3: 选定 B2:G6 单元格区域,单击功能区的"数据"选项卡,在"数据工具"菜单工具组中单击"合并计算"工具按钮。打开"合并计算"对话框,如图 4-37 所示。

图 4-37 "合并计算"对话框

步骤 4: 在"合并计算"对话框的"函数"下拉列表中选择"求和",在"引用位置"框中单击其右边的折叠框按钮,选择合并区域"分店数据!$B$3:$G$16",单击折叠框按钮,返回"合并计算"对话框。单击"添加"按钮,将选定的单元格区域"分店数据!$B$3:$G$16"添加到"所有引用位置"框中。

重复以上方法,将单元格区域"分店数据!$J$3:$O$16"、"分店数据'!$B$30:$G$33"、"分店数据!$J$30:$O$33"添加到"所有引用位置"框中,并在"标签位置"中勾选

"首行"和"最左列"复选框,确定后得到如图 4-38 所示的数据合并表,删除"商品"所在的列。

四分店电器类型合并计算结果

类型	商品	一月	二月	三月	季度小计
白色家电		1659.2	1770.94	1771.03	5201.17
黑色家电		1666.34	1804.5	1826.1	5296.94
米色家电		1324.47	1429.22	1391.73	4145.42
小家电		153.15	168.93	171.3	493.38

图 4-38　合并计算的结果

步骤 5:隐藏第 7 行以后的行和第 G 列以后的列。按图 4-36 设置好单元格区域格式及边框即可。

3. 按"商品"进行分类汇总

(1) 制作各个分店 1 季度商品销售额的数据清单

步骤 1:插入新工作表,并重命名为"商品分类汇总"。将各个分店的数据复制-粘贴到新工作表中,得到各个分店第 1 季度各种商品销售额的数据清单,如图 4-39 所示。注意,在复制和粘贴"销售额"时应当执行"选择性粘贴"并选择"数值"选项。

步骤 2:将 A1:C1 单元格区域字体设为黑体、12号居中,底纹填充色设为水绿色,淡色 60%。B1:B53单元格底纹填充色为橙色,淡色 40%,并给 A1:C53 单元格区域添加内外边框。

	A	B	C
1	分店	商品	销售额
2	北京分店	电冰箱	200.34
3	北京分店	电视机	301.23
4	北京分店	洗衣机	90.24
5	北京分店	空调机	50.41
6	北京分店	小电器	45.22
7	北京分店	手机	180.21
8	北京分店	数码产品	160.34
9	北京分店	音响	30.29
10	北京分店	光碟机	20.39
11	北京分店	风扇	8.29
12	北京分店	电磁炉	9.24
13	北京分店	微波炉	10.21
14	北京分店	热水器	5.33
15	上海分店	电冰箱	256.45
16	上海分店	电视机	334.48
17	上海分店	洗衣机	131.28

图 4-39　第 1 季度销售清单

(2) 数据排序

排序是按照某种顺序重新排列数据,这样可以帮助用户更好地分析和查看数据。在对数据分类汇总之前一般也先要进行排序。

排序需要指定关键字(即按照它来排序的字段)和排序方向(升序或降序)等参数。

对商品所在列进行排序。将光标移动到"商品"所在的列,在功能区的"数据"选项卡中,单击"排序和筛选"菜单工具组中的"升序"按钮,即可完成对商品的排序。这种排列方法适宜于单关键字的排列。

也可以通过"排序"对话框进行排序。将光标置于数据清单中,在功能区的"数据"选项卡中,单击"排序和筛选"工具组中的"排序"命令,打开"排序"对话框,如图 4-40 所示。在"主要关键字"下拉列表中选择"商品",在"排序依据"下拉列表中选择"数值",在次序下拉列表中选择"升序"。即可完成上述的排序操作。如果还要设置其他排序依据,可继续添加排序条件,在"次要关键字"中选择合适的选项。即可完成多个关键字的组合排序。这种方法适用于多关键字排序。

(3) 按"商品"字段进行分类汇总

当需要将数据清单中的同一类数据放在一起,并求出它们的总和、平均值或个数等时,可以使用 Excel 2007 提供的分类汇总功能。分类汇总是对数据清单中的某个字段分类,相同的值为一类，然后对各类进行汇总。通常是先对数据清单按排序关键字进行排序，再完成分类汇总的操作。

图 4-40　"排序"对话框

步骤 1：单击排序好的数据清单中的任一单元格，在"数据"选项卡中，单击"分级显示"工具组中的"分类汇总"命令，弹出如图 4-41 所示的"分类汇总"对话框。

步骤 2：在"分类字段"中，选择"商品"；在"汇总方式"中选择"求和"；在"选定汇总项"中，勾选"销售额"，单击"确定"按钮，即可对所有的商品进行汇总，并求出每种商品的销售额，如图 4-42 所示。

1 2 3		A	B	C
	1	分店	商品	销售额
+	6		电冰箱 汇总	2770.07
+	11		电磁炉 汇总	119.88
+	16		电视机 汇总	3780.77
+	21		风扇 汇总	158.06
+	26		光碟机 汇总	314.72
+	31		空调机 汇总	932.49
+	36		热水器 汇总	100.66
+	41		手机 汇总	2268.94
+	46		数码产品 汇总	1876.48
+	51		微波炉 汇总	114.78
+	56		洗衣机 汇总	1498.61
+	61		小电器 汇总	771.91
+	66		音响 汇总	429.54
-	67		总计	15136.91

图 4-41　"分类汇总"对话框　　　　图 4-42　按商品进行分类汇总的结果

提示：要取消分类汇总，在"数据"选项卡中，单击"分级显示"工具组中的"分类汇总"命令，在"分类汇总"对话框中，单击"全部删除"按钮即可。

4. 数据筛选

"筛选"是在大量的数据中筛选出满足指定条件的记录，而将其他的记录暂时隐藏起来。筛选分为"自动筛选"和"高级筛选"。"自动筛选"是从大量数据中筛选出多个满足单一条件的记录。"高级筛选"可以一次性筛选满足多个条件的记录。

（1）数据的"自动筛选"

步骤 1：在"佳美电器连锁店数据管理"工作簿插入新工作表，并重命名为"自动数据筛选"。在该表中通过复制得到所需的数据。

步骤2：将光标移动到数据区域的任意单元格，在"数据"选项卡的"排序和筛选"组中，单击"筛选"按钮。选择"分店"列的下拉列表，在"文本筛选"框中选择前3个分店，就筛选出符合条件的所有记录。如图4-43所示，再次选择"商品"下拉列表中的几种商品，如图4-44所示，确定后所得到结果如图4-45所示。

分店	商品	销售额
北京分店	电磁炉	29.340
北京分店	洗衣机	314.400
广州分店	洗衣机	511.29
上海分店	洗衣机	419.34
广州分店	电磁炉	36.29
北京分店	数码产品	510.770
广州分店	数码产品	512.87
上海分店	数码产品	569.19
上海分店	电磁炉	30.19
北京分店	空调机	170.140
广州分店	空调机	275.01
上海分店	空调机	243.30
北京分店	电视机	921.240
广州分店	电视机	1104.30
上海分店	电视机	1041.56
北京分店	电冰箱	617.720
广州分店	电冰箱	837.06
上海分店	电冰箱	746.32

图4-43 设置分店筛选条件　　　图4-44 设置商品筛选条件　　　图4-45 自动筛选的结果数据

提示：如果被选择的数据是数值数据，如"销售额"，则筛选对话框中提供"数字筛选"的选项。"数字筛选"可提供"大于"、"小于"、"不等于"或"自定义"等多种选择，用户可以根据需要在众多选项中进行选择。如果要取消筛选，可在"数据"选项卡的"排序和筛选"组中，单击"清除"按钮。

（2）高级筛选

若要通过复杂的条件来筛选单元格区域，请使用"数据"选项卡上"排序和筛选"组中的"高级"命令。"高级"命令的工作方式在几个重要的方面与"筛选"命令有所不同。它是通过"高级筛选"对话框来设置被筛选的数据区域、筛选的条件区域和筛选后数据的复制区域，将条件区域用作高级筛选条件的依据，在指定的位置完成筛选操作的。

如要筛选出"北京分店"的销售额大于600万元的产品，可用高级筛选完成。

步骤1：在"佳美电器连锁店数据管理"工作簿插入新工作表，并重命名为"高级数据筛选"。在该表中通过复制得到所需的数据。

步骤2：在表中合适的空白位置输入筛选条件。本例中在E2、E3、F2和F3中输入"分店"、"北京分店"、"销售额"和"＞600"等字符，这样条件区域的数据已经准备完毕。

步骤3：在"数据"选项卡的"排序和筛选"组中，单击"高级"按钮，打开"高级筛选"对话框，如图4-46所示。在"方式"下选中"将筛选结果复制到其他位置"，在"列表区域"中选取要进行筛选的数据区域＄A＄1：＄C＄53，在"条件区域"中选取输入了筛选条件的单元格区域

$E\$2:\$F\$3$,在"复制到"中选取数据复制到的单元格区域 $\$E\$7:\$G\$9$,最后单击"确定"按钮。高级筛选的条件区域和结果区域如图4-47所示。

图4-46 "高级筛选"对话框

E	F	G
分店	销售额	
北京分店	>600	
分店	**商品**	**销售额**
北京分店	电视机	921.240
北京分店	电冰箱	617.720

图4-47 "高级筛选"的条件区域和结果区域

5. 制作数据透视表

数据透视表具有交互分析的能力,能够全面灵活地对数据进行分析、汇总等,从不同的角度观察数据,改变显示方式。本案例是对各个分店销售的电器商品从不同的分类角度出发创建透视表,以便分析销售情况。

(1) 从"分店数据"工作表中导出相关数据

步骤1:在"佳美电器连锁店数据管理"工作簿插入新工作表,并重命名为"数据透视表"。

步骤2:从"分店数据"工作表中进行数据的复制-粘贴等操作,在"数据透视表"工作表的单元格区域A1:D52中得到各个分店第1季度各类电器商品销售额的数据,如图4-48所示。注意在复制和粘贴"销售额"时应当执行"选择性"粘贴并选择"数值"选项。

(2) 创建统计各分店"四类"(即白色、黑色、米色和小家电等)家电第一季度平均销售量的透视表

步骤1:选定单元格F3,在"插入"选项卡的"表"组中,单击"数据透视表",在下拉菜单中单击"数据透视表"选项,打开"创建数据透视表"对话框,如图4-49所示。

图4-48 第1季度销售数据

图4-49 "创建数据透视表"对话框

步骤2：在"表/区域"框中，选择相应的区域"数据透视表！\$A\$1:\$D\$52"。在"选择放在数据透视表的位置"中选择"现有工作表"，在"位置框中"已经自动填上了"数据透视表！\$F\$3"。

步骤3：单击"确定"按钮，在弹出的"数据透视表字段列表"对话框中（图4-50），选中"北京分店"并拖到"行标签"框中；选中"白色家电"并拖到"列标签"框中。选中"205.91"并拖到"数值"框中。

步骤4：在"数值"框中，单击"求和项…"右侧的三角形，在弹出的下拉列表中选择"值字段设置"。

步骤5：在弹出的如图4-51所示的"值字段设置"对话框中，在"汇总方式"选项卡中，在"计算类型"列表框中选择"平均值"，即得到所需的透视表。

图4-50 "数据透视表字段列表"对话框　　　　图4-51 "值字段设置"对话框

步骤6：对所得的透视表进行单元格式设置。数值保留2位小数，F5:F8、G4:K4单元格区域底纹填充浅紫色，F9:K9填充紫色，添加内边框和外边框，结果如图4-52所示。

平均值项:205.91	白色家 ▼				
北京分店 ▼	白色家电	黑色家电	米色家电	小家电	总计
北京分店	80.76	103.74	178.93	8.77	80.78
广州分店	180.37	130.15	201.09	12.77	116.53
上海分店	156.55	120.34	200.01	11.20	107.37
武汉分店	118.51	87.19	110.88	8.37	73.81
总计	138.89	110.35	172.73	10.28	94.90

图4-52 各分店平均销售量透视表

（3）创建统计各类家电第一季度每个品种的销售量数据透视表

步骤1：选定单元格F13，在"插入"选项卡的"表"组中，单击"数据透视表"，在下拉菜单中单击"数据透视表"选项，打开"创建数据透视表"对话框。如图4-49所示。

步骤2：在"表/区域"框中，选择相应的区域"数据透视表！\$A\$13:\$D\$52"，在"选择放在数据透视表的位置"中选择"现有工作表"，在"位置框中"已经自动填上了"数据透视表！\$F\$13"。

步骤3：单击"确定"按钮，在弹出的"数据透视表字段列表"对话框中，选中"白色家电"

并拖到"行标签"框中;选中"电冰箱"并拖到"列标签"框中。选中"205.91"并拖到"数值"框中。在"数值"框中,选中"求和项..."。单击"确定"按钮后即可完成数据透视表的创建。

步骤4:对所得的透视表进行单元格式设置。

(4)隐藏源数据

数据透视表创建好后,可以隐藏源数据。

步骤1:选定源数据所在的单元格区域"A1:52",在"开始"选项卡上的"单元格"组中,单击"格式"。

步骤2:在弹出的下拉菜单中,在"可见性"栏中,指向"隐藏和取消隐藏",然后单击"隐藏列"。

至此,"数据管理案例"全部完成,如图4-53所示。

平均值项:205.91	白色家I				
北京分店	白色家电	黑色家电	米色家电	小家电	总计
北京分店	80.76	103.74	178.93	8.77	80.78
广州分店	180.37	130.15	201.09	12.77	116.53
上海分店	156.55	120.34	200.01	11.20	107.37
武汉分店	118.51	87.19	110.88	8.37	73.81
总计	138.89	110.35	172.73	10.28	94.90

注意: 本表中的数据已经隐藏。

求和项:205.91	电冰箱												
白色家电	电冰箱	电磁炉	电视机	风扇	光碟机	空调机	热水器	手机	数码产品	微波炉	洗衣机	小电器	音响	总计
白色家电	717.45					310.83					499.54			1527.82
黑色家电			1260.26		104.91							257.30	143.18	1765.65
米色家电								756.31	625.49					1381.81
小家电		39.96		52.69			33.55			38.26				164.46
总计	717.45	39.96	1260.26	52.69	104.91	310.83	33.55	756.31	625.49	38.26	499.54	257.30	143.18	4839.73

图4-53 全部完成的数据透视表

对于本案例最后一张数据表"统计分析",则是在原始表上经过比较简单的函数计算和表格修饰后所得到的一张新的表格,因技术难度不大,所以建议自学。

4.2.4 技术解析

本案例主要讲述Excel 2007中的函数应用、数据合并计算、数据分类汇总、数据筛选及数据透视表等重要的数据运算和管理技术,是日常办公时进行数据处理的基础。

1. 数据合并

通过创建合并数据创建合并表,可以从一个或多个数据源区域中汇总数据,在合并数据源数据时,可以使用汇总函数(如SUM( )函数)等创建汇总数据。有两种合并数据源数据的方法:按类别合并和按位置合并。

(1)按位置合并

适用于数据源区域的数据有相同的排列顺序并使用相同的标签,如同一模板创建的部门预算工作表。本章4.2.3节中进行的合并操作就是按位置进行的合并。

(2)按类别合并

适用于源数据区域中的数据使用了相同的标签但未按相同的顺序排列。如图4-42的数据源,可按类别合并。

首先选中用于存放合并数据的目标单元格,再单击功能区的"数据"选项卡,在"数据工具"菜单工具组中单击"合并计算"工具按钮。在弹出"合并计算"对话框。如图 4-54 所示,在"函数"下拉列表中选择"求和"。在"引用位置"框中键入每一个源区域,然后单击"添加按钮"。在"标签位置"下,选中"首行"和"最左列"复选框,单击"确定"按钮。数据合并结果如图 4-55 所示。

图 4-54　按类别合并的数据源　　　　　　图 4-55　按类别合并后的数据

2. 分类汇总

分类汇总是 Excel 提供的一种对源数据系列进行分类计算的功能。

通过使用"数据"选项卡的"分级显示"组中的"分类汇总"命令,可以自动计算列的列表中的分类汇总和总计。

分类汇总是通过 SUBTOTAL 函数利用汇总函数计算得到的。可以为每列显示多个汇总函数类型。注意:汇总函数是一种计算类型,用于在数据透视表或合并计算表中合并源数据,或在列表或数据库中插入自动分类汇总。汇总函数的例子包括 SUM、COUNT 和 AVERAGE 等。

在操作分类汇总时要注意应完成以下内容:

(1) 确保每个列在第一行中都有标签,并且每个列中都包含相似的事实数据,而且该区域没有空的行或列。

(2) 确定对某个数据区域实施分类汇总时,应选择该区域中的某个单元格以确定待操作的区域。

(3) 确定分类字段并将其排序,确定汇总方式和选定汇总数据项。

(4) 确定汇总数据所在位置。

分类汇总完成后,可利用分类汇总控制区域的按钮来折叠或展开数据清单中的数据。

3. 高级筛选条件的设置

在高级筛选中,如果有多个条件,这些条件输入时应注意如下几点:

(1) 如果条件之间是"与"关系,即条件应同时满足,则输入的条件应在同一行。

（2）如果条件可分成多个组，每个组之间是"或"关系，即多组条件只满足一组就行，则每组条件应在不同的行输入。

（3）如果是一个字段的多个条件，则每个条件用一个字段名。

（4）设定条件可以使用运算符、数字、文字以及通配符。

（5）如果条件是针对某个字段，则应使用相应的字段名，如果条件是计算得出的，则应使用不同的条件名。

（6）在输入时条件之间不能有空行，否则会显示所有的记录。

4. 利用数据透视表改变查看数据的角度

在如图 4-40 所示的数据透视表中，单击"列标签"下拉列表，可在菜单的"值筛选"下面的选框中可选择希望显示的标签项。同样在"行标签"下拉列表中也可以进行选择以从不同的角度查看数据。

4.2.5 实训指导

1. 实训目的

学习 Excel 进行数据管理的功能，即利用 Excel 2007 对数据进行合并计算，筛选满足条件的数据、对数据排序和分类汇总、创建从不同角度分析数据的透视表等。

2. 实训准备

（1）知识准备

- 复习公式及函数的应用、单元格的引用及数值计算等知识。
- 复习数据的智能输入、单元格的复制-粘贴等知识。
- 预习数据的合并计算、数据筛选、排序及汇总等知识。
- 预习数据透视表的相关概念等知识。

（2）资料准备

- Excel 2007 环境（实训室准备）。
- 案例中所需原始数据表（教师准备）。

3. 实训步骤

- 获得原始数据，并建立工作文件夹。
- 创建新工作簿，将原始数据导入新工作簿的第 1 个工作表。
- 按案例的要求对原始数据进行合并计算。
- 按案例的操作方法对原始数据进行排序和分类汇总。
- 对数据进行自动筛选和高级筛选。
- 按案例要求制作数据透视表。
- 保存工作簿。

4. 实训要求

- 原始数据作为一个单独的工作表存在，其余的数据处理如数据合并、数据排序汇总、数据筛选及数据透视表等操作结果都单独形成新的工作表。

- 在数据排序、汇总、筛选及制作数据透视表的过程中,应按案例要求导出对应的数据进行处理。
- 实训如果课内无法完成需在课后继续完成。

4.2.6 课后思考

- 高级筛选的条件输入有什么要求？如何取消筛选？
- 分析分类汇总之前一般要按汇总字段排序的原因。
- 如何利用数据透视表实现不同角度的观察数据？

学习目标

第 5 章

Excel 高级应用

本章主要以"学生成绩分析"案例为主线,主要介绍了 Excel 中如何使用公式、相对引用、绝对引用和表间计算等,介绍如何通过给定的数据,建立类型不同、风格不一的图表。读者学习了本案例后,能自己使用这些常见的函数,并能了解其他函数的使用方法。"中国手机市场调查"案例则通过给定的数据,制作柱形图、折线图、饼图、条形图等常见的图表,以不同的表述方式,来反映数据的基本情况,在实际工作中有一定的实用价值。

 实用案例

学生成绩分析

中国手机市场调查

5.1　案例1——学生成绩分析

5.1.1　案例介绍

在"学生成绩分析案例"中,共设置了某中学高中 3 个班的成绩,每个学生有语文、数学、英语、物理、化学、体育 6 门课程的成绩,其中体育成绩有两列,一列为百分制,并参与总分计算;另一列要求把百分制成绩转换成等级制成绩。各班成绩分别放在"一班"、"二班"和"三班"等 3 个工作表中,并要求列出学生的总分和按总分在班上的排名。在"综合分析"表中,要求分析每个班的人数、课程平均分、优良率、不及格率、待补考人数、体育达标率;并计算出各班每门课程的平均分、最高分、第二名、第三名、最低分、倒数第二名、倒数第三名的成绩;分析每个班 60 分以下、90 分以上等分数段的人数。

5.1.2　知识要点

本案例涉及 Excel 的主要知识点有:
- 函数使用——常见函数的使用方法。
- 条件格式——根据条件确定的格式。
- 数据的引用和表间计算——数据的相对引用、绝对引用、混合引用和数据的表间计算等。

5.1.3　案例实施

1. 分班成绩计算

本部分主要用到 IF、SUM、RANK 这 3 个函数,使用 IF 函数转换体育成绩,SUM 用来求每个学生的总分,RANK 用来求每个同学在班上按总分的排名。具体操作可先选择"一班"作为范例进行成绩计算,然后采用相同的方法,对"二班"和"三班"的成绩进行计算。

(1) 转换一班的体育成绩

步骤 1:把体育百分制成绩转换成等级制成绩。单击"一班"工作表的 I3 单元格,输入:＝IF(H3＜60,"不及格",IF(AND(H3＞＝60,H3＜70),"及格",IF(AND(H3＞＝70,H3＜80),"中等",IF(AND(H3＞＝80,H3＜90),"良好","优秀")))),本案例中 H 列为学生体育百分制成绩,IF 语句的作用就是根据 H 列的百分制成绩转换成等级制成绩,并放在 I 列不同的行中。输入上面的公式,按 Enter 键,学号为"G0101"学生的体育成绩转换完毕。

步骤 2:计算所有学生的体育等级成绩。单击 I3 单元格,纵向拖动 I3 单元格的"填充柄",直到最后一个学生,这样体育百分制成绩到等级制成绩转换完毕,如图 5-1 所示。

学号	姓名	语文	数学	英语	物理	化学	体育	体育
				一班学生本学期成绩				
G0101	朱春华	72	62	88	78	63	68	及格
G0102	梁山河	64	82	96	79	72	80	良好
G0103	李书文	68	60	89	74	42	80	良好
G0104	戴广竹	79	100	99	91	80	81	良好
G0105	任红玉	87	66	98	81	78	67	及格
G0106	施磊	75	90	97	80	86	78	中等
G0107	刘跃	69	97	98	72	68	79	中等
G0108	胡川	74	100	97	72	76	74	中等
G0109	胡珺	88	100	100	88	88	91	优秀
G0110	罗朝兵	68	97	99	77	58	81	良好

图 5-1 体育成绩转换

说明:IF 函数根据对指定的条件计算结果为 TRUE 或 FALSE,返回不同的结果。可以使用 IF 对数值和公式执行条件检测。

语法:IF(logical_test,value_if_true,value_if_false),logical_test 表示计算结果为 TRUE 或 FALSE 的任意值或表达式。value_if_true 是 logical_test 为 TRUE 时返回的值。value_if_false 是 logical_test 为 FALSE 时返回的值。IF 函数可以嵌套使用。

(2)计算一班每个学生总分

步骤 1:计算所有学生的总分。选择"一班"工作表的 J3 单元格。单击功能区中的"公式"选项卡,单击"插入函数",打开"插入函数"对话框,在函数的常用类别中,选择函数"SUM",单击"确定"按钮。在"函数参数"对话框的"Number1"中输入"C3:H3",如图 5-2 所示,单击"确定"按钮,学生"G0101"总分就可以求出。

图 5-2 插入 SUM 函数时参数对话框

说明:在 Excel 中,用户可以直接在单元格中输入对应公式,也可以通过查找数据按钮,到指定数据表中去寻找相应的数据。还可以单击"有关该函数的帮助(H)"超链接,查看 Excel 中关于该函数的帮助。

步骤 2：单击 J3 单元格，纵向拖动 J3 单元格的"填充柄"，直到最后一个学生，这样一班每个学生的总分计算完毕，如图 5-3 所示。

	A	B	C	D	E	F	G	H	I	J
1	一班学生本学期成绩									
2	学号	姓名	语文	数学	英语	物理	化学	体育	体育	总分
3	G0101	朱春华	72	62	88	78	63	68	及格	431
4	G0102	梁山河	64	82	96	79	72	80	良好	473
5	G0103	李书文	68	60	89	74	42	80	良好	413
6	G0104	戴广竹	79	100	99	91	80	81	良好	530
7	G0105	任红玉	87	66	98	81	78	67	及格	477
8	G0106	施磊	75	90	97	80	86	78	中等	506
9	G0107	刘跃	69	97	98	72	68	79	中等	483
10	G0108	胡川	74	100	97	72	76	74	中等	493
11	G0109	胡珺	88	100	100	88	88	91	优秀	555
12	G0110	罗朝兵	68	97	99	77	58	81	良好	480

图 5-3　学生总分计算

（3）计算一班学生总分排名

步骤 1：确定排名计算方法。单击 K3 单元格，单击功能区中的"公式"选项卡，单击"插入函数"，打开"插入函数"对话框，在函数的常用类别中，选择函数"RANK"函数，单击"确定"按钮。在"Number1"选框中输入"J3"，在"Ref"选框中输入"J\$3:J\$42"，如图 5-4 所示，单击"确定"按钮，学生"G0101"的排名就可以求出。

图 5-4　RANK 函数参数

提示：此处一定要搞清楚"J\$3:J\$42"表示的意义。为什么要使用混合地址？

步骤 2：计算所有学生的总分排名。单击 K3 单元格，纵向拖动 K3 单元格的"填充柄"，直到最后一个学生，这样每个学生按总分在班上的排名就计算好了，如图 5-5 所示。

	A	B	C	D	E	F	G	H	I	J	K
1	一班学生本学期成绩										
2	学号	姓名	语文	数学	英语	物理	化学	体育	体育	总分	排名
3	G0101	朱春华	72	62	88	78	63	68	及格	431	38
4	G0102	梁山河	64	82	96	79	72	80	良好	473	35
5	G0103	李书文	68	60	89	74	42	80	良好	413	39
6	G0104	戴广竹	79	100	99	91	80	81	良好	530	8
7	G0105	任红玉	87	66	98	81	78	67	及格	477	34
8	G0106	施磊	75	90	97	80	86	78	中等	506	17
9	G0107	刘跃	69	97	98	72	68	79	中等	483	32
10	G0108	胡川	74	100	97	72	76	74	中等	493	26
11	G0109	胡珺	88	100	100	88	88	91	优秀	555	1
12	G0110	罗朝兵	68	97	99	77	58	81	良好	480	33

图 5-5　全班学生按总分排名

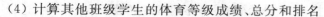

（4）计算其他班级学生的体育等级成绩、总分和排名

采用对"一班"学生成绩的计算方法，分别运用于"二班"和"三班"，最终完成所有班级所有学生的体育等级成绩、学科总分和总分排名。

根据案例样式和个人喜好，适当调整3个班级成绩表的字体大小和表格样式，即可完成分班成绩表的编辑工作。

2．班级成绩统计分析

班级成绩分析主要是对各班级的成绩进行统计分析。在"综合分析"表的编辑中，用到了 COUNTA、AVERAGE、COUNTIF 等函数，并在数据表之间大量地使用了单元格的绝对引用、相对引用和混合引用。

（1）计算每个班的总人数和年级人数

步骤 1：创建统计分析表格。新建一个工作表，名称为"综合分析"，并按照统计分析的要求在表中设计出两个数据分析表，如图 5-6 所示。

图 5-6　班级综合分析表

步骤 2：计算各班的总人数。单击一班人数对应单元格 B4，在功能区中的"公式"选项卡下点选"插入函数"，弹出"插入函数"对话框，选择函数"COUNTA"，单击"确定"按钮。在"COUNTA"函数参数对话框中的"Value1"选框中输入"一班!B3:B42"，如图 5-7 所示，单击"确定"按钮，即一班学生总人数统计完成。用同样的方法，再次使用"COUNTA"函数，对应二班的参数为"二班!B3:B42"，三班的参数为"三班!B3:B42"，确定后即可获得二班和三班学生总人数。

图 5-7　COUNTA 函数参数

步骤3：计算年级总人数。单击年级人数对应的 B3 单元格，直接输入"＝COUNTA(一班!B3:B42,二班!B3:B42,三班!B3:B42)"公式，可以求出3个班人数的总和。最后求出的结果如图5-8所示。

	A	B	C D E F G H I	J	K L M N O P Q R
1			班级成绩统计分析		
2		人数	课程平均分	优良率	不及格率	待补考人数	体育达标率
3	年级	120					
4	一班	40					
5	二班	40					
6	三班	40					

图 5-8 各班人数计算

> **注意**：求各班人数时，不能使用拖动"填充柄"的方法，如果使用该方法，则二班使用"COUNTA"公式得到的函数为"＝COUNTA(一班!B4:B43)"，三班得到的函数为"＝COUNTA(一班!B5:B44)"。为什么是这个结果，请思考相对地址和表间地址引用的区别。

（2）计算课程平均分

课程平均分指某一班级所有学生总分的平均值，再除以百分制课程的门数（即6门），即为该班学生的课程平均分。本案例的基本思路是：将班级的所有课程分所在的单元格设置为一个区域，并为这个区域指定一个名称，只要对该区域实施平均数计算，即可得到该区域所有单元格中数据的平均值，也就得到了该班所有学生的课程平均分。

步骤1：定义数据计算区域。单击"一班"工作表，选中 C3:H42 之间的单元格，然后在命名栏输入"score1"，如图5-9所示。

score1		fx	72							
	A	B	C	D	E	F	G	H	I	J	K
1					一班学生本学期成绩						
2	学号	姓名	语文	数学	英语	物理	化学	体育	体育	总分	排名
3	G0101	朱春华	72	62	88	78	63	68	及格	431	38
4	G0102	梁山河	64	82	96	79	72	80	良好	473	35
5	G0103	李书文	68	60	89	74	42	80	良好	413	39
6	G0104	戴广竹	79	100	99	91	80	81	良好	530	8
7	G0105	任红玉	87	66	98	81	78	67	及格	477	34
8	G0106	施磊	75	90	97	80	86	78	中等	506	17
9	G0107	刘跃	69	97	98	72	68	79	中等	483	32
10	G0108	胡川	74	100	97	72	76	74	中等	493	26
11	G0109	胡珺	88	100	100	88	88	91	优秀	555	1
12	G0110	罗朝兵	68	97	99	77	58	81	良好	480	33

图 5-9 自定义 score1 数据区域

步骤2：计算一班课程平均分。选择一班课程平均分对应的单元格 D4，输入"＝AVERAGE(score1)"，按 Enter 键后即可求出一班的课程平均分。

步骤3：计算二班和三班的课程平均分。对二班和三班，其课程平均分的计算方法和一班一样，也是先定义区域，再在适当的单元格中，分别输入公式"＝AVERAGE(score2)"和"＝AVERAGE(score3)"公式，即可得到二班和三班的课程平均分。

步骤4：计算年级课程平均分。也就是求3个班的课程平均分的平均分。可以在年级的课程平均分对应的 D3 单元格中输入公式"=AVERAGE(D4:D6)",也可以在 D3 中输入公式"=AVERAGE(score1,score2,score3)",按 Enter 键后就能求出。最后的结果是一致的,如图 5-10 所示。

	A	B	C	D	E F	G H I	J	K L	M N O P Q R
1					班级成绩统计分析				
2		人数		课程平均分		优良率	不及格率	待补考人数	体育达标率
3	年级	120		82					
4	一班	40		83					
5	二班	40		81					
6	三班	40		82					

图 5-10　求出课程平均分

（3）计算成绩优良率

优良率是指全班的所有课程分达到 80 分及其以上的比例。计算优良率的基本方法是先计算出全班所有课程分中满足条件的数据个数,再除以全班所有课程分的数据总个数,即可得出全班的成绩优良率。计算过程将采用条件计数函数 COUNTIF 和计数函数 COUNT。

步骤 1:计算一班成绩的成绩优良率。在一班优良率对应的 G4 单元格中输入公式"=COUNTIF(score1,">=80")/COUNT(score1)",按 Enter 键后即可求出。这个公式可分为两部分。其中"=COUNTIF(score1,">=80")"是求 score1 区域(一班)中值大于或等于"80"的单元格个数,"COUNT(score1)"是计算"score1"区域中的单元格个数。

步骤 2:计算二班和三班的成绩优良率。二班和三班的成绩优良率计算同一班的计算方法,输入的公式分别是"=COUNTIF(score2,">=80")/COUNT(score2)"和"=COUNTIF(score3,">=80")/COUNT(score3)"。

步骤 3:计算年级优良率。这是 3 个班的优良率的平均值,可以在 G3 单元格中输入公式"=(COUNTIF(score1,">=80")+COUNTIF(score2,">=80")+COUNTIF(score3,">=80"))/(COUNT(score1)+COUNT(score2)+COUNT(score3))",或者"=AVERAGE(G4:G6)",按 Enter 键后就能求出。结果如图 5-11 所示。

	A	B	C	D	E F	G H I	J	K L	M N O P Q R
1					班级成绩统计分析				
2		人数		课程平均分		优良率	不及格率	待补考人数	体育达标率
3	年级	120		82		56.94%			
4	一班	40		83		61.25%			
5	二班	40		81		54.58%			
6	三班	40		82		55.00%			

图 5-11　优良率计算结果

（4）计算成绩不及格率

不及格率也是指全班的所有课程不及格的人数占全班所有课程考试的比例。其方法与计算成绩优良率相同,只是 COUNTIF 函数的条件参数不同而已。

步骤 1:计算一班成绩的及格率。单击一班不及格率对应的 J4 单元格,输入公式"=COUNTIF(score1,"<60")/COUNT(score1)",按 Enter 键后即可求出一班的不及格率。

步骤2：计算二班和三班的成绩不及格率。在二班、三班不及格率对应的J5、J6单元格中分别输入公式"＝COUNTIF(score2,"＜60")/COUNT(score2)"、"＝COUNTIF(score3,"＜60")/COUNT(score3)"，按Enter键后即可求出二班和三班的不及格率。

步骤3：在年级不及格率对应的J3单元格输入"＝(COUNTIF(score1,"＜60")＋COUNTIF(score2,"＜60")＋COUNTIF(score3,"＜60"))/(COUNT(score1)＋COUNT(score2)＋COUNT(score3))"，或者"＝AVERAGE(J4:J6)"，按Enter键后即可求出年级不及格率，如图5-12所示。

	A	B	C	D	E F	G H	I	J	K	L	M N	O P Q R
1						班级成绩统计分析						
2		人数		课程平均分		优良率		不及格率			待补考人数	体育达标率
3	年级	120		82		56.94%		3.75%				
4	一班	40		83		61.25%		2.08%				
5	二班	40		81		54.58%		5.83%				
6	三班	40		82		55.00%		3.33%				

图5-12 年级不及格率

（5）计算待补考的人数

步骤1：计算一班待补考的人数。在一班补考人数对应的M4单元格中，输入公式"＝COUNTIF(score1,"＜60")"，按Enter键后即可求出。

步骤2：计算二班和三班待补考的人数。在二班和三班补考人数对应的M5、M6单元格，输入公式"＝COUNTIF(score2,"＜60")"、"＝COUNTIF(score3,"＜60")"，按Enter键后就能求出二班和三班的补考人数。

步骤3：计算年级待补考的人数。在年级补考人数对应的M3单元格，输入"＝SUM(M4:M6)"，按Enter键后即可求出年级补考人数，如图5-13所示。

	A	B	C	D	E F	G H	I	J	K	L	M	N	O P Q R
1						班级成绩统计分析							
2		人数		课程平均分		优良率		不及格率			待补考人数		体育达标率
3	年级	120		82		56.94%		3.75%			27		
4	一班	40		83		61.25%		2.08%			5		
5	二班	40		81		54.58%		5.83%			14		
6	三班	40		82		55.00%		3.33%			8		

图5-13 年级补考人数

（6）计算体育达标率

步骤1：计算一班体育达标率。选择一班体育达标率对应的单元格P4，直接输入公式"＝COUNTIF(一班!H3:H42,"＞＝60")/B4"，按Enter键后即可计算出一班体育达标率。公式的含义是在工作表"一班"所对应的H3:H42单元格中，计算出满足条件"＞＝60"的数据个数。再除以一班总人数。

步骤2：计算二班和三班体育达标率。二班和三班体育达标率的计算方法同一班，只是Range参数分别输入"二班!H3:H42"、"三班!H3:H42"，其他参数不变。

步骤3：计算年级体育达标率。单击年级体育达标率所对应的P3单元格，输入"＝(COUNTIF(一班!H3:H42,"＞＝60")＋COUNTIF(二班!H3:H42,"＞＝60")＋COUNTIF(三班!H3:H42,"＞＝60"))/B3"，按Enter键后即能求出，最后结果如图5-14所示。

	B	C	D	E	F	G	H	I	J	K	L	M	N	O	P	Q	R
1							班级成绩统计分析										
2	人数		课程平均分		优良率			不及格率				待补考人数			体育达标率		
3	120		82		56.94%			3.75%				27			89.17%		
4	40		83		61.25%			2.08%				5			100.00%		
5	40		81		54.58%			5.83%				14			72.50%		
6	40		82		55.00%			3.33%				8			95.00%		
7																	

图 5-14 体育达标率结果

3. 分班级分课程统计分析

这一部分是对各班级分课程进行统计分析的范例。主要涉及各班 6 门课程的平均分、最高分(前三位成绩)、最低分(后三位成绩)和各个分段成绩的人数。

(1)各班课程平均分计算

步骤 1:计算一班 6 门功课成绩平均分。先计算语文成绩平均分,单击"综合分析"表中的单元格 C10,输入公式"=AVERAGE(一班!C$3:C$42)",按 Enter 键后即可得到所需的结果。对一班某一门课程平均分的计算,实际上是对"一班"这个表指定数据区域的单元格中的数据求平均而得到的。

步骤 2:根据对一班语文课程平均分的计算,就可以将此方法应用于其他课程,即可以在相应的单元格中输入相近的公式,也可以得到所需的结果。计算公式如表 5-1 所示。

表 5-1 其他单元格的计算公式

课程	单元格名称	计算公式
数学	D10	=AVERAGE(一班!D$3:D$42)
英语	E10	=AVERAGE(一班!E$3:E$42)
物理	F10	=AVERAGE(一班!F$3:F$42)
化学	G10	=AVERAGE(一班!G$3:G$42)
体育	H10	=AVERAGE(一班!H$3:H$42)

步骤 3:计算其他班级的课程平均分。根据一班各门课程的平均分的计算可以推广到对二班和三班成绩的计算。其计算公式是相同的,只是计算的原始表格有所不同,如图 5-15 所示。

	项目	语	数	英	物	化	体		项目	语	数	英	物	化	体		项目	语	数	英	物	化	体
	平均分	76	90.8	96.89	80	75	79		平均分	75	90	97.2	79	75	68		平均分	74.9	89.7	97.1	79	75	75
	最高分								最高分								最高分						
	第二名								第二名								第二名						
	第三名								第三名								第三名						
	最低分								最低分								最低分						
一班	第二名							二班	第二名							三班	第二名						
	第三名								第三名								第三名						
	60以下								60以下								60以下						
	60-70								60-70								60-70						
	70-80								70-80								70-80						
	80-90								80-90								80-90						
	90以上								90以上								90以上						

分班级分课程统计分析

图 5-15 班级的课程平均分计算

提示：因为本案例中 3 个班级的课程设置和人数是一样的，且 3 个数据表的设计也是相同的，所以，在完成其他班级课程平均分的计算中，相同课程只需要在区别数据表的名称即可。

对于计算公式中为什么要采用混合引用，如 D＄3：D＄42，请思考。

（2）各班最高和最低分计算

步骤 1：计算一班 6 门功课成绩最高分和最低分。计算指定区域中数据的最高值和最低值分别是采用 MAX 函数和 MIN 函数来完成的。选择"综合分析"表中的单元格 C11 和 C14，分别输入公式"＝MAX(一班!C＄3：C＄42)"和"＝MIN(一班!C＄3：C＄42)"，确定后即可计算出一班语文成绩的最高分和最低分。

步骤 2：根据对一班语文课程最高分和最低分的计算，就可以将此方法应用于其他课程，即可以在相应的单元格中输入相近的公式，也可以得到所需的结果。计算公式如表 5-2 所示。

表 5-2 其他单元格的计算公式

课 程	计 算 项	单元格名称	计 算 公 式
数 学	最高分	D11	＝MAX(一班!D＄3：D＄42)
	最低分	D14	＝MIN(一班!D＄3：D＄42)
英 语	最高分	E11	＝MAX(一班!E＄3：E＄42)
	最低分	E14	＝MIN(一班!E＄3：E＄42)
物 理	最高分	F11	＝MAX(一班!F＄3：F＄42)
	最低分	F14	＝MIN(一班!F＄3：F＄42)
化 学	最高分	G11	＝MAX(一班!G＄3：G＄42)
	最低分	G14	＝MIN(一班!G＄3：G＄42)
体 育	最高分	H11	＝MAX(一班!H＄3：H＄42)
	最低分	H14	＝MIN(一班!H＄3：H＄42)

步骤 3：计算其他班级的最高分和最低分。根据一班最高分和最低分的计算，可以推广到对二班和三班成绩的计算。其计算公式是相同的，只是计算的原始表格有所不同。这一点和计算课程平均分是相同的，如图 5-16 所示。

图 5-16 班级的最高分和最低分计算

> **提示:**由上述班级的课程平均分、最高分和最低分的计算可以看出,各个班级相同课程的数据区域实际上是相同的,如语文成绩,各班的数据区域分别是一班!D\$3:D\$42、二班!D\$3:D\$42和三班!D\$3:D\$42,3个数据参数的不同之处仅仅是数据表的名称,而表内区域是一致的。因此,在相同课程相同指标的公式编辑上,就可以直接复制,再行修改表名即可。当然,如果在原数据表中将各课程的数据区指定了新的名称,也可在公式中直接调用。

(3) 计算各班前二、三名和后二、三名的成绩

LARGE 函数可以返回指定数据区域中第 k 个最大值,而 SMALL 函数则可以返回指定数据区域中第 k 个最小值。其基本公式是:

$=$LARGE(array,k)　　　　array 为需要找到第 k 个最小值的数组或数字型数据区域

$=$SMALL(array,k)　　　　k 为返回的数据在数组或数据区域里的位置

步骤 1:计算一班语文课程前二、三名的成绩。单击"综合分析"数据表中单元格 C12,输入"$=$LARGE(一班!C\$3:C\$42,2)",确定后便能得到一班语文第二名的成绩。在单元格 C13 中输入"$=$LARGE(一班!C\$3:C\$42,3)",确定后便能得到一班语文第三名的成绩。

步骤 2:计算一班语文成绩后二、三名的成绩。单击"综合分析"数据表中单元格 C15,输入"$=$SMALL(一班!C\$3:C\$42,2)",确定后便能得到一班语文倒数第二名的成绩。在单元格 C16 中输入"$=$SMALL(一班!C\$3:C\$42,3)",确定后便能得到一班语文倒数第三名的成绩。

步骤 3:计算一班其他课程前二、三名和后二、三名的成绩。选定"综合分析"表中的单元格C12:C13,拖动填充柄,将 C12:C13 中的计算公式复制到一班各门功课的相应列中。于是,一班其他课程前二、三名的相应成绩也就出现了。选定"综合分析"表中的单元格C15:C16,拖动填充柄,将 C15:C16 中的计算公式复制到一班各门功课的相应列中。于是,一班其他课程后二、三名的相应成绩也计算完成了。

步骤 4:计算其他班级前二、三名和后二、三名的成绩。将一班语文列中前二、三名和后二、三名的成绩计算公式逐个复制到二班和三班的相应单元格中,并根据班级不同,修改公式中的数据表名称。分别依据步骤 3 中采用拖动填充柄的做法,高效快速地完成其他班级所有课程前二、三名和后二、三名的成绩计算工作,如图 5-17 所示。

分班级分课程统计分析

	项目	语	数	英	物	化	体
一班	平均分	76	90.8	96.89	80	75	79
	最高分	88	100	100	94	99	91
	第二名	87	100	100	91	95	90
	第三名	87	100	99.5	90	95	89
	最低分	52	60	87.5	65	17	65
	第二名	64	60	89	66	42	66
	第三名	66	62	93	70	53	67
	60以下						
	60-70						
	70-80						
	80-90						
	90以上						

	项目	语	数	英	物	化	体
二班	平均分	75	90	97.2	79	75	68
	最高分	90	100	100	91	99	93
	第二名	85	100	100	90	92	90
	第三名	83	100	100	89	92	90
	最低分	64	60	87.5	65	42	29
	第二名	66	60	89	66	53	30
	第三名	67	62	93.5	67	58	36
	60以下						
	60-70						
	70-80						
	80-90						
	90以上						

	项目	语	数	英	物	化	体
三班	平均分	74.9	89.7	97.1	79	75	75
	最高分	88	100	100	91	92	85
	第二名	83	100	100	89	92	85
	第三名	83	100	99.5	88	90	83
	最低分	56	60	87.5	65	42	52
	第二名	62	60	89	67	52	56
	第三名	64	62	93.5	68	53	62
	60以下						
	60-70						
	70-80						
	80-90						
	90以上						

图 5-17　各班前二、三名和后二、三名的成绩计算

> **提示**：在计算公式中采用不同的引用方式，对拖动填充柄的操作是不同的。如果采用相对引用，在两个方向上的拖动，都将产生计算公式中单元格的对应变化；如果采用绝对引用，在两个方向上的拖动，都不会产生计算公式中单元格的对应变化；如果采用混合引用，就要视引用的具体方式而定。上述公式中采用的是列方向的相对引用，因此，横向拖动填充柄就能完成对应课程的数据引用，从而实现计算上的便捷。

（4）计算各班不同分数段的人数分布

为了更好地反映学生在不同课程上的学习成绩，一般对成绩采用分段的方法进行分析。即将成绩分为"＜60"、"60～70"、"70～80"、"80～90"和"90以上"5 个分段，分析各班各门功课在不同分段中的人数分布情况。有关指定条件下人数的计算可采用 COUNTIF 函数来完成。

步骤 1：计算一班语文成绩各个分数段的人数。选择"综合分析"表的单元格 C17，输入公式"＝COUNTIF(一班!C＄3：C＄42,"＜60")"，求出语文成绩不及格的人数。

选择"综合分析"表的单元格 C18，输入公式"＝COUNTIF(一班!C＄3：C＄42,"＜70")－C17"，求出语文成绩在 60～70 分之间的人数（含 60 分）。

选择"综合分析"表的单元格 C21，输入公式"＝COUNTIF(一班!C＄3：C＄42,"＞＝90")"，求出语文成绩大于或等于 90 分的人数。

选择"综合分析"表的单元格 C20，输入公式"＝COUNTIF(一班!C＄3：C＄42,"＞＝80")－C21"，求出语文成绩在 80～90 分之间的人数（含 80 分）。

选择"综合分析"表的单元格 C18，输入公式"＝＄B＄4－C17－C18－C20－C21"，求出语文成绩在 70～80 分之间的人数（含 70 分）。

步骤 2：计算一班其他课程成绩各个分数段的人数。选择 C17 至 C21 单元格，横向拖动求出其他课程成绩所有分数段的学生人数。

步骤 3：计算其他班级各门课程所有分数段的学生人数。参照计算课程各班前二、三名的各门课程成绩的方法，可以很快得出所有的计算数据。

至此，Excel 高级应用案例一的所有数据计算完毕，现在可以对数据表表格的界面进行一定的修饰和整理，并加上封面的编辑，即可完成案例一的所有操作，如图 5-18 所示。

班级成绩统计分析

	人数	课程平均分	优良率	不及格率	待补考人数	体育达标率
年级	120	82	56.94%	3.75%	27	89.17%
一班	40	83	61.25%	2.08%	5	100.00%
二班	40	81	54.58%	5.83%	14	72.50%
三班	40	82	55.00%	3.33%	8	95.00%

分班级分课程统计分析

一班

项目	语	数	英	物	化	体
平均分	76	90.8	96.89	80	75	79
最高分	88	100	100	94	99	91
第二名	87	100	100	91	95	90
第三名	87	100	99.5	90	95	90
最低分	52	60	87.5	65	17	65
第二名	64	60	89	66	42	66
第三名	66	62	93	70	53	67
60以下	1	0	0	0	4	0
60-70	7	4	0	2	7	4
70-80	18	1	0	17	13	15
80-90	14	5	2	17	10	19
90以上	0	30	38	4	6	2

二班

项目	语	数	英	物	化	体
平均分	75	90	97.2	75	75	68
最高分	85	100	100	91	95	93
第二名	85	100	100	90	92	90
第三名	83	100	100	90	90	83
最低分	64	60	87.5	65	42	29
第二名	66	60	89	66	53	30
第三名	67	62	93.5	67	58	36
60以下	1	0	0	0	3	11
60-70	8	4	0	4	10	8
70-80	23	2	0	13	11	7
80-90	7	6	2	19	11	9
90以上	1	28	38	1	6	1

三班

项目	语	数	英	物	化	体
平均分	74.9	89.7	97.1	79	75	75
最高分	88	100	100	91	92	85
第二名	83	100	100	89	92	85
第三名	83	100	99.5	88	90	83
最低分	56	60	87.5	65	42	52
第二名	62	60	89	67	52	56
第三名	64	62	93.5	68	53	62
60以下	1	0	0	0	5	2
60-70	7	4	0	3	8	5
70-80	22	2	0	13	12	10
80-90	10	6	2	22	12	10
90以上	0	28	38	1	6	1

图 5-18　各班成绩综合分析表

5.1.4 技术解析

本案例是一个函数在表间的运算实例,它涉及了几个常用函数的使用、不同引用方法的的运用和工作表间数据的计算等。

1. 主要使用的函数

(1) IF 函数

可根据对指定的条件计算结果为 TRUE 或 FALSE,返回不同的结果。

基本语法:IF(logical_test,value_if_true,value_if_false)。

可以使用 IF 对数值和公式执行条件检测。也可以使用 IF 函数进行多个判断条件的嵌套使用,最多可以使用 64 个 IF 函数作为 value_if_true 和 value_if_false 参数进行嵌套,以构造更详尽的计算。

(2) RANK 函数

可返回一个数字在数字列表中的排位。常用于数据列的排名。

基本语法:RANK(number,ref,order)

number 为需要找到排位的数字。

ref 为数字列表数组或对数字列表的引用。Ref 中的非数值型参数将被忽略。

order 为一数字,指明排位的方式。

(3) COUNTA 函数

返回参数列表中非空值的单元格个数。利用 COUNTA 函数,可以计算单元格区域或数组中包含数据的单元格个数。

基本语法:COUNTA(value1,value2,...)

value1,value2,... 代表要计数其值的 1~255 个参数。

(4) COUNTIF 函数

可计算区域中满足给定条件的单元格的个数。

基本语法:COUNTIF(range,criteria)

range 是一个或多个要计数的单元格,其中包括数字或名称、数组或包含数字的引用。空值和文本值将被忽略。

criteria 为确定哪些单元格将被计算在内的条件,其形式可以为数字、表达式、单元格引用或文本。

(5) MAX(MIN)函数

返回一组值中的最大(小)值。

基本语法:MAX(MIN)(number1,number2...)

number1,number2 ... 是要从中找出最大(小)值的 1~255 个数字参数。

(6) LARGE 函数

返回数据集中第 k 个最大值。使用此函数可以根据相对标准来选择数值。例如,可以使用函数 LARGE 得到第一名、第二名或第三名的得分。

基本语法:LARGE(array,k)

array 为需要从中选择第 k 个最大值的数组或数据区域。

k 为返回值在数组或数据单元格区域中的位置(从大到小排)。

(7) SMALL 函数

返回数据集中第 k 个最小值。使用此函数可以返回数据集中特定位置上的数值。

基本语法:SMALL(array,k)

array 为需要找到第 k 个最小值的数组或数字型数据区域。

k 为返回的数据在数组或数据区域里的位置(从小到大)。

2. 数据的引用

引用的作用在于标识工作表上的单元格或单元格区域,并告知 Excel 在何处查找公式中所使用的数值或数据。通过引用,可以在一个公式中使用工作表不同部分中包含的数据,或者在多个公式中使用同一个单元格的数值。还可以引用同一个工作簿中其他工作表上的单元格和其他工作簿中的数据。

引用的基本概念如下。

(1) 相对引用:是某一单元格相对于当前单元格的位置。例如,在 A1 单元格输入公式“=B1+C1”,在对 A2 单元格填充时,公式中引用的单元格地址发生了变化,变成了“=B2+C2”。

(2) 绝对引用:表示某一单元格在工作表的绝对位置。绝对引用要在行号和列标前加一个 $ 符号,例如,在 A1 单元格中输入“=$B$1+$C$1+D1”,填充到 A2 单元格将得到“=B1+C1+D2”,公式中单元格 B1、C1 行号和列标前引用了 $ 符号,所以自动填充时单元格 B1、C1 地址没有变化,而 D1 单元格的地址变为 D2。

(3) 混合引用:是相对地址和绝对地址的混合使用,例如,A$4,A 表示相对引用,$4 是绝对引用,在自动填充时,相对引用部分可能会发生变化,绝对引用部分在公式自动填充时不发生变化。

(4) 表间引用:引用不同工作表中的单元格,用“!”表示,例如,一班!C$3:C$42,表示工作表为“一班”的 C3:C42 单元格,此公式在自动填充时,列标发生变化,因为列标是相对引用,行号不变,因为行号是绝对引用。

(5) 外部引用:对其他 Excel 工作簿中的工作表单元格或区域的引用,或对其他工作簿中的定义名称的引用。

在实际运用中,应该根据具体需要,合理地使用不同类型的引用方式。

5.1.5 实训指导

本案例要求计算每个学生的总分、按总分在班上排名,统计各班的人数、课程平均分、优良率、不及格率、补考人数、体育达标率,计算每门课程的平均分、最高分、统计分数段等。

1. 实训目的

学习使用常见的函数,掌握数据的相对引用、绝对引用、混合引用以及工作表间数据引用等。

2．实训准备

（1）知识准备

- 预习 Excel 中使用公式的方法。
- 预习相对引用、绝对引用和混合引用的概念和使用方法。
- 预习表间引用的概念和使用方法。

（2）资料准备

- Microsoft Office 2007 环境（实训室准备）。
- 案例中所需的原始数据表（教师准备）。

3．实训步骤

- 获取原始数据，并建立工作文件夹。
- 使用 IF 函数转换体育分数。
- 使用 SUM 函数求每个学生的总分。
- 使用 RANK 函数求每个学生在班上按总分排名。
- 建立一个综合分析工作表。
- 使用 COUNTA 函数求人数。
- 使用 AVERAGE 函数求课程平均分。
- 使用 COUNTIF 函数求优良率、不及格率、待补考人数、体育达标率。
- 使用 MAX 函数求每门课程最高分。
- 使用 LARGE 函数求单科第二名、第三名分数。
- 使用 MIN 函数求单科最低分数。
- 使用 COUNTIF 函数求各个分数段的人数。

4．实训要求

- 实训文档的结果与案例样文档基本一致。
- 实训过程中可以使用其他的方法完成相同的任务。
- 实训文档如果课内无法完成需在课后继续完成。

5.1.6　课后思考

- 函数的参数有几种方法输入？
- 相对引用、绝对引用和混合引用的区别。
- 如何做到工作表间的数据引用？

5.2　案例 2——中国手机市场调查

5.2.1　案例介绍

本案例是"2007—2008 年中国手机市场调查研究"的数据与图表，比较直观综合地反映了 2007 年度中国手机市场的基本情况,通过本案例让读者了解 Excel 图表的基本形式和编辑方法,学习如何根据所选择的数据,制作柱形图、饼图、条形图、折线图 4 种基本图表的编辑方法。本案例从实际出发,即讲述了 Excel 常用图表的基本编辑方法,也根据范例的灵活运用,讲述了图表的编辑技巧,从而使读者能举一反三,学会其他类型图表的制作。

5.2.2 知识要点

本案例涉及的主要知识点有:
- 常用图表的制作方法。
- 图表的修饰方法。
- 图表数据区域的选定方法。

5.2.3 案例实施

1. 有关饼图的编辑方法

饼图是一种反映排列在工作表的一列或一行中的数据的典型图表,主要用于显示一个数据系列中各项数据的大小与比例。本部分将把"数据工作表"中"2007 年中国最受用户关注的 15 大手机品牌分布"相关的数据,制作成一个能反映手机品牌分布状况的饼图。

步骤 1:新建图表。在"中国手机市场调查"文档中,创建一个名为"品牌分布图表"的空白图表,如图 5-19 所示。

图 5-19 "插入"对话框

步骤 2:创建原始图表。单击"数据"工作表的标签,选定"数据"表中有关"2007 年中国最受用户关注的 15 大手机品牌分布"的全部数据,即数据!A2:Q3。单击功能区中的"插入"选项卡,选择"图表"组的"饼图",并最终确定所选数据以"二维复合条饼图"为图表类型,来综合反映手机品牌的分布情况,如图 5-20 所示。一旦选定,将会在"数据"表中生成一个默认格式的 Excel 图表,这是一个待编辑的原始图表,如图 5-21 所示。

图 5-20　饼图类型列表

图 5-21　待编辑的原始图表

步骤 3:设置数据标签格式。将原始图表剪切并粘贴至"品牌分布图表"中。首先,选中图表右侧的图例项,并将其删除,并将图表调整到合适的大小与位置。右击图表数据系列(即图表中反映数据的所有色块)中的某一个数据点(即某一个色块),在快捷菜单中选择"添加数据标签",此时各个数据点的相应数据标签将出现在默认位置上。右击数据系列中的某一个数据标签,将选定所有数据标签,并打开与其相关的快捷菜单。选择"设置数据标签格式"项,将打开"设置数据标签格式"对话框,如图 5-22 所示。

图 5-22　"设置数据标签格式"对话框

在"设置数据标签格式"对话框选择"标签选项",在"标签包括"栏中,勾选"类别名称"、"值"和"显示引导线"3 项。在"标签位置"栏中,勾选"数据标签外",并关闭对话框,即完成了数据标签在图表中的基本定位。再次选定全部数据标签,利用随即出现的字符格式工具栏,将数据标签的格式设置为加粗的 14 号字,此时,数据标签格式的设置全部完成。

步骤 4:设置数据系列格式。右击数据系列,在快捷菜单中选择"设置数据系列格式",打开"设置数据系列格式"对话框,在"系列选项"栏中设置"饼图分离程度"为 2%,即各个数据点分离并形成一定的间隙,如图 5-23 所示。

步骤 5:设置数据点格式。两次单击待进行格式设置的数据点,即可单独选中该数据点。右击数据系列,在快捷菜单中选择"设置数据点格式",打开"设置数据点格式"对话框,分别在"填充"和"阴影"两栏中进行相应的操作,即可得到预期的数据点格式效果。以此为例,将其他数据点一一进行格式设置,就将最后完成对数据系列的外观格式编辑,如图 5-24 所示。

图 5-23　设置数据系列格式

图 5-24　设置数据点格式

步骤 6：设置图表标题。单击图表中的标题，将其设置为可编辑状态，输入字符"2007 年中国最受用户关注的 15 大手机品牌分布"，调整其位置和大小，即告完成。完成后的图表如图 5-25 所示。

图 5-25　完成后的图表

2. 有关条形图的编辑方法

排列在工作表的列或行中的数据都可以绘制成条形图。条形图主要用于反映各个项目之间的数据比较。本部分将把"数据工作表"中"2007 年主流品牌关注比例波动幅度对比"相关的数据，制作成一个能反映手机品牌关注比例的条形图。

步骤 1：创建空白图表。在"中国手机市场调查"文档中，创建一个名为"品牌关注比例图"的空白图表。

步骤 2：创建"品牌关注比例图"原始图表。打开"数据"工作表，选择"2007 年主流品牌关注比例波动幅度对比"的数据表格,即数据!A6:L7。单击功能区中的"插入"选项卡,选择"图表"组右下角的对话框启动器,打开"插入图表"对话框,选择"条形图"的"簇形条形图",如图 5-26 所示。确定后会在"数据"表中生成一个默认格式的 Excel 图表,这是一个待编辑的原始图表,如图 5-27 所示。将其剪切到空白图表"品牌关注比例图"中,以待编辑。

图 5-26 "插入图表"对话框

图 5-27 待编辑的原始图表

步骤 3:删除图表右边的图例标志,并将绘图区调整到合适的大小和位置上。

步骤 4:设置纵坐标轴格式。右击纵坐标区域中的文字,选择"设置坐标轴格式",调整"坐标轴选项"中的"坐标轴标签"的位置,将其设置为"低",即横向坐标数值的低段位置上。这样,纵坐标轴的文本区域将由中心移至绘图区的左边。右击纵坐标区域的文字,将其文本格式定义为宋体 16 号,并加粗,如图 5-28 所示。

步骤 5:设置横坐标轴格式。右击横坐标区域中的文字,选择"设置坐标轴格式",打开"设置坐标轴格式"对话框,在"坐标轴选项"中分别设置"最小值"为 -0.09,"最大值"为 0.12,"主要刻度单位"为 0.03。右击横坐标区域的文字,将其文本格式定义为宋体 20 号,并加粗,如图 5-29 所示。

图 5-28 设置纵坐标轴格式

图 5-29 设置横坐标轴格式

步骤6: 设置绘图区格式。右击绘图区,打开"设置绘图区格式"对话框,选择"边框颜色"中的"实线",即为绘图区设置了边框,如图5-30所示。

步骤7: 设置网格线格式。右击绘图区的网格线,选择"设置网格线格式",即打开"设置主要网格线格式"对话框,选择"线型"中"短划线类型"的"方点",再将线条颜色设置为深蓝,淡色60%即可,如图5-31所示。

图5-30　设置绘图区格式　　　　　　　　　图5-31　设置主要网格线格式

步骤8: 设置数据系列格式。右击数据系列,选择"设置数据系列格式",打开"设置数据系列格式"对话框,将"系列选项"中的"分类间距"的参数调至"20%";将"填充"选为"渐变填充",预设颜色为"红日西斜",角度为0°,如图5-32、图5-33所示。

图5-32　设置分类间距　　　　　　　　　　图5-33　设置渐变填充

步骤 9：设置绘图区格式。右击绘图区，选择"设置绘图区格式"，打开"设置绘图区格式"对话框，选择"填充"栏中的"图片或纹理填充"，将"纹理"设置为"白色大理石"。

步骤 10：设置图表标题。单击图表顶部的"关注比例"标签，将其文字改为"2007 年主流品牌关注比例波动幅度对比"，标题大小为宋体、24 号粗体，并调整其位置，即告完成。完成后的图表，如图 5-34 所示。

图 5-34　条形图制作结果

3. 有关折线图的编辑方法

步骤 1：如前所述，建一个空白的图表，并命名为"区域关注比例走势"。

步骤 2：在"数据"表中选择"区域关注比例走势"所对应的数据，即数据!A15：H19。单击功能区中的"插入"选项卡，选择"图表"组的"折线图"，并最终确定所选数据以"带数据标记的折线图"为图表类型，来综合反映音乐手机关注比例的分布情况，如图 5-35 所示。一旦选定，将会在"数据"表中生成一个默认格式的 Excel 图表，这是一个待编辑的原始图表，如图 5-36 所示。

图 5-35　选择折线图类型

图 5-36　待编辑的原始图表

步骤 3：调整图表的数据源。从原始图表可以直观地看出，数据的划分是以列数据"季节"来确定的，如果要按地区来进行表示，还需对数据源进行适当地调整。右击图表，在快捷菜单中单击"选择数据"，即打开"选择数据源"对话框（图 5-37），单击"切换行/列"，即将图例项换成了地区数据，此时，图表的形式也发生了预期的变化，如图 5-38 所示。将调整后的图表剪切并粘贴至图表"区域关注比例走势"中，并将数据系列区域调整到合适的大小和位置上。

图 5-37　选择数据源图

图 5-38　调整后的图表

步骤 4：设置图例项格式。右击"区域关注比例走势"中的图例项，将图例项中文本定义为宋体，18 号粗体，并适当调整图例项的整体大小与位置。

步骤 5：设置绘图区格式。右击绘图区，在快捷菜单中选择"设置绘图区格式"，打开"设置绘图区格式"对话框，在"边框颜色"栏中设置"实线"，颜色为"深蓝"。右击网格线，打开"设置主要网格线格式"对话框（图 5-39），将网格线设置为白色的方点短划线。右击绘图区，打开"设置绘图区格式"对话框，将"填充"栏设置为"纯色填充"，颜色为深色 25％的茶色。

步骤 6：设置网格线格式。右击绘图区中水平网格线，在快捷菜单中选择"设置网格线格式"，打开"设置主要网格线格式"对话框，在"线条颜色"中设置"实线"，颜色为"深蓝，淡色60％"在"线型"中设置"短划线类型"为"方点"。

步骤 7：设置纵向坐标轴格式。右击纵向坐标轴上的坐标值，首先将坐标值的文本设置为宋体，18 号粗体，再次右击纵向坐标轴上的坐标值，打开"设置坐标轴格式"对话框，在"坐标轴选项"中,设置"主要刻度单位"为 0.1,如图 5-40 所示。

图 5-39　设置绘图区格式

图 5-40　设置坐标轴格式

步骤 8:设置横向坐标轴格式。右击横向坐标轴上的坐标值,将坐标值的文本设置为宋体,18 号粗体即可。

步骤 9:设置图表标题。单击功能区的"插入"标签,选择"文本组"的"文本框"后,在图标区的上方插入一个文本框,输入字符"2007 年 Q1～Q4 七大区域市场关注比例走势对比",标题大小为宋体、24 号粗体,并调整其位置,即告完成。完成后的图表如图 5-41 所示。

提示:本图表的格式还可以在此基础上进行进一步设置。如右击数据折线上折点,可在快捷方式下"添加数据标签",也可以选择数据线的某几个特殊点来显示与其相对应的数据,并调整它们的格式。也可以选择"设置数据系列格式",来设置数据标记的类型、颜色和数据线的格式。

图 5-41　带数据标记的折线图

4. 有关柱形图的编辑方法

步骤1：如前所述，建一个空白的图表，并命名为"不同价位手机关注比例"。

步骤2：在"数据"表中选择"不同价位手机关注比例"所对应的数据，即数据!A44:G46。单击功能区中的"插入"选项卡，选择"图表"组的"柱形图"，并最终确定所选数据以"三维簇状柱形图"为图表类型，来综合反映不同价位手机关注比例的分布情况。一旦选定，将会在"数据"表中生成一个默认格式的 Excel 图表，这是一个待编辑的原始图表，如图 5-42 所示。

图 5-42　创建的原始图表

步骤3：重新选择数据。为了反映音乐手机和智能手机在不同价位之间的差别及其分布情况，可考虑将手机的类型作为水平（横）轴的分类标志。右击"图标区"，打开"选择数据"对话框，单击"切换行/列"按钮，确定后即可完成水平轴分类标志的切换，如图 5-43 所示。随后，将选择数据后的图表剪切到图表"不同价位手机关注比例"中。

图 5-43　切换行/列后的图表

步骤4：设置坐标轴格式。先后选择"不同价位手机关注比例"图表的纵坐标轴和横坐标轴，将其字符分别设置为宋体 18 磅，加粗和宋体 24 磅，加粗。右击图表中的纵坐标轴，打开"设置坐标轴格式"对话框，将坐标轴的主要刻度单位固定在 0.1。

步骤5：设置数据图例格式。将图表区右侧的数据图例移动至图表的右上角，调整其显示方式为两行显示，并将文本设置为宋体 16 磅，加粗。

步骤6：设置数据系列格式。选择"5 000元以上"的数据系列，打开"设置数据系列格式"对话框，将"系列选项"栏中的"分类间距"设置为80％。设置数据系列的阴影为预设的"右下斜偏移"。设置数据系列的三维格式为顶端"圆棱台"。逐一更换数据系列，采用同一格式来进行设置。

步骤7：设置数据标签格式。选择"5 000元以上"的数据系列，选择"添加数据标签"，确定后即可显示该数据系列的数据标签。选择数据标签，将其文本格式设置为宋体14磅，加粗。依次对其他数据系列进行相同的操作，即可完成对整个图表数据标签格式的设置。

步骤8：设置标题标签格式。在图表中插入一个文本框，输入标题"2007年中国市场不同价位手机关注比例分布"，并将文本格式设置为黑体20磅，加粗。

步骤9：设置图表区背景颜色。右击图表区，打开"设置图表区域格式"对话框，选择"纯色填充"，颜色为"淡色60％的水绿色"。

步骤10：将图表区各种元素进行大小和位置调整后，即可完成"2007年中国市场不同价位手机关注比例分布"图表的编辑，如图5-44所示。

图5-44　三维柱形图

5.2.4　技术解析

本案例所涉及的是如何根据所选数据来编辑相应的图表，其主要内容是如何根据实际需要选择图表类型和如何修饰图表。

1. Excel 图表类型

Microsoft Office Excel 2007 支持各种类型的图表，以帮助创建对目标用户有意义的方式来显示数据。Excel 2007 提供以下各种图表类型。

（1）柱形图

对于排列在工作表的列或行中的数据可以绘制到柱形图中。柱形图用于显示一段时间内的数据变化或显示各项之间的比较情况。在柱形图中,通常沿水平轴组织类别,而沿垂直轴组织数值。

柱形图具有下列图表子类型:

- 簇状柱形图和三维簇状柱形图。
- 堆积柱形图和三维堆积柱形图。
- 百分比堆积柱形图和三维百分比堆积柱形图。
- 三维柱形图。
- 圆柱图、圆锥图和棱锥图。

（2）折线图

排列在工作表的列或行中的数据可以绘制到折线图中。折线图可以显示随时间而变化的连续数据,因此非常适用于显示在相等时间间隔下数据的趋势。在折线图中,类别数据沿水平轴均匀分布,所有值数据沿垂直轴均匀分布。

折线图具有下列图表子类型:

- 折线图和带数据标记的折线图。
- 堆积折线图和带数据标记的堆积折线图。
- 百分比堆积折线图和带数据标记的百分比堆积折线图。
- 三维折线图。

（3）饼图

仅排列在工作表的一列或一行中的数据可以绘制到饼图中。饼图显示一个数据系列中各项的大小与各项总和的比例。饼图中的数据点显示为整个饼图的百分比。

饼图具有下列图表子类型:

- 饼图和三维饼图。
- 复合饼图和复合条饼图。
- 分离型饼图和分离型三维饼图。

（4）条形图

排列在工作表的列或行中的数据可以绘制到条形图中。条形图显示各个项目之间的比较情况。适用于条形图的情况:轴标签过长,显示的数值是持续型的。

条形图具有下列图表子类型:

- 簇状条形图和三维簇状条形图。
- 百分比堆积条形图和三维百分比堆积条形图。
- 水平圆柱图、圆锥图和棱锥图。

（5）面积图

排列在工作表的列或行中的数据可以绘制到面积图中。面积图强调数量随时间而变化的程度,也可用于引起人们对总值趋势的注意。

（6）XY 散点图

排列在工作表的列或行中的数据可以绘制到 XY 散点图中。散点图显示若干数据系列中各数值之间的关系,或者将两组数绘制为 xy 坐标的一个系列。

（7）股价图

以特定顺序排列在工作表的列或行中的数据可以绘制到股价图中。股价图经常用来显示股价的波动。然而，这种图表也可用于科学数据。

（8）曲面图

排列在工作表的列或行中的数据可以绘制到曲面图中。如果要找到两组数据之间的最佳组合，可以使用曲面图。就像在地形图中一样，颜色和图案表示具有相同数值范围的区域。

（9）圆环图

仅排列在工作表的列或行中的数据可以绘制到圆环图中。像饼图一样，圆环图显示各个部分与整体之间的关系，但是它可以包含多个数据系列。

（10）气泡图

排列在工作表的列中的数据可以绘制在气泡图中。

（11）雷达图

排列在工作表的列或行中的数据可以绘制到雷达图中。雷达图比较若干数据系列的聚合值。

2. 图表的格式设置

图表的修饰主要涉及图表中文本的字体、字号，设置图表区格式，设置绘图区格式，设置坐标轴的格式，添加数据标签和设置数据标签的格式等，这里读者可以根据自己的喜好自行设置，做出符合自己要求的图表。

（1）设置图表区格式

Excel 图表区是指整个图表及其全部元素所存在的区域。它的格式主要包括：区域填充、边框颜色、边框样式、阴影和三维格式等。

（2）设置绘图区格式

Excel 绘图区是指在二维图表中通过轴来界定的区域，包括所有数据系列。在三维图表中，同样是通过轴来界定的区域，包括所有数据系列、分类名、刻度线标志和坐标轴标题。对绘图区的格式设置与图表区相似。

（3）设置数据系列格式

数据系列是指在图表中绘制的相关数据点，这些数据源自数据表的行或列。图表中的每个数据系列具有唯一的颜色或图案并且在图表的图例中表示。可以在图表中绘制一个或多个数据系列。设置数据系列格式包括：系列重叠程度、系列间距大小、系列填充格式、边框颜色、边框样式、系列阴影和系列三维格式。

（4）设置坐标轴的格式

根据所选坐标轴的类型和图表的类型不同，坐标轴所反映的内容也不同。对于数值轴，大多数图表都在垂直轴上显示数值，在水平轴上显示分类；对于分类轴，大多数图表都在水平轴上显示分类。

由图 5-45、图 5-46 可以看出，两类不同坐标轴在格式的设置上是不同的。数值轴倾向于最大值、最小值、刻度单位以及坐标轴标签的位置设置，而分类轴则主要是坐标轴类型和位置坐标轴的设置。

图 5-45　设置数值轴格式对话框　　　　图 5-46　设置分类轴格式对话框

（5）设置数据标签格式

数据标签是为数据标记提供附加信息的标签，数据标签代表源于数据表单元格的单个数据点或值。数据标签的格式主要是字体格式、显示位置等。

3．利用功能区按钮编辑图表

对于初学者来讲，使用 Excel 功能区中的各组按钮来编辑图表更为简单，但灵活性受到一定限制。

在创建了根据相应数据而产生的图表后，只要图表为当前工作状态，在 Excel 的功能区将出现"图表工具"的 3 个选项卡，即图表工具的设计选项卡、布局选项卡和格式选项卡。这是专门为编辑 Excel 图表所设立的。

（1）设计选项卡

图表工具的设计选项卡可根据数据表现的实际需求，选择或更改图表类型，可为图表选择数据，可设置图表的布局形式，设置图表的系统内置样式，也可确定图表的存放位置。如图 5-47 所示。

图 5-47　图表工具的设计选项卡

（2）布局选项卡

图表工具的布局选项卡主要提供为已经选定数据和类型的图表进行修饰的相关功能。如设置图表标题、图例、坐标轴标题和数据标签等。也可以在现有图表中加入其他修饰性元素。如图 5-48 所示。

图 5-48　图表工具的布局选项卡

（3）格式选项卡

图表的格式选项卡还是为图表提供修饰性功能的工具。所不同的是它仅对已有的图表元素进行系统内置格式的修饰，如图 5-49 所示。

图 5-49　图表工具的格式选项卡

5.2.5　实训指导

本案例为一个基于 Excel 图表制作的综合应用训练实例，要求根据给定的数据，制作饼图、条形图、柱形图、折线图。

1. 实训目的

学习 Excel 的基本图表类型的编辑方法。

2. 实训准备

（1）知识准备

- 复习 Excel 饼图的编辑方法。
- 复习 Excel 条形图的编辑方法。
- 复习 Excel 折线图的编辑方法。
- 复习 Excel 柱形图的编辑方法。

（2）资料准备

- Microsoft Office 2007 环境（实训室准备）。
- 案例中所需的文字和原始数据表（教师准备）。

3. 实训步骤

- 获得本案例的原始数据表。
- 学习创建空白图表。
- 选择相应要制作饼图的数据，创建饼图原始图表。
- 剪切饼图至空白图表中，根据案例设置饼图的格式。
- 依照实训步骤的 2～4 步，分别创建条形图、折线图和柱形图，并完成这些图表的格式设置。

4. 实训要求

- 实训文档的结果与案例样文应基本一致。
- 实训文档如果课内无法完成需在课后继续完成。

5.2.6 课后思考

- Excel 图表的作用。
- 如何插入指定类型的图表？
- 对于已经插入的图表如何修改图表的类型、数据区域？
- 如何根据数据所反映的实际情景，选择待创建的图表类型？
- 如何设置图表格式？

PowerPoint基本应用

第6章

 学习目标

　　本章以"Office 知识讲座"、"神奇的九寨"和"SmartArt 图形"3 个案例为主线，主要介绍了 PowerPoint 常用的编辑方法，主要包括版式、背景、动画、放映、多媒体、图表等基本设计方法，能够运用基本设计技巧完成常用幻灯片的制作。

 实用案例

Office 知识讲座

神奇的九寨

SmartArt 图形

6.1 案例 1——Office 知识讲座

6.1.1 案例介绍

Office 是日常办公中的常用软件,应用非常广泛,Office 软件的应用水平一定程度上说明了办公自动化水平的高低,现代人,尤其是有知识有文化的大学生,在以后工作和生活中要经常用到 Office 办公软件。

本案例是利用 PowerPoint 对 Office 办公软件系统进行的一个简单宣传,在内容上主要包括对该套软件在应用范围、不同版本、各个组件进行介绍。表现形式上主要采用文字、表格、图片、图表、组织结构图等表现手法。

6.1.2 知识要点

本案例涉及 PowerPoint 的主要知识点有:

- 幻灯片创建——主要包括 PowerPoint 演示文档的新建、修改、幻灯片插入。
- 文本编辑——主要包括文字的字体、段落、项目符号的编辑等。
- 模板的选择——选择合适的应用设计模板等。
- 母版设计——包括幻灯片母版、讲义母版、备注母版等。
- 幻灯片编辑——包括表格、图表、组织结构图、图片设计等。

6.1.3 案例实施

1. 创建 PowerPoint 文档

PowerPoint 文档的新建方法有多种,在 Windows 和在 PowerPoint 环境下的操作方法各有不同。

在 Windows 环境下,新建 PowerPoint 文档的方法有:

(1)单击"开始"菜单,选择"程序"项目中的对应项目,即可创建一个新的 PowerPoint 文档,如图 6-1 所示。

(2)单击桌面上的 PowerPoint 快捷方式来创建新的 PowerPoint 文档,如图 6-2 所示。

在 PowerPoint 环境下,新建 PowerPoint 文档的方法有:

(1)单击右上角的"Office"按钮,选择"新建"菜单项来创建,如图 6-3 所示。

在 PowerPoint 环境下,单击"自定义快速访问工具栏"上"新建"按钮来创建新的 PowerPoint 文档,如图 6-4 所示。

（2）在 PowerPoint 环境下，还可以使用组合键 Ctrl＋N 来创建新的 PowerPoint 文档。

图 6-1　用"开始"菜单创建 PowerPoint 文档

图 6-2　快捷方式创建 PowerPoint 文档

提示：新建 PowerPoint 文档的方法有多种，主要是根据当前所处的环境来进行选择。一般而言，刚创建的 PowerPoint 只是一个临时性文档，无论是否对其进行过编辑，该文档都没有实质性地保存在磁盘上，因此，及时将文档保存到指定目录下是必须注意的问题。另外，通过鼠标右键的快捷菜单也能创建一个新的 PowerPoint 文档，而这种方式创建的 PowerPoint 文档却是在创建时就已经以默认文件名的方式保存在被创建的目录中。

图 6-3　利用 Office 按钮中创建新文档

图 6-4　自定义快速访问工具栏创建新文档

新建的 PowerPoint 文档,可以依照某个模板来创建,也可以是空白文档,一旦创建,就可以插入新的幻灯片、在幻灯片中插入图片、表格、组织结构图、设置应用设计模块、设置动画等。本案例用到的文字较少,可以直接输入,也可以复制到幻灯片中。

> **注意**:将新建的 PowerPoint 文档命名"Office 知识讲座.pptx",并保存在个人工作目录中。

2. 选择版式

版式是一个幻灯片的整体布局方式,是定义幻灯片上待显示内容的位置信息的幻灯片母版的组成部分。版式本身只定义了幻灯片上要显示内容的位置和格式设置信息。版式包含可以容纳文字和幻灯片内容。也可以在版式或幻灯片母版中添加文字和对象占位符,但不能直接在幻灯片中添加占位符。对于一个新的幻灯片,必须选择一个合适的版式来进行设计,选择版式要根据幻灯片表现的内容。

步骤 1:新建幻灯片。单击 PowerPoint 中的"开始"选项卡,选择工具栏中的"新建幻灯片"按钮,此时就会弹出若干个版式可供选择,如图 6-5 所示。

图 6-5　新建幻灯片时选择版式

步骤 2：选择版式。在每一个幻灯片版式下面，有文字对该版式说明，根据对版式的说明选择一个合适的版式，单击选定版式即可完成。如果认为选择的版式不合适，就需要在编辑状态下进行重新选择。

步骤 3：更换版式。在幻灯片编辑时，进行版式的选择，单击左侧的"幻灯片"视图，在相应幻灯片上右击鼠标，在快捷菜单中选择"版式"，就会出现版式选择窗口，在要选择的版式上选择相应版式，如图 6-6 所示。

图 6-6　编辑幻灯片时选择版式

3. 输入编辑文字

在需要输入文字的幻灯片中，单击相应的编辑区，输入相应标题文字或者其他文本，输入完成文字后，可以进行字体、字号、字型、项目符号、段落及对齐方式的设置，这些方法与Word 中的设置方法相似，可以参照 Word 中的设置方法进行设置。

> **说明**：因为在 PowerPoint 中各幻灯片所选择的设计主题不同，在主题颜色上也有很大差异，所以，本章将基本不提供有关文字颜色选择的叙述。在实际操作中，学习者可根据案例的基本形式和个人喜好自己选择。

4. 选择模板

为幻灯片文档选择一个合适的模板,使幻灯片更加适合表达相应的主题,选择方法如下。

步骤 1: 单击"设计"卡,在"主题"组出现了很多可以选择的设计模板,如图 6-7 所示。

图 6-7　选择应用设计模板

步骤 2: 从中选择一个,单击它就可以选择成功。

> **说明**: 如果这其中没有所满意的模板,可以单击右边三角号,可以出现更多的模板,并且也可以把其他文件作为设计模板。

5. 编辑母版

幻灯片母版控制了某些文本特征(如字体、字号和颜色),称之为"母版文本",另外,它还控制了背景色和某些特殊效果(如阴影和项目符号样式)。可以用幻灯片母版来添加图片、改变背景、调整占位符大小,以及改变字体、字号和颜色。母版的样式的变化,会使得整个文档中的所有幻灯片都随之变化。因此,对母版的编辑是应该放在文档编辑初期进行的,因为对母版的编辑将直接影响到由此而产生的左右幻灯片的效果。

步骤 1: 单击"视图"选项卡,选择"幻灯片母版"按钮,就会打开"幻灯片母版"视图,在"幻灯片母版"视图中,选择一个版式。

步骤 2: 单击在右边的母版编辑区的"单击此处编辑母版标题样式",选择"字体"下拉列表中的"行楷",如图 6-8 所示。

图 6-8　选择要编辑的母版

步骤 3：在工具按钮中单击"关闭母版视图"，文档中的所有相应版式的幻灯片的标题都设置成了该样式，如图 6-9 所示。

图 6-9　关闭母版视图后幻灯片的样式

6. 插入表格

在设计幻灯的时候，使用表格，可以使有些描述比较清晰，对比清楚。本例在第三个幻灯片中插入一个五行三列的表格。

步骤 1：给这个幻灯片选择一个"标题和内容"的版式，在标题中输入文字"Office 2007的不同版本"后，将光标移到文本区。

步骤 2：单击"插入"选项卡，在工具栏中单击"表格"，在下面的窗口中用鼠标拖动选中五行三列，单击鼠标左键，这样在文本区就产生了一个五行三列的表格，如图 6-10 所示。

图 6-10　选中表格范围并产生表格

步骤 3：在步骤 2 结束后，产生了一个表格，同时在选中了"设计"选项卡，在设计选项卡的下方，有一个表格样式可供选择。单击右边的下拉按钮，列出全部样式，鼠标移动到第二行第一列单击，就产生了需要的表格，如图 6-11 所示。

图 6-11　选择表格样式

步骤 4：用鼠标拖动调整表格的宽度和高度，并在表格中输入相应的文字。

7．插入 SmartArt 图

如果要对机构或者组成进行总体和直观的描述，可以采用组织结构图。

步骤 1：给这个幻灯片选择一个"标题和内容"的版式，在标题区输入"Office 2007 系列产品体系"。

步骤 2：在文本编辑区，有 6 个图标，分别是"插入表格"、"插入图表"、"插入 SmartArt 图形"、"插入来自文件的图片"、"剪贴画"和"插入媒体剪辑"。6 个图标分别表示某种操作，其中右上角的表示插入 SmartArt 图形，如图 6-12 所示。

图 6-12　文本区中的图标

步骤 3：单击"插入 SmartArt 图形"图标，即可打开"选择 SmartArt"图形对话框，如图 6-13 所示。在"选择 SmartArt 图形"窗口中，选择"层次结构"，在几个层次结构图中选择本例所需要的结构图，单击"确定"按钮，如图 6-13 所示。

图 6-13　选择层次结构的 SmartArt 图形

步骤 4：在 SmartArt 图中，根据实际所需要的形状个数和排列进行添加或者删除。添加方法，在某个形状上右击鼠标，在快捷菜单中选择"添加形状"，从而可以在次级菜单中选择在前、后、上、下方添加；删除方法，用鼠标单击选中某个形状，按 Delete 键。在形状添加完成后，在每一个形状中输入相应的文字或者图片。

8. 插入图表

图表可以用图形直观地反映观测的数据，在演示文稿中添加图表可以使枯燥的数据形象化，让听众一目了然。

步骤 1：给这个幻灯片选择一个"仅标题"的版式，在标题区输入"Office 中三大软件使用概率"

步骤 2：单击"插入"选项卡，在工具栏中单击"图表"按钮，会弹出一个"更改图表类型"的对话框，在此对话框中，选择"饼图"并选中"分离型三维饼图"，单击"确定"按钮，如图 6-14 所示。

图 6-14　选择图表类型

步骤 3：在电子表格中修改数据和标题，系统默认的是以一种产品在 4 个季度的销售额为数据源，本例根据需求将相应的项目进行修改。把"第一季度"修改成"Word"，其数据改为 45%；把"第二季度"修改成"Excel"，其数据改为 30%；把"第三季度"修改成"Power-Point"，其数据改为 25%，并将"第四季度"所在行删除，然后关闭电子表格。

步骤 4：删除标题，单击选中"销售额"，按 Delete 将标题删除，如图 6-15 所示。

图 6-15　修改图表中的数据源和标题

步骤5：添加数据标签，使饼图上显示相应的数据，在饼图上右击鼠标，选择"添加数据标签"，此时在饼图上就会出现对应的数据。

步骤6：设置数据标签，选中整个饼图，右击鼠标，选择"设置数据标签格式"，在"设置数据标签格式"对话框中，在标签选项栏的"标签包括"中选中"值"，标签位置中选中"数据标签外"，单击"关闭"按钮，如图6-16所示。

9. 插入超级链接

超级链接可以使文档转向所指定的位置，可以是文本、图片等文件，也可以是转向本文档中的指定位置。本文档设置了一些超级链接，用来返回文档的首页。

步骤1：选择第二个幻灯片，在幻灯片的右下角插入一个形状，方法是：单击选项卡"插入"，在工具栏中单击形状，选择椭圆，用鼠标调整其大小，或者右击鼠标，选择"大小和位置"，其高度设置为1厘米，宽度设置为5.16厘米，右击选择"设置形状格式"，将其填充方式设置为"渐变填充"；在"开始"选项卡中，单击"绘图"组的"快速样式"命令，选择"编辑文字"，在形状中输入文字"返回首页"，字体为18磅黑体。

图6-16　设置数据标签格式

步骤2：在形状上单击鼠标右键，选择"超链接"，会出现插入超链接的窗口，在"链接到"栏中，选择"本文档中的位置"，在"请选择文档中的位置"中，选择"第一张幻灯片"，单击"确定"按钮，如图6-17所示。

图6-17　选择超级链接对象

6.1.4　技术解析

本案例所涉及的是幻灯片编辑的常规性技术，其主要内容是母版、版式、表格、Smart-

Art 图等的编辑,这也是 PowerPoint 编辑的主要内容。

1. 母版的编辑

幻灯片母版是模板的一部分,它存储的信息包括:文本和对象在幻灯片上的放置位置、文本和对象占位符(占位符:一种带有虚线边缘的框,绝大部分幻灯片版式中都有这种框。在这些框内可以放置标题及正文,或者是图表、表格和图片等对象。)的大小、文本样式、背景、颜色主题、效果和动画。

如果将一个或多个幻灯片母版另存为单个模板文件(.potx),将生成一个可用于创建新演示文稿的模板。每个幻灯片母版都包含一个或多个标准或自定义的版式集。

2. 图表的设计

在 PowerPoint 中创建图表,实际上是 Microsoft 公司的 OLE(对象链接与嵌入)技术在 PowerPoint 中的具体应用。利用这种技术,就可以在 PowerPoint 中创建 Excel 图表,且图表的编辑方法与 Excel 相同。

在 PowerPoint 中,可以 Excel 的图表,也可以将已经存在的 Excel 图表以对象的方式链接或嵌入到 PowerPoint 文档中,成为该文档的一部分。

有关 OLE 技术和在 PowerPoint 中链接或嵌入 Excel 对象的方法可参见第 7 章的相关部分。

3. 表格的设计

在 PowerPoint 中使用表格,有 3 种方案可以选择。

- 直接添加表格,在前面的案例中就是用这种方法。
- 可以把 Word 或者 Excel 中的表格复制过来。
- 绘制表格。

6.1.5 实训指导

1. 实训目的

学习 PowerPoint 基本文档的编辑方法,学习 PowerPoint 文档中文本、表格、图片、SmarArt 图形以及插入 Excel 图表的编辑方法。

2. 实训准备

(1)知识准备

- 预习 PowerPoint 的相关知识。
- 预习 PowerPoint 各种文档元素(如文字、表格、图片及其他元素)的编辑方法。

(2)资料准备

- Microsoft Office 2007 环境(实训室准备)。
- 案例中所需的文字和原始资料(教师准备)。

3. 实训步骤

- 获得实训案例范文及其他原始数据,并建立工作文件夹。
- 创建新的 PowerPoint 文档,并完成必要的母版编辑。
- 在 PowerPoint 文档中创建表格,并完成文字的输入和格式编辑。
- 完成在 PowerPoint 文档中的图片插入、定位和编辑。

- 插入 Excel 图表,完成对图表的编辑。
- 插入 SmartArt 图形,并完成其格式的编辑。
- 完成文档的有关说明部分。

4. 实训要求

- 实训文档的结果与案例样文的格式基本一致。
- 实训文档如果课内无法完成需在课后继续完成。

6.1.6　课后思考

- 母版的作用是什么,它与模板有什么关系?
- 什么是版式,在设计版式时,应该从哪些方面考虑?
- 如何插入图表,图表中的数据如何编辑?

6.2　案例 2——神奇的九寨

6.2.1　案例介绍

　　位于四川的九寨沟是我国非常著名的旅游胜地,也是一个天水醉人的地方。本案例主要是通过文字、图片和声音,从九寨沟的地理位置、占地面积、名称来历、在世界上的地位和声誉等方面,对九寨沟进行一个简要的介绍。

　　本案例的学习价值主要体现在介绍如何掌握幻灯片的动画方式、放映方式和其他媒体使用等方面。

6.2.2　知识要点

本案例主要涉及的知识点有:

- 图片的插入——主要插入图片、设置图片格式。
- 动画设计——主要是对幻灯片中的图片和文本预设动画。
- 声音插入——主要是插入声音文件,设置声音的播放方式以及作用范围。
- 视频文件的插入——插入视频文件,设置播放方式。
- 设置页眉和页脚——添加页眉和页脚,设置页眉和页脚的内容。
- 背景添加——添加和选择背景。

6.2.3　案例实施

1. 创建幻灯片

步骤 1:在个人工作文件夹中创建一个空白的 PowerPoint 文档,并命名为"神奇的九寨"。打开刚创建的 PowerPoint 文档，添加第一个新幻灯片，选择其版式为"标题幻灯片"。在此基础上再添加其他 9 个新幻灯片，其版式均为"仅标题"。

步骤 2：右击幻灯片，在快捷菜单中选择"设置背景格式"。在"填充"栏的"图片或纹理填充"下，选择"文件"，在下载的案例相关文件中找到名为"bgimage.jpg"的文件，将其作为幻灯片的背景图片，并确定为"全部应用"。

2．幻灯片一的制作

步骤 1：选择幻灯片一，在标题处输入"神奇的九寨 人间的天堂"，选择字体为"华文彩云"，字号为 54。副标题中输入"——中国最著名的旅游风景区"，设置字体为"华文行楷"，字号为 32。

步骤 2：右击幻灯片，选择"设置背景格式"，弹出相应对话框，如图 6-18 所示。在此对话框中选择"文件"，从实训相关文件中找到选择合适的背景文件"6-2-1.jpg"，然后单击"插入"按钮就可以完成了。此时，整个幻灯片文档中，仅有第一个幻灯片的背景图片是不同的。

步骤 3：插入页眉和页脚，在"插入"选项卡中，单击"页眉和页脚"，出现设置页眉和页脚的窗口，如图 6-19 所示，在幻灯片选项卡中，选中"日期和时间"复选框、"自动更新"单选按钮，选择"幻灯片编号"、"页脚"复选框中的内容为"PowerPoint 案例"，并选中"标题幻灯片中不显示"复选框，单击"全部应用"按钮。

图 6-18　"设置背景格式"对话框　　　　　图 6-19　设置页眉和页脚

步骤 4：插入声音文件。在"插入"选项卡上的"媒体剪辑"组中，选择"声音"命令，单击"文件中的声音"，找到"神奇的九寨.mp3"，然后双击该文件，以将其添加到幻灯片中，会出现一个设置播放方式的对话框，单击"自动"按钮，这样使得在幻灯片播放时，自动播放声音。

步骤 5：设置声音文件的播放状态。在插入声音文件后幻灯片会出现一个小喇叭图标。单击小喇叭图标，选择"动画"选项卡，单击"自定义动画"，出现相应窗口，单击"神奇的九寨.mp3"右边的三角，弹出下拉菜单，如图 6-20 所示。选择"效果选项"，会出现播放声音窗口，在该窗口中开始播放中选择"从头开始"，停止播放中选择"在...张幻灯片之后"，数字根据具体情况来确定，这里选择 9，如图 6-21 所示。

图 6-20 "自定义动画"窗口

图 6-21 设置声音播放的起止时间

提示：插入声音，除了插入声音文件外，还可以插入剪辑管理器中的声音，这是由系统提供的，也可以插入 CD 音乐和录制声音。在播放幻灯片时，还可以录制旁白用来对播放中的幻灯片用语音进行必要的说明，增强听觉效果。

编辑完成的幻灯片标题页如图 6-22 所示。

3．幻灯片二的编辑

步骤 1：新建一张幻灯片，版式选择"节标题"，标题中输入"美丽而神奇的九寨沟"，并设置字体为"行楷"，字大小为"40"。将默认的文本框去掉。

步骤 2：在空白处单击左键，单击"插入"选项卡，单击"图片"，出现插入图片窗口，在查找范围后面的下拉列表框中，选择图片文件夹"images"，如图 6-23 所示，选中图片"6-2-2. jpg"，将该文件插入到空白处，然后调整到适当大小。

图 6-22 标题幻灯片的效果

图 6-23 在幻灯片中插入图片

步骤 3：在空白处单击左键，单击"插入"选项卡，单击"文本框"，选择"横排文本框"，然后用鼠标在空白处拖动，则出现一个文本框，在文本框中输入相应的文字，并设置字体为"楷体",字号为"24"。

步骤4：单击文本框，单击"动画"选项卡，选择"自定义动画"，出现"自定义动画"窗口，在"添加效果"下拉列表框中，选择"进入"，再选择"盒状"，如图6-24所示。然后设置动画，在"开始"中选择"之后"，方向选择"放大"，"速度"选择"非常慢"，如图6-25所示，这样文本的动画就设置好了，用同样的方法设置图片中的动画，在"自定义动画"的"添加效果"中选择"进入"中的"棋盘"效果，设置动画为"之前"、"下"、"非常慢"。其动画与文本框动画同步进行。

至此，幻灯片二的编辑工作结束。

提示：还可以设置幻灯片切换时的效果，系统提供了很多种切换方案。选中一个幻灯片缩略图，单击"动画"选项卡，在"切换到此幻灯片"组中可以从多种切换效果中选择一个添加进来，并选择"全部应用"，这样所有的幻灯片有了这种切换效果。

图6-24　插入"自定义动画"

图6-25　设置动画

4. 其他幻灯片的编辑

从第三张到第八张幻灯片，插入方法同第二张，选择的版式，都可以用"仅标题"，它们的不同之处是插入的图片不同，文本框和图片的相对位置不同，动画方案不同，对于插入图片，只要将对应序号的图片插入就可以了。而这些幻灯片的动画方案如表6-1所示。

表6-1　其他幻灯片的动画方案

幻灯片序号	添加对象	添加效果	开始	方向	速度
幻灯片三	文本框	百叶窗	之前	垂直	非常慢
	图片	菱形	之后	垂直	非常慢
幻灯片四	文本框	飞入	之后	自底部	非常慢
	图片	棋盘	之前	下	非常慢

续 表

幻灯片序号	添加对象	添加效果	开始	方向	速度
幻灯片五	文本框	淡出	之前		中速
	图片	百叶窗	之前	垂直	非常慢
幻灯片六	文本框	向内溶解	之前		非常快
	图片	阶梯状	之前	左下	非常慢
幻灯片七	文本框	自定义	之前		非常快
	图片	向内溶解	之前		非常慢
幻灯片八	文本框	淡出	之前		非常快
	图片	轮子	之前	8(辐射状)	中速
幻灯片九	文本框	忽明忽暗	之前		非常慢
	图片	无	无	无	无

5. 幻灯片十的制作

插入一张幻灯片,版式同前,标题处输入"美丽而神奇的九寨沟"。单击"插入"选项卡,在"影片"中选择"文件中的影片",在"插入影片"对话框中,选择"九寨沟.asf",出现一个与插入声音文件时相似的对话框,这里选择"单击时"播放。

> **提示**:ASF 是一个开放标准,ASF 文件也是一种文件类型,它能依靠多种协议在多种网络环境下支持数据的传送。它是专为在 IP 网上传送有同步关系的多媒体数据而设计的,所以 ASF 格式的信息特别适合在 IP 网上传输。
>
> 能否在计算机上播放 ASF 文件,将取决于计算机上有适应该文件的播放软件。

6. 确定各个幻灯片之间的换片方式

在"动画"选项卡中,找到"切换到此幻灯片"中的"换片方式",将所有幻灯片的换片方式设置为"在此之后自动设置动画效果",时间为 20 秒,并单击左侧的"全部应用"命令按钮。

保存后按下功能键 F5,即可开始整个幻灯片文档的播放。

6.2.4 技术解析

本案例主要涉及图片的添加、自定义动画、文本的添加、声音和影音文件的添加及设置。

1. 添加图片

在幻灯片中可以将存储在外部磁盘上的图像文件插入其中,也可以把照相机中的图像插入。另外图像的形式可以直接插入,也可以对象的形式插入进来,以对象形式插入进来的图像可以直接调用相应的图像编辑软件对图像进行编辑。

2. 添加声音

添加声音,可以有多种方法,录制旁白、插入声音文件,还可以用超级链接链接到一个声音文件,对影音只能是已有的影音文件或者是剪辑管理器中的文件。

在幻灯片上插入声音时,将显示一个表示所插入声音文件的图标。若要在进行演示时播放声音,可以将声音设置为在显示幻灯片时自动开始播放、在单击鼠标时开始播放、在一定的时间延迟后自动开始播放或作为动画序列的一部分播放。还可以播放 CD 中的音乐或向演示文稿添加旁白。

可以通过计算机、网络或 Microsoft 剪辑管理器中的文件添加声音。也可以自己录制声音,将其添加到演示文稿中,或者使用 CD 中的音乐。

可以预览声音,还可以隐藏声音图标或将其从幻灯片中移到灰色区域,在幻灯片放映过程中不显示声音图标。

> **注意:**只有 .wav 声音文件才可以嵌入,所有其他的媒体文件类型都只能以链接的方式插入。默认情况下,如果 .wav 声音文件的大小超过 100 KB,将自动链接到演示文稿,而不采用嵌入的方式。
>
> 插入链接的声音文件时,PowerPoint 会创建一个指向该声音文件当前位置的链接。如果之后将该声音文件移动到其他位置,则需要播放该文件时 PowerPoint 会找不到文件。最好在插入声音前,将其复制到演示文稿所在的文件夹中。PowerPoint 会创建一个指向该声音文件的链接;即使将该文件夹移动或复制到另一台计算机上,只要声音文件位于演示文稿文件夹中,PowerPoint 就能找到该文件。

3. 添加和播放影片

影片属于桌面视频文件,其格式包括 AVI 或 MPEG,文件扩展名包括 .avi、.mov、.mpg 和 .mpeg。

与图片或图形不同,影片文件始终都链接到演示文稿,而不是嵌入到演示文稿中。插入链接的影片文件时,PowerPoint 会创建一个指向影片文件当前位置的链接。如果之后将该影片文件移动到其他位置,则在需要播放时,PowerPoint 将找不到文件。最好在插入影片前将影片复制到演示文稿所在的文件夹中。PowerPoint 会创建一个指向影片文件的链接,只要影片文件位于演示文稿文件夹中,PowerPoint 就能够找到该影片文件。

插入影片时,会添加暂停触发器效果。这种设置之所以称为触发器是因为,必须单击幻灯片上的某个区域才能播放影片。在幻灯片放映中,单击影片框可暂停播放影片,再次单击可继续播放。

影片的播放方式有:

- 单击播放——鼠标单击某个区域即开始播放影片。
- 自动播放——幻灯片运行到某个动作后即开始播放影片。
- 全屏播放影片——在演示过程中播放影片时,可使影片充满整个屏幕,而不是只将影片作为幻灯片的一部分进行播放。
- 跨多张幻灯片播放影片——进入下一张幻灯片时,可以继续播放演示文稿中插入的影片。
- 跨幻灯片连续播放影片——将会在整个演示过程中一直播放影片,即使在演示文稿中添加或删除了幻灯片。但此过程只将整个影片文件播放一次,而不会重复播放影片。

* 在整个演示文稿中连续播放影片——在整个演示文稿放映期间播放某个影片，或者连续播放影片，直到停止播放为止。

4. 自定义动画

在幻灯片文档中，可以添加多种动画，例如，影音文件、Flash动画等，这些都要求在外部磁盘上存放有这些文件，而为图片或者文本添加"自定义动画"则不是，它只是将系统的已经定义好的各种动画效果添加进来，它们的动画效果不是以独立文件的形式存放在外部磁盘上的，可以利用系统对他们的定义进行各种设置。

5. 设置自定义放映方式

自定义放映有两种：基本的和带超链接的。基本自定义放映是一个独立的演示文稿，或是一个包括原始演示文稿中某些幻灯片的演示文稿。带超链接的自定义放映是导航到一个或多个独立演示文稿的快速方法。

(1) 基本自定义放映：使用基本自定义放映可将单独的演示文稿划分到用户组织中不同的组。

(2) 带超链接的自定义放映：使用带超链接的自定义放映可组织演示文稿中的内容。例如，如果用户为全新的整个组织机构创建了一个主要的自定义放映，那么可以为组织机构中每个部门创建一个自定义放映，并从主要演示文稿中链接到这些放映。

6.2.5 实训指导

1. 实训目的

学习在 PowerPoint 2007 文档中插入声音和影片的基本方法，自定义动画和幻灯片放映方式的基本编辑方法。

2. 实训准备

(1) 知识准备

* 预习 PowerPoint 的相关知识。
* 预习 PowerPoint 中插入声音文件和影片文件的编辑方法。
* 预习在 PowerPoint 中定义动画和放映方式的基本方法。

(2) 资料准备

* Microsoft Office 2007 环境（实训室准备）。
* 案例中所需的文字和原始资料（教师准备）。

3. 实训步骤

* 获得案例实训的原始数据，并建立工作文件夹。
* 新建 PowerPoint 文档，并按要求进行命名。
* 添加指定版式的幻灯片，设置幻灯片的背景图片，必要时可设置幻灯片的母版格式。
* 根据案例样文，在各个幻灯片中插入相应的文字和图片。
* 在文档中插入可播放的放映背景音乐，并设置其播放方式。
* 定义各幻灯片的动画方式。
* 在文档结尾插入影片文件，并指定背景音乐中止后才开始影片的播放。
* 确定整个 PowerPoint 演示文档中各个幻灯片的换片方式。

4. 实训要求

- 实训文档的结果与案例样文的格式基本一致。
- 实训文档如果课内无法完成需在课后继续完成。

6.2.6　课后思考

- 插入到幻灯片中的音乐文件与 PowerPoint 演示文档之间是一种什么关系？是嵌入还是链接？
- 插入到幻灯片中的影片文件与 PowerPoint 演示文档之间是一种什么关系？是嵌入还是链接？
- 自定义动画方案和自定义放映方式有什么不同？

6.3　案例 3——SmartArt 图形

6.3.1　案例介绍

PowerPoint 2007 引入了 SmartArt 图形来为幻灯片内容添加图解，SmartArt 可以设计出精美的图形，它是信息和观点的视觉表示形式。它通过多种不同页面布局，来快速、轻松、有效地传达信息。本案例根据 SmartArt 图形的几种典型图形，设计了 6 个 SmartArt 应用图形，以学习 SmartArt 图形的编辑和应用方法。

6.3.2　知识要点

本案例主要是在 PowerPoint 环境下结合具体信息，编辑与信息相适应的 SmartArt 图形类型。所涉及的知识点有：

- 列表图——显示无序信息。
- 流程图——在流程或时间线中显示步骤。
- 循环图——显示连续的流程。
- 层次结构图——创建组织结构图、显示决策树。
- 关系图——对连接进行图解。
- 棱锥图——显示与顶部或底部最大一部分之间的比例关系。

6.3.3　案例实施

1. 创建 PowerPoint 文档

步骤 1: 新建一个空白的 PowerPoint 文档，并命名为"SmartArt 图形"。还是和案例二一样,一次性创建 10 个幻灯片,其版式除了第一个为"标题幻灯片"外,其他均为"标题和内容"。

步骤 2:编辑 PowerPoint 文档的第一个幻灯片,在第一个文字占位符中,输入"Smart-Art 图形",西文为 Times New Roman,中文为"华文行楷",字号为 96 磅。在第二个文字占位符中输入"——从平凡到精美",中文为"华文新魏",字号为 44 磅。将其背景设置为背景样式中的"样式 9"。

2. 创建 SmartArt 列表图

有关 SmartArt 列表图的编辑在本案例中涉及两个幻灯片,幻灯片二中是有关列表图的原始数据,而幻灯片三则是与原始数据相关的列表图。下面是有关幻灯片三的编辑方法。

步骤 1:将幻灯片二的文本复制到幻灯片三中。选择幻灯片三的主要文本区域,按下"开始"选项卡中"段落"组中的"转换为 SmartArt 图形",选择"垂直块列表"。其原始 SmartArt 图表如图 6-26 所示。

步骤 2:选择列表图左边的"年份"图块,按下"开始"选项卡中"绘图"组中的"快速样式",选择第 6 行第 2 列的"强调效果-强调颜色 1",图块的外观马上发生了变化。根据案例样文,调整其合适的大小和位置。

步骤 3:选择列表图右边的文字说明图块,按下"开始"选项卡中"绘图"组中的"形状效果",选择"阴影"效果,图块的外观马上发生了变化。根据案例样文,调整其合适的大小和位置。

至此,幻灯片三的编辑就完成了,如图 6-27 所示。

图 6-26　样式编辑前的效果　　　　　　图 6-27　样式编辑后的效果

3. 创建 SmartArt 流程图

有关 SmartArt 流程图的编辑在本案例中也涉及两个幻灯片,幻灯片四中是有关列表图的原始数据,而幻灯片五则是与原始数据相关的流程图。下面是有关幻灯片五的编辑方法。

步骤 1:将幻灯片四的文本复制到幻灯片五中。选择幻灯片五的主要文本区域,按下"开始"选项卡中"段落"组中的"转换为 SmartArt 图形",选择"其他 SmartArt 图形"。打开"选择 SmartArt 图形"对话框,如图 6-28 所示。选择"流程"栏中第一行第四列的"交替流",

单击"确定"按钮后的效果如图 6-29 所示。

图 6-28　"选择 SmartArt 图形"对话框

步骤 2: 选择 SmartArt 图形区域,在"设计"选项卡中选择"SmartArt 样式"的"中等效果",再选择"更改颜色"中"彩色"的"彩色-强调文字彩色",即确定了 SmartArt 流程图的样式,如图 6-30 所示。

图 6-29　流程图中的"交替流"图形

图 6-30　SmartArt 流程图的样式

4. 创建 SmartArt 循环图

步骤 1: 单击幻灯片六下方的文本占位符,按下"开始"选项卡中"段落"组中的"转换为 SmartArt 图形",选择第 2 行第 5 列的"基本循环",即在幻灯片下方插入一个默认形状的 SmartArt 循环图形。

步骤 2: 单击 SmartArt 循环图形左侧的文本输入窗口,分别输入"清洗"、"消毒"、"干燥"、"保洁"和"使用"5 行文本。即可得到 SmartArt 循环图的基本样式,如图 6-31 所示。

步骤 3: 选择 SmartArt 图形区域,在"设计"选项卡中,选择"SmartArt 样式"的"三维"中的"优雅",再选择"更改颜色"中"彩色"的"彩色-强调文字彩色",即确定了 SmartArt 流程图的样式。

步骤4：在标题栏中输入"循环（餐饮器具的消毒）"等字样。SmartArt 循环图的最终样式就完成了，如图 6-32 所示。

图 6-31　SmartArt 循环图的基本样式　　　　图 6-32　SmartArt 循环图的最终样式

5. 创建 SmartArt 层次结构图

步骤1：单击幻灯片七下方的文本占位符，按下"开始"选项卡中"段落"组中的"转换为 SmartArt 图形"，选择"其他 SmartArt 图形"，打开"选择 SmartArt 图形"对话框，选择"层次结构"栏中第 1 行第 3 列的"标记的层次结构"，单击"确定"按钮后的效果如图 6-33 所示。

图 6-33　确定基本图形样式的层次结构图　　　　图 6-34　输入图形文本的窗口

步骤2：选择 SmartArt 图形中的浅色区域，逐个删除，仅剩下深色层次结构图。在层次结构图的左侧打开文字输入窗口（图 6-34），分别输入学院教学机构的一般关系图。单击"确定"按钮后即可得到 SmartArt 层次结构图的原始图形，如图 6-35 所示。

步骤3：选择 SmartArt 图形区域，在"设计"选项卡中选择"SmartArt 样式"的"强烈效果"，即可获得层次结构图的样式图形。

步骤4：在标题栏中输入"层次结构——学院工作关系图"等字样。SmartArt 循环图的最终样式就完成了，如图 6-36 所示。

图 6-35　删除部分图形的原始图　　　　　　　图 6-36　最终完成的层次结构图

6. 创建 SmartArt 关系图

　　步骤 1：将幻灯片八的文本复制到幻灯片九中。选择幻灯片九的主要文本区域，按下"开始"选项卡中"段落"组中的"转换为 SmartArt 图形"，选择"其他 SmartArt 图形"。打开"选择 SmartArt 图形"对话框。选择"关系"栏中第三行第二列的"表层次结构"，单击"确定"按钮后稍作文本的修饰即可得到原始图形，如图 6-37 所示。

　　步骤 2：选择 SmartArt 图形区域，在"设计"选项卡中选择"SmartArt 样式"的"强烈效果"，即可获得层次结构图的样式图形。

　　步骤 3：选择 SmartArt 图形中最下面一排图形，选择"绘图"中的"快速样式"，将目前的样式设置为"强烈效果-强调颜色 5"。

　　步骤 4：在标题栏中输入"外出野营必备用品（层次图）"等字样。SmartArt 循环图的最终样式就完成了，如图 6-38 所示。

图 6-37　稍作文本修饰的原始图形　　　　　　图 6-38　最终完成的层次结构图

7. 创建 SmartArt 棱锥图

　　步骤 1：单击幻灯片十下方的文本占位符，按下"开始"选项卡中"段落"组中的"转换为 SmartArt 图形"，选择"棱锥型列表"。

　　步骤 2：在棱锥图的左侧打开文字输入窗口，分别输入公司的一般工作关系图。单击"确定"按钮后即可得到 SmartArt 棱锥图的原始图形，如图 6-39 所示。

　　步骤 3：选择 SmartArt 图形区域，在"设计"选项卡中选择"SmartArt 样式"的"鸟瞰场景",再选择"更改颜色"中"彩色"的"彩色氛围-强调文字彩色 5 至 6",即确定了 SmartArt 流程图的样式。

步骤 4:在标题栏中输入"SmartArt 图形—棱锥图"等字样。SmartArt 棱锥图的最终样式就完成了,如图 6-40 所示。

图 6-39   SmartArt 棱锥图的原始图形   图 6-40   SmartArt 棱锥图的最终图形

6.3.4   技术解析

SmartArt 是 Office 2007 新增的功能组件,它可以在 PowerPoint 2007 中非常轻松地插入组织结构、业务流程等图示,使得数据更为形象化,更为直观。新增的 SmartArt 图形工具具有 80 余套图形模板,利用这些图形模板可以设计出各式各样的专业图形,并且能够快速为幻灯片的特定对象或者所有对象设置多种动画效果,而且能够即时预览。

SmartArt 图形工具在应用时应该注意:

* 为 SmartArt 图形选择布局时,需要思考待传达的信息将以何种特定方式来显示。
* 为了使 SmartArt 图形最有效,还要考虑文字的数量和形状的个数。
* 向 SmartArt 图形添加专业设计的组合效果的一种快速简便的方式是应用 SmartArt 样式。
* 只有通过使用 Office PowerPoint 2007 创建的 SmartArt 图形才可以使用动画。

6.3.5   实训指导

1. 实训目的

学习在 PowerPoint 2007 文档中应用 SmartArt 图形的基本方法。

2. 实训准备

(1) 知识准备

* 预习 PowerPoint 的相关知识。
* 预习 PowerPoint 中插入 SmartArt 图形的编辑方法。

(2) 资料准备

* Microsoft Office 2007 环境(实训室准备)。

- 案例中所需的文字和原始资料（教师准备）。

3. 实训步骤

- 获得案例实训的原始数据，并建立工作文件夹。
- 新建 PowerPoint 文档，并按要求进行命名。
- 添加指定版式的幻灯片，设置幻灯片的背景图片。
- 根据案例样文，在各个幻灯片中插入各类 SmartArt 图形。
- 编辑 SmartArt 图形的样式。
- 特别注意各种 SmartArt 图形的应用效果。

4. 实训要求

- 实训文档的结果与案例样文的格式基本一致。
- 实训文档如果课内无法完成需在课后继续完成。

6.3.6 课后思考

- SmartArt 图形的作用，怎样提高 SmartArt 图形的有效性。
- 不同的 SmartArt 图形的应用场合。
- 如何修饰一个漂亮的 SmartArt 图形。

第7章

Office综合应用

OLE(Object Linking and Embedding)，即"对象链接与嵌入"，OLE技术在 Office System 中的应用，主要是为了满足用户在一个文档中加入不同格式数据的需要（如在 Word 中加入 Excel 表格等），即解决建立复合文档问题。这也是在一种编辑环境中调用另一种编辑功能的共享技术，在 Office 各应用软件之间，OLE 是常用和有效的技术。

一个 Excel 文档可以对象的身份嵌入(Embedding)在一个 Word 文档之中，并作为其中的一部分而存在。不过与 Word 文档其他部分不同的是，当对这部分进行编辑时，Office 将应用 OLE 技术，将在 Word 中启动 Excel 的功能，对该部分的数据进行编辑，甚至可以在设置了对象链接的基础上，实现原始文档与嵌入文档数据上的同步更新。正是因为 OLE 技术的应用，使得 Office能集成各个应用软件的功能，并形成一个可构造复合文档的强大工具。

本章以"中国互联网络发展状况统计报告（节选）"和"职工基本情况与工资管理"两个案例为主线，主要介绍了 Office 常用的 Word、Excel 和 Power-Point 3 个常用软件之间的综合应用方法。主要包括 Word 和 Excel 的综合应用，以及 Excel 和 PowerPoint 的综合应用技巧，从而完成学习 Office 环境下 3 个软件之间的文档编辑方法。

实用案例

中国互联网络发展状况统计报告

职工信息分析

7.1 案例1——中国互联网络发展状况统计报告

7.1.1 案例介绍

Microsoft Office 2007 是一系列常用办公软件所构成的组件系统。它的标准版包含了 Word 2007、Excel 2007、PowerPoint 2007 和 Outlook 2007 4 个组件,其中,前 3 个为常用组件。OLE 是 Object Linking and Embedding 的缩写,即"对象链接与嵌入",是一种把一个文件的一部分嵌入到另一个文件之中,并允许调用基于该部分默认编辑组件的技术。Office 中 OLE 技术的应用,使得在 Word、Excel 和 PowerPoint 等不同编辑环境中,可互相嵌入来自其他环境的数据,并可在当前环境下调用另一个组件的编辑环境,以使得被嵌入的数据可以在"原生"的环境下进行编辑。OLE 是集成 Office 大家庭各个应用的功能、构造复合文档的强大技术工具。

本案例的题材取自中国互联网络信息中心(CNNIC)2008 年 7 月发表的《中国互联网络发展状况统计报告》(节选)。该报告表文并茂,图表多样,非常适合 Office 文档的编辑练习。在本案例中,主要是练习在 Word 和 Excel 文件中运用了 OLE 技术,在不同环境的 Office文档之间建立了密切的数据联系,以实现 Office 综合应用的目的。

7.1.2 知识要点

本案例主要是实现在 Word 环境下,通过 OLE 技术将 Excel 图表插入至 Word 文件并实现数据同步变化的目的。所涉及的知识点有:
- Word 长文档的编辑方法。
- Excel 图表的编辑方法。
- Word 环境下插入 Excel 对象的编辑方法。

7.1.3 案例实施

本案例的实施分为三步进行,如图 7-1 所示。

图 7-1 案例实施基本步骤

1. Word 文档的编辑

本部分主要是利用 Word 的长文档编辑方法,将没有任何 Word 格式的纯文本数据快速编辑成为具有指定格式的 Word 文档。这是一个非常有代表性的长文档编辑范例。

步骤 1:新建一个空白的 Word 文档,将文档命名为"中国互联网络发展状况统计报告"并将本案例的文字素材复制到该文档中。

步骤 2:单击功能区中的"页面布局"选项卡,打开"页面设置"对话框,在"文档网格"选项卡中选择"网格"栏中的"指定行和字符网格";在"字符数"和"行数"栏中分别选择字符数为每行 40 个字和行数为每页 36 行。单击"确定"按钮，完成页面设置，如图 7-2 所示。

图 7-2 "页面设置"对话框

> **建议**：采用定义"页面设置"来确定字数和行数，实际上是确定了文档主题的单倍行距。这种做法在整体上比采用段落格式来定义行距的方法更有效率，特别是对于文档中包含了图片的情况，通过"页面设置"来定义行距更为合理和有效。

步骤 3：设置全文基本格式。采用组合键 Ctrl＋A，选全部字符，右击"段落"，在"缩进"栏中，选择"特殊格式"中的首行缩进 2 字符，"间距"栏中的段前段后 0 行和单倍行距，如图 7-3 所示。

图 7-3 "段落"对话框

步骤 4：单击功能区中的"开始"选项卡，选择"段落"组中的"多级列表"按钮，打开"列表"菜单。如图 7-4 所示。单击"定义新的多级列表"选项，打开"定义新多级列表"的对话框，如图 7-5 所示。

图 7-4 "列表库"菜单　　　　　　　　　　图 7-5 "定义新多级列表"对话框

步骤 5：定义案例文档的多级列表，这是为文档各级标题做样式而进行的准备。本案例各级编号的格式如表 7-1 所示。

表 7-1　本案例所涉及各级编号的格式

级 别	链接样式	编号格式	字 体	段 落	对齐方式	对齐位置	缩进位置
1	标题 1	第一章	宋体、二号、加粗	段前段后各 10 磅	左侧	0 厘米	0.75 厘米
2	标题 2	一、	黑体、四号、加粗	段前段后各 4 磅	左侧	0.75 厘米	1.5 厘米
3	标题 3	1、	宋体、小四、加粗	段前段后各 2 磅	左侧	1.5 厘米	2.25 厘米
4	标题 4	A、	宋体、五号	0 字符	左侧	1.5 厘米	2 厘米
5	正文		宋体、五号	2 字符			

　　注意：在实际编辑中，对于多级列表的编辑可根据实际需要，先确定表 7-1 中的各级标题与编号之间的关系，其他的格式待编辑样式时根据实际需要再行设定。

　　步骤 6：确定封面、目录页和分章页面。为了在不同页面中进行不同页眉的编辑，所以要在文档编辑前，将各类页面用分节符进行页面分隔。

　　在文档第三行"中国互联网络信息中心"的后面，插入一个分节符，将封面与章节内容分开。在每一章前插入一个分节符，将各章内容分开，而且确保每一章的第一页为奇数页，并在第一章前形成了一个空白的目录页。经过页面分隔后形成了一个按章节内容来划分的新文档，这种分节操作为各章中页眉的不同创造了条件。分隔后的文档如图 7-6 所示。

　　步骤 7：定义文档样式。采用组合键 Ctrl＋Shift＋Alt＋S，打开"样式"窗口。将光标选定第一级标题"一、市场概述及主要观点"，单击"样式"窗口中的"标题 1"，将其样式应用于第一级标题。此时,调查报告中第一级标题的格式就已经形成,但这一格式不一定符合先前所指定的格式,所以还有待调整。

图 7-6 插入分节符后的文档

调整方法是选定第一级标题的所有字符,先后运用字符和段落格式的编辑方式,将标题的字符和段落格式调整至理想状态,右击"样式"窗口中"标题 1"右边的下拉箭头,选择"更新'标题 1'以匹配所选内容"的选项后,可以看到"样式"窗口中系统定义的样式已经发生了变化,实际上它是根据文档中当前的样式去更新 Word 默认的标题 1 的样式。这种根据用户自定义的样式来调整系统样式的方法是非常有效的。在对"标题 1"样式的调整后,就可将此样式应用于文档中其他的第一级标题。如果对"标题 1"样式需要进行新的调整,只需要按上述方式重新编辑即可。

随后可根据上表中的基本格式,对其他级别的标题一一进行定义,最终可完成整个文档的样式表。在完成了各项样式的定义后,根据文档中各个标题的级别,逐一将对应样式进行应用,以完成整个文档各级标题的格式编辑。

步骤 8:文档封面的编辑。首先确定标题的字符格式。

主标题——字体为黑体、小一号、加粗、阴影;段落格式为居中对齐,左边距为 0,段前 8 行,段后 0.5 行。

节选标题——字体格式同上。段落格式为居中对齐,左边距为 0。

日期标题——字体格式为小二号,字体为 Times New Roman;段落格式为居中对齐,段后 26 行。

信息中心标题——字体为隶书,二号,阴影;段落格式为居中对齐。

至此,除去文档中个别字符需要单独定义格式外,文档的文本格式基本完成。文本编辑完成后的文档如图 7-7 所示。

步骤 9:插入 CNNIC 图标。在封面上插入名为"cnnic.jpg"的图片,将其"文字环绕"模式设置为"紧密型环绕",并调整为适当大小和放置到适当位置上,如图 7-8 所示。

　　步骤 10:设置文档页面的页眉和页脚选项。

　　在本案例中,对各章的页眉页脚将采用不同的内容,所以要按分节符的分隔来分别设置。

图 7-7　文本编辑完成后的文档

　　单击功能区中的"页面布局"选项卡,打开"页面设置"对话框,在"版式"选项卡中,将"节"栏中的"节的起始位置"选择为"奇数页";将"页眉和页脚"栏勾选"奇偶页不同";在"预览"栏中将"应用于"设置为"整篇文档",如图 7-9 所示。

图 7-8　插入图片后的封面效果　　　　　　　图 7-9　页眉页脚的"页面设置"对话框

　　步骤 11:设置第一章的页眉和页脚。将光标停留在第一章的首页,单击功能区中的"插入"选项卡,单击"页眉和页脚"组的"页眉",在内置的页眉栏中选择"空白",此时,整个文档都将设置了空白的页眉。

选择"页眉和页脚工具"的"设计"选项卡,将"链接到前一条页眉"的按钮释放(使之处于未选定状态),此时,第一章页眉状态提示中的"与上一节相同"的提示消失,这样就使得本节页眉不同于上一节的页眉。

页眉的设置是将页眉上所有的默认字符删除,选择"设计"选项卡中的"插入组",单击"文档部件",选择"(插入)域",即打开"域"对话框。如图7-10所示。选定域名为"StyleRef"和样式名为"标题1",先后勾选和不勾选"域选项"栏中的"插入段落编号",并在两次操作之间输入两个空格,即完成了对章节奇数页页眉的设置。此时,该页的页眉为"第一章 调查介绍",由于在第一章后面的所有奇数页上都采用了默认的"与上一节相同"的设置,所以所有奇数页都有相似内容的字样,所不同的是编号和标题是与所在章节相匹配的。这样就完成了除文档前两页以外所有奇数页页眉的设置。偶数页页眉的设置方法与奇数页相似,所不同的是页眉的内容是一段直接输入的文字:"Office 2007综合应用案例"。

图7-10 "域"对话框

页脚的设置是根据页面的奇偶数字,在"页眉和页脚"组中选择"页脚",并分别选择"朴素型(奇数页)"和"朴素型(偶数页)"作为奇偶页的页脚,同时,删除原有文字,直接输入文字"Microsoft Office 2007综合应用案例",以形成页脚的文本内容。另外,调整页脚中页码的字体大小为小四号粗体,段落格式为无特殊格式。这样,页脚的设置即告完成。

步骤12:将光标移至封面的页眉处,使页眉处于编辑状态。删除页眉上的所有文字,并将样式中的"全部清除"应用于封面页眉,以清除页眉处的横线。待完成后,再按此法在目录页上也进行相同的编辑,从而使前两页不存在页眉和页脚。

实际上,本案例的页眉页脚的编辑是基于对页面设置的有关页眉页脚的参数设置,从而也就确定了页眉页脚在奇偶页上的不同,确定了节的起始位置和确定了这一设置对整篇文档的影响。由于每一节可以根据自己需要来调整页眉页脚的内容,所以最后对封面和目录空白页的页眉页脚的清除就不会影响其他页面了。

至此,本案例有关的文本编辑基本完成。

注意：在本案例的编辑过程中，因为选择了按章节分隔，节的起始位置是"奇数页"，所以当某一章的结束位置处于奇数页时，就会出现下一章的第一页（奇数页）紧接着上一章最后一页（奇数页）排列，而页面的序号将出现一个偶数页的丢失。造成这种现象的原因是相邻两节是以奇数页来相连接的。所以，弥补的方法就是在上一节增加一个尾页，并使其成为偶数页，这样就可以解决偶数页缺失的问题。

2. Excel 图表的编辑

本案例的数据来自反映 2008 年 7 月 CNNIC（中国互联网络信息中心）有关"中国互联网络发展状况统计报告（节选）"（以下简称报告）。在数据文件"互联网调查报告图表与表格.xlsx"中，所有的原始数据分别保存在两个 Excel 表格中，并根据"报告"中的数据描述方式，已经将上述原始数据分别形成了各具风格的 27 张图表和 5 张表格，这些图表和表格将以对象的方式嵌入和链接到已经编辑完成的 Word 文档中，以实现 Office 环境下 Word 和 Excel 的综合应用。

创建 Excel 图表的基本方法在教程的第 5 章中已经作了部分介绍，此处仅就几个有特点的图表进行补充性介绍。

（1）有关"中国网民人数增长情况"（图 1）的编辑方法

这是一个有关柱形图的编辑范例。

步骤 1：创建空白图表。打开 Excel 文档"互联网调查报告图表与表格"，右击"图表原始数据"工作表的标签，在快捷菜单中选择"插入"，打开"插入"对话框（图 7-11），在"常用"选项卡中选择"图表"，单击"确定"按钮后即创建一个空白的 Excel 图表，将其更名为"图 1"，并移至"表格原始数据"的后面。

步骤 2：创建原始图表。单击"图表原始数据"工作表的标签，选定表中有关"中国网民人数增长情况"的全部数据，即数据！A3：H4。单击功能区中的"插入"选项卡，选择"图表"组的"柱形图"（图 7-12），并最终确定所选数据以"簇状柱形图"为图表类型，来综合反映网民人数的增长情况。一旦选定，将会在"数据"表中生成一个默认格式的 Excel 图表，这是一个待编辑的原始图表，如图 7-13 所示。最终图表效果如图 7-14 所示。

图 7-11 "插入"对话框　　　　　　　　　图 7-12 柱形图类型列表

图 7-13 原始图表

图 7-14 最终图表

步骤 3：设置坐标轴格式。将原始图表剪切并粘贴至"图 1"中。首先，并将图表调整到合适的大小与位置。选中图表顶部的标签，将"网民人数"改为"亿人"，并将其文本格式设置为宋体 20 磅，加粗，并调整到合适位置。右击图表左边的坐标轴区域，选择"设置坐标轴格式"，打开"设置坐标轴格式"对话框，选择"坐标轴选项"，将"最大值"设置为固定值 3.0，"主要刻度单位"设置为 0.5，如图 7-15 所示。关闭对话框后，再将坐标轴区域的文字格式设置为 24 磅粗体。

右击图表区下部的水平坐标轴区域，将其文本格式设置为宋体 16 磅，加粗。将图例标签移至图表合适的位置，并将文字格式设置为宋体 16 磅，加粗，并设置图例格式的边框为实线，颜色为深蓝，文字 2，淡色 40%。

步骤 4：设置数据系列格式。右击数据系列，在快捷菜单中选择"设置数据系列格式"，打开"设置数据系列格式"对话框。在"系列选项"栏中，将"分类间距"设置为 80%；在"填充"栏中，选定"渐变填充"，选择"预设颜色"中的"碧海青天"，并将角度设置为 0°，如图 7-16 所示。

图 7-15 "设置坐标轴格式"对话框

图 7-16 "设置数据系列格式"对话框

步骤 5：设置数据标签格式。右击数据系列区域，选择"添加数据标签"。单击数据标签，将其格式设置为宋体 20 磅，加粗。

步骤 6：设置网格线格式。右击图标区的网格线，选择"线条颜色"为实线，白色。选择"线型"为"短划线类型"的"方点"。

步骤 7：设置数据区格式。右击"绘图区"，选择"设置绘图区格式"，打开"设置绘图区格式"对话框。在"填充"栏中选定"渐变填充"，选择"预设颜色"中的"雨后初晴"。在"边框颜色"中选定"实线"，颜色和线型为默认值。

步骤 8：插入图片。单击功能区中的"插入"选项卡，选择"插图"组的"图片"按钮，插入名为"root.jpg"的图片，并将其置于图表的底部。

将上述各部分调整到合适的位置，即图标编辑完成，如图 7-14 所示。

（2）有关"中国互联网普及率"（图 2）的编辑方法

这也是一个有关折线图的编辑范例。

步骤 1：如前所述，建一个空白的图表，并命名为"图 2"。

步骤 2：在"数据"表中选择"图 2"所对应的数据，即数据!A8:H9。单击功能区中的"插入"选项卡，选择"图表"组的"折线图"（图 7-17），并最终确定所选数据以"带数据标记的折线图"为图表类型，来综合反映中国互联网络的普及情况。一旦选定，将会在"数据"表中生成一个默认格式的 Excel 图表，这是一个待编辑的原始图表，如图 7-18 所示。

图 7-17　折线图类型列表

图 7-18　待编辑的原始图表

步骤 3：将原始图表剪切并粘贴至"图 2"中，将右侧图例项移至绘图区中，并将绘图区调整到合适的大小和位置上。

步骤 4：设置坐标轴格式。右击图表左边的垂直坐标轴区域，将坐标轴区域的文字格式设置为 20 磅粗体。右击图表下方的水平坐标轴区域，将坐标轴区域的文字格式设置为 16 磅粗体。

步骤 5：设置数据标签格式。右击数据线上的数据标记图标，选择"设置数据系列格式"，在"数据标记选项"栏中选择数据标记类型为"内置"的方形，大小为 9，如图 7-19 所示。在"数据标记填充"栏中选择"纯色填充",颜色为"橙色,深色 25％",如图 7-20 所示。

图 7-19　设置数据标记类型　　　　　　　　　　图 7-20　设置数据标记填充

步骤 6：设置数据标签格式。右击图表中曲线的数据标记,选择"添加数据标签"后各个数据标记的相应数据标签将出现在默认的位置上。右击数据标签,选择"设置数据标签格式",打开"设置数据标签格式"对话框。在"标签选项"栏中选择"标签位置"为"靠上"。关闭对话框后,再次选择数据标签,将其文本格式设置为宋体 16 磅,加粗。

步骤 7：根据案例的样张,调整数据图例的文本大小和位置,设置网格线的格式和绘图区的格式。

步骤 8：在图表区的下方插入图片"root.jpg"。适当调整所有图表元素的大小和位置,即可完成"图 2"的编辑,如图 7-21 所示。

图 7-21　中国互联网普及率图表的最终效果

（3）有关"2008年6月和2007年12月份性别互联网普及率比较"（图5）的编辑方法

这是一个有关柱形图图表的编辑范例。

步骤1： 如前所述，建一个空白的图表，并命名为"图5"。

步骤2： 在"图表原始数据"表中选择"图5"所对应的数据，即数据!A23:C25。单击功能区中的"插入"选项卡，选择"图表"组的"柱形图"，并最终确定所选数据以"二维柱形图"中的"簇形柱形图"为图表类型，来综合反映按性别调查的互联网普及率比较的基本情况。一旦选定，将会在"数据"表中生成一个默认格式的Excel图表，这是一个待编辑的原始图表，如图7-22所示。

图7-22　待编辑的原始图表

步骤3： 将原始图表剪切并粘贴至"图5"中，适当调整图表绘图区的大小和图例的位置。

步骤4： 设置坐标轴格式。分别单击垂直和水平坐标轴区域，将其文本格式均设置为宋体20磅，加粗。

步骤5： 设置数据系列格式。右击2007年的数据系列区域，打开"设置数据系列格式"对话框，将"填充"栏的颜色设置为"橙色，深色25％"，将"边框颜色"设置为"深蓝实线"，"阴影"设置为"右下斜偏移"。右击2007年的数据系列区域，打开"设置数据系列格式"对话框，将"填充"栏的颜色设置为"图片或纹理填充"，将"纹理"设置为"水滴"，其他同2007年的数据系列格式。

步骤6： 设置数据标签格式。分别右击2007年和2008年的数据系列，选择"添加数据标签"，并将数据标签的字体设置为宋体18磅，加粗。字体的颜色分别是"深蓝"和"深红"。

步骤7： 设置图例格式。将图例拖至适当位置，将其文本的格式设置为宋体18磅，加粗。

步骤8： 设置绘图区和网格线格式。右击绘图区，打开"设置绘图区格式对话框"，在"填充"栏中选择"纯色填充"，并将颜色设置为"茶色，深色25％"。右击网格线，将其颜色设置为白色。

步骤9： 在图表区的下方插入图片"root.jpg"。适当调整所有图表元素的大小和位置，即可完成"图5"的编辑,如图7-23所示。

图 7-23　编辑完成后的图表

> **说明**:这是一个包含两组数据的图表,可以就不同时期不同性别的数据的差异性进行同时对比,在多组数据相同分组的比较中非常有用。

(4) 有关"网民年龄结构"(图6)的编辑方法

这是一个有关饼图图表的编辑范例。

步骤1:如前所述,建一个空白的图表,并命名为"图6"。

步骤2:在"图表原始数据"表中选择"图6"所对应的数据,即数据!A28:H29。单击功能区中的"插入"选项卡,选择"图表"组的"饼图",并最终确定所选数据以"二维饼图"中的"分离型二维饼图"为图表类型(图7-24),来综合反映按年龄结构的互联网用户的基本情况。一旦选定,将会在"数据"表中生成一个默认格式的Excel图表,这是一个待编辑的原始图表,如图7-25所示。

图 7-24　选择的图表类型图

图 7-25　待编辑的原始图表

步骤3：将图表中的图例删除，并将图表剪切至"图6"。

步骤4：设置绘图区格式。单击"图6"中的绘图区，适当调整绘图区的整体大小与位置。右击数据系列，在快捷菜单中选择"设置数据系列格式"，在"系列选项"栏中，将"第一扇区起始角度"设置为20％，"饼图分离程度"设置为5％；在"阴影"栏中选择"预设"的"右下斜偏移"类型；在"三维格式"栏中，选择"棱台"顶端为"圆"类型（图7-26），"表面效果"的材料为"暖色粗糙"（图7-27），"照明"为三"点"（图7-28）。

图 7-26　阴影的设置

图 7-27　表面材料的设置

图 7-28　照明的设置

步骤5：设置数据标签格式。右击绘图区，在快捷菜单中选择"添加数据标签"，右击数据标签，选择"设置数据标签格式"，打开"设置数据标签格式"对话框（图7-29），在"标签选项"栏中，添加"标签包括"的"类别名称"，"标签位置"设置为"数据标签外"，"分隔符"为"分行符"。将"数据标签"的字体格式设置为宋体18磅，加粗。适当调整各个数据标签与数据系列色块的相对位置，显示出数据引导线。

步骤6：设置图表标题格式。将图表标题的字体设置为宋体28磅，加粗，并将其调整至适当位置上。

步骤7：在图表区的下方插入图片"root.jpg"。适当调整所有图表元素的大小和位置，即可完成"图5"的编辑，如图7-30所示。

图 7-29　设置数据标签格式

图 7-30　编辑完成后的图表

（5）有关"中国手机有效卡数增长情况"（图18）的编辑方法

这是一个有关条形图与折线图图表的编辑范例。

步骤1：创建一个空白的图表，并命名为"图18"。

步骤2：在"图表原始数据"表中选择"图2"所对应的数据，即数据!A90:J92。单击功能区中的"插入"选项卡，选择"图表"组的"条形图"，并最终确定所选数据以"簇状条形图"为图表类型。一旦选定，将会在"数据"表中生成一个默认格式的 Excel 图表，这是一个待编辑的原始图表，如图7-31所示。

步骤3：更改图表类型。本图表中包含两组数据，且要求以不同图表类型来表示，所以需要对其中一组数据的图表类型进行变更。右击颜色为深红色的第二组数据（即"手机号码数年增长率"）的数据系列区域，在快捷菜单中选择"更改系列图表类型"，打开"更改图表类型"对话框（图7-32），选择"待数据标记的折线图"后，第二组数据所对应的图表类型则发生了变化，如图7-33所示。

图7-31 待编辑的原始图表

图7-32 "更改图表类型"对话框

图7-33 带数据标记的折线图

步骤4：设置折线图坐标轴格式。右击折线图的数据标记，选择"设置数据系列格式"，打开"设置数据系列格式"对话框，将"系列选项"的"系列绘制在"项目的原始值更改为"次坐标轴"，至此，两组不同的数据将分别以不同的图表类型和各自的数据坐标轴显示在同一图表中，如图7-34所示。

步骤5：将调整坐标轴后的图表剪切至图18中，调整绘图区大小和位置。将图例移至图表上部，并将字体格式设置为宋体16磅，加粗。

图 7-34 调整坐标轴后的折线图

步骤 6：设置坐标轴格式。右击主坐标轴（左边）区域，选择"设置坐标轴格式"，在"设置坐标轴格式"的对话框中，选择"数字"栏中的"百分比"类别，"小数位数"为 1。在将坐标轴的文本格式设置为宋体 18 磅，加粗。右击次坐标轴（右边）区域，选择"设置坐标轴格式"，在"设置坐标轴格式"的对话框中，选择"数字"栏中的"数字"类别，"小数位数"为 0。在将坐标轴的文本格式设置为宋体 18 磅，加粗。右击水平坐标轴区域，将坐标轴的文本格式设置为宋体 14 磅，加粗。

步骤 7：设置数据系列格式。右击"手机号码数使用数"数据系列，选择"设置数据系列格式"，打开"设置数据系列格式"对话框，将"系列选项"中的"系列重叠"的参数调至 0，"分类间距"为 100％；将"填充"选为"渐变填充"，选择"预设颜色"中的"红木"，"角度"为 0°；边框为 2 磅的蓝色实线。右击"手机号码数年增长率"数据系列，选择"设置数据系列格式"，在"设置数据系列格式"对话框中将线条设置为 2.25 磅的蓝色实线。

步骤 8：设置数据标签格式。右击"手机号码数使用数"数据系列，选择"添加数据标签"，并将数据标签的字体格式设置为宋体 16 磅，加粗。

步骤 9：设置绘图区格式。右击绘图区，打开"设置绘图区格式"对话框，选择"填充"中的"渐变填充"，在"预设颜色"中选取"雨后初晴"。

步骤 10：设置网格线格式。右击绘图区的网格线，选择"设置网格线格式"，即打开"设置主要网格线格式"对话框，选择"线条颜色"为白色实线。

步骤 11：在图表区的下方插入图片"root.jpg"。适当调整所有图表元素的大小和位置，即可完成"图 18"的编辑，如图 7-35 所示。

图 7-35 编辑完成后的图表

（6）有关"互联网对网民各方面帮助程度打分情况分布"（图21）编辑方法

这是一个有关百分比堆积柱形图图表的编辑案例，其编辑方法与条形图有一定差别。百分比堆积柱形图是用于比较各个类别的每一数值所占总数值的百分比大小的一种图表，特别适合反映事物的结构分布情况。百分比堆积柱形图以二维垂直百分比堆积矩形显示数值。当有3个或更多数据系列并且希望强调所占总数值的大小时，尤其是总数值对每个类别都相同时，可以使用百分比堆积柱形图。

步骤1：建一个空白的图表，并命名为"图21"。

步骤2：在"图表原始数据"表中选择"图21"所对应的数据，即数据!A106:E111。单击功能区中的"插入"选项卡，选择"图表"组中"二维柱形图"的"百分比堆积柱形图"，在"图表原始数据"表中生成一个默认格式的Excel图表，这是一个待编辑的原始图表，如图7-38所示。

步骤3：重新选择数据。由于待编辑的图表与最终图表的数据表现方式不同，所以在格式编辑前需要重新选择数据。右击图表区，选择"选择数据"，在"选择数据源"对话框中（图7-36），单击"切换行/列"按钮，即完成数据的行列转换，如图7-37所示。单击"确定"按钮后即可得到行列数据切换后的原始图表，如图7-39所示。

图7-36 切换前的行列数据　　　　　图7-37 切换后的行列数据

图7-38 行列数据切换前的原始图表　　　图7-39 行列数据切换后的原始图表

步骤4：将原始图表剪切到"图21"中，并适当调整绘图区的大小和位置。

步骤5：设置图例的格式。右击图例区，将图例文本格式设置为宋体16磅，加粗，并适当调整图例区的大小和位置。

步骤6：设置坐标轴格式。右击垂直坐标轴区域，选择"设置坐标轴格式"，在"设置坐标轴格式"对话框中设置"坐标轴选项"的"最大值"为1.0，"主要刻度单位"为0.2，"数字"为"百分比"，小数位数为2。坐标轴文本格式为宋体18磅，加粗。右击水平坐标轴区域，选择坐标轴文本格式为宋体16磅，加粗。

步骤7：设置数据系列格式。选择"非常有帮助"数据系列，将"系列选项"中的"系列重叠"和"无间距"均设置为100％；在"填充"栏中选择"纯色填充"，并选择"颜色"为茶色，深色为75％；设置"边框颜色"为黑色实线；设置"阴影"为"预设""外部"的"右下斜偏移"。依次向上选择其他各个数据系列，其他设置同前，只是将填充颜色按上行方向依次以"茶色"的深色逐级降低来进行设置即可。

步骤8：设置绘图区格式。右击绘图区，选择"设置绘图区格式"，将"填充"设置为"茶色，背景2"的"纯色填充"，并将绘图区的边框设置为3磅黑色实线。

步骤9：设置网格线格式。将网格线的格式设置为白色实线。

步骤10：设置数据标签格式。分别采用右击数据系列区域的方式，添加数据标签，并将数据标签的文本设置为宋体14磅，加粗，文本颜色一般选取与数据系列区域对比度较大的颜色来进行设置。

步骤11：在图表区的下方插入图片"root.jpg"。适当调整所有图表元素的大小和位置。

至此，本案例相关的Excel文档中的27张图表的典型范例图已经介绍完毕，其他图表可根据上述编辑方法，举一反三，逐一完成。在确定相应的图表名称后，将各个图表顺序排列，为Word文档的最终调用做好准备。案例中所设计的5张表格因编辑难度较小，所以不在此一一赘述。

3. Excel 图表的嵌入与链接

在Word文档与Excel图表的编辑工作完成后，本案例将进入最后一个编辑环节，即在Word文档中嵌入与链接Excel图表，以完成Word与Excel的综合应用。

步骤1：确定Excel和Word文档的工作状态。打开已编辑完毕的Excel文件，将"图1"置于当前工作状态。打开已经编辑的Word文档，将光标置于待插入Excel图表的位置上。

步骤2：在Word文档中插入Excel图表。将Word文档的工作界面置于当前工作任务状态，并将光标置于待插入Excel图表的位置上。单击功能区中的"插入"选项卡，选择"文本"组的"对象"按钮，打开"对象"对话框（图7-40），选择"由文件创建"选项卡，单击"浏览"按钮，找到待插入的Excel文档，并勾选"链接到文件"，单击"确定"按钮后，以对象身份被插入Word文档的Excel图表将出现在Word文档的当前位置上。将插入的Excel图表的大小稍作调整，就完成了"图1"的嵌入和链接操作。

在完成了对象的嵌入和链接后，Word文档中的Excel图表将不是一个简单的图片，双击该对象，即可在Word环境下对其进行直接编辑，其操作和在Excel环境下是一样的。特别是当嵌入时勾选了"链接到文件"选项后，Excel对象与Excel源文件就建立了数据同步关系,只要在该对象上打开右键快捷菜单(图7-41),选择"更新链接"即可将Excel表中的最新数据同步更新到Word文档中。

图7-40 "对象"对话框　　　　　　　图7-41 更新链接

> **提示:** 在设置Excel图表嵌入和链接的编辑过程中,是否勾选"链接到文件"这一项是很重要。因为不同的选择将直接影响Word文档中的数据与Excel源文件之间数据的同步性。一定要注意它们之间的链接关系。详见7.1.4节的"技术解析"。

步骤3: 在Word文档中插入Excel表格。与插入Excel图表一样,在插入表格前,首先要将待插入的Excel表格"表2-1"设置为Excel文档的当前工作表状态。返回Word文档的工作界面,并将光标置于待插入Excel表格的位置上。单击功能区中的"插入"选项卡,选择"文本"组的"对象"按钮,打开"对象"对话框,选择"由文件创建"选项卡,单击"浏览"按钮,找到待插入的Excel文档,单击"确定"按钮后,以对象身份被插入Word文档的Excel表格将出现在Word文档的当前位置上。将插入的Excel图表的大小稍作调整,就完成了"表2-1"的嵌入操作。

> **提示:** 在设置Excel表格嵌入和链接的编辑过程中,与Excel图表一样,都是以对象的身份嵌入和链接在Word文档中,当然,也存在链接与否的效果区别。所要提醒的是,为了插入后表格美观,最好在Excel文档中就完成对表格的修饰,并将多余的行列隐藏起来。方法详见7.1.4节的"技术解析"。

鉴于学习上的考虑,本案例仅选择了其中"图1"、"图2"和"图3"等3个图表实施了链接操作,其他图表和表格仅嵌入在Word文档中,虽然可以直接在Word环境下能实现Excel的编辑功能,但无法和源Excel文件进行数据的同步更新。

4. Word文档中题注的编辑

在图表和表格插入后,即可完成题注的编辑。题注是指出现在图片或表格下方的一段简短描述。采用题注的目的是利用Word中域的自动计数功能,为文档中众多图表和表格设置编号。

步骤 1：设置图表题注。将光标置于 Word 文档中的第一个图表的下方。单击功能区中的"引用"选项卡，选择"题注"组中的"插入题注"按钮，打开"题注"的对话框（图 7-42）。单击"新建标签"按钮，在"新建标签"对话框中，输入"图 2-"的字样，确定后即为案例第 2 章设置了一个题注标题，并在"题注"处出现了"图 2-1"的字样，确定后即在文档第一个图表的下方，出现了题注"图 2-1"（图 7-43）。采用同样的方法，可以在第 2 章的其他图表中也插入题注，而所有的图表在插入题注后，其题注的最后数字是自动编号的。

图 7-42　题注设置前　　　　　　　　　　图 7-43　题注设置后

步骤 2：设置表格题注。设置表格题注的方法和设置图表题注是相同的，只是在设置题注标签时，将文字改为"表 2-"即可。在本案例中图表和表格题注标签内容的区别是根据图表和表格所在章节，以及图表和表格本身的区别来分别设置的，其他方法是一致的。

> 提示：在题注的运用过程中，如果发生在插入题注后图表或表格有增减的变化，只要在变化后，更新一下题注即可。

至此，Excel 图表与表格嵌入 Word 文档的工作就此结束，同时也实现了 Word 和 Excel 文档间数据共享的综合应用。

7.1.4　技术解析

1. 长文档编辑技巧

长文档编辑常常是面对十几页、几十页甚至是几百页的文档的编辑，因此编辑的方法是否合理和高效是非常重要的。一般而言，长文档的编辑可考虑采用以下步骤来进行。

（1）设置页面格式

进行页面设置应该是长文档编辑的第一步。因为在长文档的编辑中，页面的行距，特别是正文部分的行距常常需要进行设置，当然采用设置段落行距的方法也是可以的，但效率较低，而且有时候会造成插入图片时，图片无法正常显示等问题，因此建议在长文档编辑之前，对待输入或编辑的空白文档进行页面设置。设置的项目主要包括：

- 纸张大小的设置。
- 页边距和纸张方向的设置。
- 文档网格中行数和字符数的设置。

（2）设置多级列表

多级列表是通过一组不同级别而非单个级别的编号来显示列表项的。可以从库中选择多级列表样式，也可以创建新的多级列表样式。

建议选定某组多级列表并根据需要进行格式的自定义编辑，并将其与 Word 中的标题组合，实际上就是将 Word 中默认的标题样式与编号列表链接，以实现两种格式组合使用的目的，并为文档本身设置了包含多个级别的文档结构。这类文档将可以利用大纲视图和文档结构图来清晰浏览或选定文档结构。

（3）设置样式

在长文档的编辑中，样式的设置是非常重要的。建议在文档并未开始编辑甚至未开始输入时，就根据文档计划确定的各部分格式，来编辑符合需要的样式。这样，在编辑过程中就会有事半功倍的效果。

（4）设置章节的分节

使用分节符可以在文档中设置一个或多个页面的不同版式或格式。也可以为文档的某节创建不同的页眉或页脚。

在长文档的编辑中设置分节常用于：

- 文档中有个别页面有改变纸张方向的要求。
- 文档中有个别页面有改变纸张大小的要求。
- 文档中有不同页面配以不同页眉和页脚的要求。

（5）设置页眉和页脚

在长文档中设置页眉和页脚一般和普通文档不同，主要体现在对奇偶页使用不同的页眉或页脚和为文档的某个部分创建不同的页眉或页脚等方面，此时页眉页脚的个性化设置要与分节设置相配合，也要与页面设置中的版式设置相配合。

2. Office 的对象链接和嵌入技术

对象链接和嵌入（简称 OLE）是 Microsoft 公司的应用于 Office 各办公软件之间，为交换共享数据并相互调用彼此功能的一项很有用的技术。从案例可以看出，链接对象与嵌入对象之间的主要区别是在将 Excel 数据放入 Word 文件后，数据存储位置不同，且数据更新方式也不同。

当作为对象的 Excel 图表仅被嵌入到 Word 文档中时，如果修改源 Excel 文件，Word 文件中的信息不会相应更改。因为嵌入的对象已经成为了 Word 文件的一部分，并且在插入后就不再是源文件的组成部分。因此，当不想让信息反映源文件中的更改时，或者不想让文档收件人考虑对链接信息的更新时，适合使用嵌入。

当作为对象的 Excel 图表被嵌入和链接到 Word 文档中时，如果修改源 Excel 文件，则会更新信息。链接数据存储在源文件中。Word 文件或目标文件只存储源文件的位置，并显示链接数据。如果担心文件的大小，并希望能与源文件保持数据的一致性，则可使用链接对象。默认情况下，链接的对象是自动更新的，这意味着，每次打开 Word 文件或在 Word 文件打开的情况下更改源 Excel 文件的任何时候，Word 都会更新链接的信息。不过，也可以更改单个链接对象的设置，以便不更新链接的对象，或仅在文档读者选择手动更新链接的对象时才对它进行更新。还可阻止 Word 自动更新打开的所有文档中的链接，并将它视为一种安全措施,防止可能来自不受信任源的文件更新文档。

此外,可以永久中断链接对象与其源 Excel 文件之间的连接。当连接中断后,就不能再在 Word 文档中编辑该对象;它将变成 Excel 内容的图片。

3. 如何隐藏行和列

隐藏 Excel 表格中的行和列主要是为了美观。其基本方式是选中待隐藏的最左边一列,使用组合键 Ctrl+Shift+→,即选中包含该列在内的右边的所有列,在右键快捷菜单中选"隐藏"即可。对于隐藏行,则方法相同,只是组合键为 Ctrl+Shift+↓ 而已。

7.1.5 实训指导

本案例为一个基于 Word 和 Excel 的综合应用的训练实例,对学习者有一定的难度。

1. 实训目的

学习在 Microsoft Office 2007 环境下,利用对象链接与嵌入技术,在 Word 文档中嵌入和链接 Excel 图表和表格的编辑方法,也进一步练习 Word 环境下长文档的编辑方法。

2. 实训准备

(1)知识准备

• 预习 Word 长文档的编辑方法。

• 预习 Excel 图表的编辑方法。

• 预习在 Word 中链接和嵌入 Excel 图表的基本方法。

(2)资料准备

• Microsoft Office 2007 环境(实训室准备)。

• 案例中所需的文字和原始数据表(教师准备)。

3. 实训步骤

• 获得原始数据,并建立工作文件夹。

• 创建 Word 空白文档,完成页面设置,设置多级列表并与各级标题链接,设置文档正文格式和各级标题的基本格式。

• 将文本文件中的字符复制到 Word 文档中,并根据案例样文的格式,将各种样式应用于对应的文本。对于不太符合的样式可进行适当地调整。

• 根据案例样文的格式和要求,编辑 Excel 图表和表格(建议在实训中仅编辑几个有代表性的图表,其他图表和表格直接提供)。

• 依次完成在 Word 文档中嵌入 Excel 图表和表格的操作,要求在对象嵌入时,选取其中 3 个有代表的图表设置为链接,其他的仅为嵌入。

• 在插入图表或表格的同时,完成对应位置的题注的插入。也可以在完成所有 Excel 对象的嵌入后,再依次插入题注。

• 完成封面的编辑。

• 在封面的下一页插入文档目录。

• 根据案例的样式,在不同页面中设置页眉和页脚(如奇偶页不同,封面和目录页无页眉和页脚等)。

4. 实训要求
- 实训文档的结果与案例样文的格式基本一致。
- 实训文档如果课内无法完成需在课后继续完成。

7.1.6 课后思考

- 有效合理的长文档的编辑方法应注意哪些环节？其先后次序应该怎样安排比较合理？
- 链接与嵌入技术在 Office 各软件之间起着什么作用？对象的链接与嵌入有什么区别？

7.2 案例 2——职工信息分析

7.2.1 案例介绍

本案例是一个基于 Excel 计算功能和 PowerPoint 与 Excel 之间进行数据共享的范例。它以一个单位职工的基本情况为数据背景，采用 Excel 本身的强大计算功能，完成了由基本情况计算而得的职工工资数据，并对其进行了结构上的分析。随后，运用 Office 的 OLE 技术，在 PowerPoint 文档中嵌入 Excel 的图表和表格，以实现 Office 数据文件之间的综合应用。

7.2.2 知识要点

本案例的学习主要有两个目的。一是进一步学习 Excel 的计算功能；二是实现在 PowerPoint 环境下，通过 OLE 技术将 Excel 图表和表格插入至 PowerPoint 文件中，以实现数据共享变化的目的。所涉及的知识点有：
- Excel 的函数计算。
- Excel 的表间统计计算。
- Excel 的图表编辑方法。
- PowerPoint 环境下插入 Excel 对象的编辑方法。

7.2.3 案例实施

本案例的实施同样分为两步进行：

1. Excel 图表和表格的编辑
本部分主要是根据 Excel 原始数据表对职工基本情况进行结构性分析；根据职工工资

的计算方法，在基本数据的基础上，计算并生成职工工资计算表，从而生成相关的图表和表格。

（1）有关"职工情况分析表"的编辑方法

这是一个基于"基本数据"的统计分析表格。

步骤 1： 创建"职工情况分析表"。将 Excel 案例文档"职工基本及工资情况原始数据"复制为一个新的 Excel 文档，并取名为"职工基本及工资情况统计分析数据"。打开文档"职工基本及工资情况统计分析数据"，在"基本数据"表的后面，创建一个 Excel 工作表，取名为"职工情况分析表"，并根据职工情况分析的要求，设计好空白的"职工情况分析表"的表头各栏目。

步骤 2： 完成"职工情况分析表"的统计计算。首先在表格的左侧插入一空白列 A 列，将表格与边框保持一定距离。光标置于"职工情况分析表"的 C4 单元格，单击"编辑栏"左侧的"插入函数"按钮，打开"插入函数"对话框，选择类别为"统计"中的函数"COUNTA"，如图 7-44 所示。确定后在"函数参数"对话框中的 Value1 中输入"＝COUNTA（基本数据!B3：B37）"，如图 7-45 所示。确定后即可得到来自对"基本数据"表中相应单元格的数据的计数统计值 35，即全体职工人数值。

图 7-44 "插入函数"对话框

图 7-45 "函数参数"对话框

当然也可以单击 Value1 右侧的选择数据按钮，在"基本数据"表中进行相应数据的选择，但如果对表间数据计算有了一定的了解后，直接在编辑栏中数据公式是最为便捷的方法。依次选择"职工情况分析表"中的单元格 C5、C6、C7 和 C8，分别输入以下计算公式（即""中的数据。注意括号中的数据不能用中文标点符号）：

C5："＝COUNTIF（基本数据!C3：C37,"管理工程系")"

C6："＝COUNTIF（基本数据!C3：C37,"计算机科学系")"

C7："＝COUNTIF（基本数据!C3：C37,"机械工程系")"

C8："＝COUNTIF（基本数据!C3：C37,"电子信息系")"

当以上公式输入并确定后，即可在"职工情况分析表"中产生了职工人数的 5 个统计数据。

按照上述操作方法，可逐步完成"职工情况分析表"中其他单元格的数据计算。各单元格的具体计算公式如表 7-2 所示。

表 7-2 职工情况分析表部分单元格计算公式

单元格	单元格内容	数据计算公式	计算结果
D4	全部男性	=COUNTIF(基本数据!E3:E37,D3)	25
D5	管理工程系男性	=COUNTIF(基本数据!E3:E12,D2)	8
D6	计算机科学系男性	=COUNTIF(基本数据!E13:E19,D3)	6
D7	机械工程系男性	=COUNTIF(基本数据!E20:E27,D3)	4
D8	电子信息系男性	=D4-D5-D6-D7	7
女性人数的计算公式仅与公式的最后一项 D3 有区别,为 E3(实为"女"),其他对应相同			
F4	全部职工平均年龄	=AVERAGE(基本数据!G3:G37)	44
F5	管理工程系平均年龄	=AVERAGE(基本数据!G3:G12)	46
F6	计算机科学系平均年龄	=AVERAGE(基本数据!G13:G19)	48
F7	机械工程系平均年龄	=AVERAGE(基本数据!G20:G27)	44
F8	电子信息系平均年龄	=AVERAGE(基本数据!G28:G37)	41
有关各部门的数据计算可根据所在行的范围来直接指定范围,而不需要指定判断条件。鉴于篇幅的缘故,以下仅给出部分数据的计算公式			
G5	管理工程系平均工龄	=AVERAGE(基本数据!I3:I12)	25
H6	计算机科学系工龄 10 年以下职工人数	=COUNTIF(基本数据!I13:I19,"<10")	1
I7	机械工程系 10~20 年工龄的职工人数	=COUNTIF(基本数据!I20:I27,"<20")-H7	2
J8	电子信息系 20~30 年工龄的职工人数	=COUNTIF(基本数据!I28:I37,"<30")-I8-H8	1
L4	全部职工中具有高级职称或高级职级的总人数	=COUNTIF(基本数据!K3:K37,"正处")+COUNTIF(基本数据!K3:K37,"副处")+COUNTIF(基本数据!L3:L37,"教授")+COUNTIF(基本数据!L3:L37,"副教授")	18
M5	管理工程系具有中级职称或中级职级的总人数	=COUNTIF(基本数据!K3:K12,"正科")+COUNTIF(基本数据!K3:K12,"副科")+COUNTIF(基本数据!L3:L12,"讲师")	3
N7	机械工程系具有初级职称或初级职级的总人数	=COUNTIF(基本数据!K20:K27,"科员")+COUNTIF(基本数据!L20:L27,"助教")	1

　　至此,"职工情况分析表"的数据计算工作全部结束。此后,可根据个人爱好,将数据表进行格式的编辑和美化,待图表"职称与职级分布情况"完成后,再将多余的行列隐藏起来,"职工情况分析表"的编辑工作即告完毕,如图 7-46 所示。

图 7-46 完成后的职工情况分析表

（2）有关"职称与职级分布情况"图表的编辑方法

步骤1：创建图表"职称与职级分布情况"。创建一个空白的图表，并命名为"职称与职级分布情况"。选择"职工情况分析表"，分别选择数据区域 B4：B8 和 L4：O8。单击功能区中的"插入"选项卡，选择"图表"组的"柱形图"（图 7-47），并确定所选数据以"圆柱图"中的"三维圆柱图"为图表类型，来综合反映职工的职称与职级的分布情况。一旦确定，即在"职工情况分析表"中就创建了一个需要进一步编辑调整的原始图表，如图 7-48 所示。

图 7-47 "柱形"图对话框　　　　　　　　图 7-48 待编辑的原始图表

步骤2：编辑图表"职称与职级分布情况"。右击新创建的图表区，打开"选择数据源"对话框，如图 7-49 所示。单击"切换行/列"按钮，即切换了行列数据，如图 7-50 所示。调整之后的图例顺序如图 7-51 所示。

图 7-49 切换行列之前　　　　　　　　图 7-50 切换行列之后

单击"水平（分类）轴标签"下的"编辑"按钮，即打开了"轴标签"对话框，在"轴标签区域"栏中填写"＝职工情况分析表!$L$3：$O$3"（也可以在"职工情况分析表"中选定），单击"确定"按钮后即可使水平轴标签由"1，2，3，4"变更为"高级，中级，初级，其他"（图 7-52），一旦关闭"选择数据源"对话框，新建的图表将发生相应的变化，如图 7-53 所示。

将调整后的图表剪切到新建的"职称与职级分布情况"图表中，删除图表右侧的图例，调整坐标轴的刻度与最大值，修饰柱形图的外观，设置坐标轴标签的文本格式，调整绘图区的大小和位置,增加文本框并写入字符"职称与职级分布情况"等,"职称与职级分布情况"图表即告完成,如图 7-54 所示。

图 7-51 调整后的图例顺序

图 7-52 编辑后的水平轴标签

图 7-53 选择数据后的图表

图 7-54 编辑修饰后的图表

(3)有关"部门职工人员结构"图表的编辑方法

这是一个有关饼图的范例,它反映了所列职工按部门分类的结构情况。

步骤 1:创建"部门职工人员结构"图表。新建一个名为"部门职工人员结构"的空白图表。选择"职工情况分析表"中的数据区域 B5:C8,单击功能区中的"插入"选项卡,选择"图表"组的"饼图",并确定所选数据以"三维饼图"中的"分离型三维饼图"为图表类型,来综合反映职工按部门分布的结构情况。一旦确定,即在"职工情况分析表"中创建了一个需要进一步编辑调整的原始图表,如图 7-55 所示。

图 7-55 待编辑调整的原始图表

步骤 2：编辑"部门职工人员结构"图表。将待编辑调整的原始图表剪切到空白的"部门职工人员结构"图表中。删除图表区右边的图例项。将"绘图区"调整到合适的大小和位置上，如案例一所述，先后设置其数据系列格式；设置数据标签格式与位置；设置图表区域格式；增加图表的标题标签。完成后即可得到一个美观实用的图表，如图 7-56 所示。

图 7-56　部门职工人员结构图表

（4）有关"职工工资表"的编辑方法

这是一个典型的充分发挥 Excel 计算功能的范例。它根据一定的计算条件，从职工的基本数据直接计算出个人及其整体的工资数据。该部分的学习有较强的实用性。

步骤 1：创建"职工工资表"。在 Excel 文档中创建一个名为"职工工资表"的数据表，并将"基本数据"表中的数据复制到该表中，删除"年龄"与"工龄"两列数据，并在表格的左侧插入一空白列 A 列，将表格与边框保持一定距离。

步骤 2：计算职工岗位工资。根据表格"计算公式"中列举的有关职工岗位工资的计算方法，"岗位工资"：教授为 1 500 元；副教授、正处级为 1 200 元；讲师、副处级为 1 000 元；助教、副科级为 800 元；其他为 500 元。

在"职工工资表"中的岗位工资一列的第一个数据单元格（即 K3）中，输入根据计算标准所设计的函数计算公式：

＝IF(J3＝"教授"，1500，IF(OR(I3＝"正处"，J3＝"副教授")，1200，IF(OR(I3＝"副处"，J3＝"讲师")，1000，IF(OR(I3＝"正科"，J3＝"助教")，800，500))))

运用填充柄，将 K4 到 K37 等各个单元格实施相对引用计算，以完成所有职工的岗位工资的计算。

步骤 3：计算职工工龄工资。根据表格："计算公式"中列举的有关职工工龄工资的计算方法，职工的工龄工资应为"工龄工资：工龄＊50"。

在"职工工资表"中的岗位工资一列的第一个数据单元格（即 L3）中，输入根据计算标准所设计的函数计算公式：

＝INT((NOW()－G3)/365)＊50

运用填充柄，将 L4 到 L37 等各个单元格实施相对引用计算，以完成所有职工的工龄工资的计算。

按照上述两个步骤的方法,可以列出其他工资项目的计算方法,如表 7-3 所示。

表 7-3 职工工资表其他项目计算方法列表

计算项目	计算关系	计算公式	起始位置	填充范围
基本工资	岗位工资＋工龄工资	＝K3＋L3	M3	M4:M37
津贴	基本工资＊30%	＝M3＊0.3	N3	N4:N37
交通费	每人 80 元	80	O3	O4:O37
洗理费	男 30 元,女 60 元	＝IF(E3＝"男",30,60)	P3	P4:P37
资料费	岗位工资＊10%	＝K3＊0.1	Q3	Q4:Q37
应发合计	基本工资＋津贴＋交通费＋洗理费＋资料费	＝SUM(M3:Q3)	R3	R3:R37
公积金	岗位工资＊5%	＝K3＊0.05	S3	S4:S37
税金	个人所得税起征点(应发合计)1 600 元。应纳税所得额为:0～1 000 元,税率:5%;1 000 元以上10%	＝IF(R3＜＝1600,0,IF((R3-1600)＜＝1000,(R3－1600)＊0.05,500＋(R3－2600)＊0.1))	T3	T4:T37
保险费	岗位工资＊4%	＝K3＊0.04	U3	U4:U37
实发合计	应发合计－公积金－税金－保险费	＝R3－S3－T3－U3	V3	V4:V37

步骤 4:隐藏部分数据列。选择"职工工资表"中 E 列至 J 列,选择右键快捷菜单中的"隐藏",即完成了对上述 6 列数据的隐藏操作。对"职工工资表"进行一定的修饰后即完成了该表的编辑工作,如图 7-57 所示。

图 7-57 完成后的职工工资计算表

(5) 有关"部门工资表"的编辑方法

这是一个基于"职工工资表"的统计计算的范例。该范例将在一个数据表中产生两个统计表格:部门工资统计表(1)和部门工资统计表(2),前者是分部门完成对工资各个子项目的统计计算;后者是对工资进行一定的统计分析。

步骤1:创建"部门工资统计表(1)"。新建一个空白 Excel 工作表,并将其命名为"部门工资表"。在该表的上部,建立没有数据的"部门工资统计表(1)"的空表体。

步骤2:完成"部门工资统计表(1)"。在"管理工程系"所属行与"基本工资"所属列的交叉点上(即 C3 单元格),输入计算公式:

=SUMIF(职工工资表!＄C＄3:＄C＄37,"管理工程系",职工工资表!M＄3:M＄37)

在"计算机科学系"所属行与"基本工资"所属列的交叉点上(即 C4 单元格),输入计算公式:

=SUMIF(职工工资表!＄C＄3:＄C＄37,"计算机科学系",职工工资表!M＄3:M＄37)

在"机械工程系"所属行与"基本工资"所属列的交叉点上(即 C5 单元格),输入计算公式:

=SUMIF(职工工资表!＄C＄3:＄C＄37,"机械工程系",职工工资表!M＄3:M＄37)

在"电子信息系"所属行与"基本工资"所属列的交叉点上(即 C6 单元格),输入计算公式:

=SUMIF(职工工资表!＄C＄3:＄C＄37,"电子信息系",职工工资表!M＄3:M＄37)

一旦上述单元格的数据计算完成,可选中 C3:C6,采用填充的方法向右拖放,即可完成"部门工资统计表(1)",如图7-58所示。

部门工资统计表(1)

部门	基本工资	津贴	交通费	洗理费	资料费	应发合计	公积金	税金	保险费	实发合计
管理工程系	23400.00	7020.00	800.00	360.00	1120.00	32700.00	560.00	3959.50	448.00	27732.50
计算机科学系	17150.00	5145.00	560.00	240.00	790.00	23885.00	395.00	3661.00	316.00	19513.00
机械工程系	16100.00	4830.00	640.00	360.00	750.00	22680.00	375.00	2638.50	300.00	19366.50
电子信息系	18800.00	5640.00	800.00	390.00	940.00	26570.00	470.00	3029.00	376.00	22695.00

图7-58 计算完成后的部门工资统计表(1)

提示:此表在进行统计计算中,采用了条件求和的方法。所要特别提醒的是,由于计算公式中行和列分别采用了绝对引用和混合引用的不同方法,使得数据填充操作只能在一个方向上运用。

步骤3:在"部门工资表"的下部,建立没有数据的"部门工资统计表(2)"的空表体。

步骤4:完成"部门工资统计表(2)"。在单元格 C11 处,输入计算公式:

=MAX(职工工资表!V3:V12)

在单元格 D11 处,输入计算公式:

=MIN(职工工资表!V3:V12)

在单元格 E11 处,输入计算公式:

=AVERAGE(职工工资表!V3:V12)

在单元格 F11 处,输入计算公式:

=L3/SUM(L3:L6)

由此先后完成了按职工"实发工资"计算的"管理工程系"相关的最高工资、最低工资、平均工资和该部门实发工资合计占全部职工实发工资的比重。

对于其他部门相应数据的计算，其计算函数是相同的，只是在计算范围上有所区别，如表7-4所示。

表 7-4　部门工资表其他部门的计算范围

部　　门	计算范围	部　　门	计算范围
管理工程系	职工工资表!V3:V12	机械工程系	职工工资表!V20:V27
计算机科学系	职工工资表!V13:V19	电子信息系	职工工资表!V28:V37

待整个表格的计算公式编辑完毕后，一张与"职工工资表"数据同步变化的"部门工资表"的数据计算项目就编辑完毕。在数据表中填写"要求"说明，去掉网格线，数据表即告完成。

步骤 5：先后插入两张 Excel 数据表。在一张中添加一个带圆角的矩形，并输入以下文字，并以"封面"命名。

"这是一个 Excel 实用案例，它以某单位部分职工的基本情况为背景资料，从人员的基本结构和工资构成等方面，进行了较为详细的分析和计算。案例运用了 Excel 中的函数计算、表间计算和图表显示等技术，综合反映了所列职工的基本情况和工资情况。案例的技术性和综合性较强，有一定的实用价值。"

在另一张表中，填写好各个工资项目的计算依据，并命名为"计算公式说明"。按案例顺序调整好各图表之间的相对位置。

至此，案例二组成部分的 Excel 文档"职工基本及工资情况统计分析数据"编辑完毕。

2. PowerPoint 的创建与编辑

本案例是采用 PowerPoint 的演示能力，来综合反映上述 Excel 中有关职工基本信息和工资分析的总体情况。该部分的编辑任务较小，难度也不高，只是运用了 OLE 技术，在 PowerPoint 文档中嵌入了 Excel 的图表和表格。

步骤 1：创建 PowerPoint 文档。在工作文件夹中，创建一个空白的 PowerPoint 文档，并命名"职工工资统计分析"。

步骤 2：设置设计主题。单击功能区中的"设计"选项卡，选择"主题"组的"暗香扑面"，并在 PowerPoint 文档的母版中将标题和正文的样式设置好。

步骤 3：设计封面文本格式。输入封面主标题"Office 2007 综合应用案例二"，并将文本格式设置为 48 磅、行楷、加粗、阴影，并使其居中。输入副标题"职工工资统计分析"，将其文本格式设置为微软雅黑、40 磅、加粗、阴影，并使其居中，如图 7-59 所示。

步骤 4：设计说明页格式。输入说明页的标题"Office 2007 综合应用案例说明"，同时输入说明页的主体文本：

"这是 PowerPoint 与 Excel 之间采用 OLE 技术实现数据共享的一个学习案例。

案例的 Excel 部分是根据某单位职工的基本情况表，结合工资计算方法，完整计算出该单位的职工工资，并据此进行了一定的统计分析。这部分在突出 Excel 计算功能方面，较有学习价值。

在 PowerPoint 文档中以对象的方式插入 Excel 图表或表格,其方法与案例一相近。"如图 7-60 所示。

Office 2007 综合应用案例二

职工工资统计分析

图 7-59　幻灯片封面

Office 2007 综合应用案例说明

- 这是PowerPoint与Excel之间采用OLE技术实现数据共享的一个学习案例。
- 案例的Excel部分是根据某单位职工的基本情况表,结合工资计算方法,完整计算出该单位的职工工资,并据此进行了一定的统计分析。这部分在突出Excel计算功能方面,较有学习价值。
- 在PowerPoint文档中以对象的方式插入Excel图表或表格,其方法与案例一相近。

图 7-60　案例说明页

步骤 5:编辑"职工基本情况统计分析表"页。打开 Excel 文档"职工基本及工资情况统计分析数据",将"职工情况分析表"设置为当前工作表。打开新建一个空白幻灯片,在标题栏中输入"职工基本情况统计分析表"。单击功能区中的"插入"选项卡,选择"文本"组的"对象",打开"插入对象"对话框,选择"由文件创建",单击"浏览",在指定文件夹中选取 Excel 文档"职工基本及工资情况统计分析数据",将其嵌入到 PowerPoint 文档中。

双击被嵌入的 Excel 表区域,将其工作状态置于 Excel 的编辑状态,隐藏含有表格标题的第一行后确定并返回到 PowerPoint 的编辑状态,根据幻灯片调整其大小和位置。在"职工情况分析表"的下方插入一个文本框,输入"说明:本表所有根据来自'基本数据'表,对职工队伍的人数、性别、年龄和职称(职级)进行了统计分析,以直观反映出该单位职工队伍的基本结构。"等字样,将字体设置为 18 磅楷体,加粗,颜色为深色 25%的茶色。"说明"二字为黑体加粗,且颜色为黑色,如图 7-61 所示。

图 7-61　基本情况统计分析表

步骤 6:编辑"职称与职级分布情况柱形图"页。将 Excel 文档"职工基本及工资情况统计分析数据"的"职称与职级分布情况"表设置为当前工作表。打开新建一个空白幻灯片,在标题栏中输入"职称与职级分布情况柱形图"。如步骤 5 所述,采用插入对象的方法,将 Excel 文档"职工基本及工资情况统计分析数据"的当前工作表嵌入到 PowerPoint 文档中,并根据幻灯片调整其大小和位置。在"职工情况分析表"的右边插入一个文本框,输入"说明:这是一个根据'基本情况分析表'的部分数据产生的一个职工职称与职级分布情况分析表。它采用三维圆柱图的图表类型,构造了一个直观反映整个单位各个系部及全部职工在职称与职级方面的结构分布情况图表。"等字样,将字体设置为18磅楷体,加粗,颜色为深色25%的蓝灰色。"说明"二字为黑体加粗,且颜色为黑色,如图7-62所示。

图7-62 职称与职级分布情况柱形图

步骤7:编辑"部门职工人员结构"页。如步骤6所述,以插入对象的方法,将Excel文档中的"部门职工人员结构"图表插入至PowerPoint的新幻灯片中。

双击被嵌入的Excel图表区域,将其工作状态置于Excel的编辑状态,删除图表区中的标题标签后确定并返回到PowerPoint的编辑状态,将调整大小和位置,并在幻灯片标题区输入"部门职工人数分布情况"的字样,如图7-63所示。

步骤8:编辑"职工工资统计表格"页。该页编辑方法如步骤5所述,此处不再赘述,如图7-64所示。

图7-63 部门职工人数分布情况

图7-64 职工工资统计表格

步骤9:编辑尾页。将幻灯片标题区的文本框中输入"演示完毕,再见!"的字样,移至幻灯片的中心位置即可。

至此,"Office综合应用案例二"即告完成。

> **说明**:"Office综合应用案例二"在难度上主要是完成对基于职工基本数据表的一系列数据计算,因为所有的工资数据都是由基本数据派生而成的,所以,当某一职工的基本数据发生变更时,由此而计算的数据将随之发生变化。这也是Excel非常有价值的地方。

7.2.4　技术解析

1. 有关 Excel 的函数计算

函数的运用是 Excel 的重要计算手段，也是本案例的主要学习重点之一。

（1）函数的运用

在本案例的数据计算中，共使用了以下 10 个函数：

① AVERAGE——返回其参数的平均值。

② COUNTIF——计算区域内非空单元格的数量。

③ COUNTA——计算参数列表中值的个数。

④ IF——指定要执行的逻辑检测。

⑤ INT——将数字向下舍入到最接近的整数。

⑥ NOW——返回当前日期和时间的序列号。

⑦ SUM——求参数的和。

⑧ SUMIF——按给定条件对若干单元格求和。

⑨ MAX——返回参数列表中的最大值。

⑩ MIN——返回参数列表中的最小值。

其中逻辑函数 IF 的使用使得案例可以由职工的基本数据"职称"和"年龄"计算出职工工资数据项目，而一旦基本数据发生变更，由此而计算出的工资数据将随之变化，这种依据函数所建立的数据项以及数据表之间的关联关系，充分体现了 Excel 作为电子表格的优良的计算性。

另外，统计函数 COUNTIF 和数学函数 SUMIF 的应用，使得对数据的计算有了在计算区域和项目上的选择性，在计算功能上对函数 COUNT 和 SUM 函数都是一个很好的扩展。

（2）引用的应用

单元格引用对工作表上的单元格或单元格区域进行引用，并告知 Excel 在何处查找公式中所使用的值或数据的位置。单元格引用又分绝对引用、相对引用和混合引用 3 种不同类型。

本案例根据具体的计算要求和引用数据的相对位置，分别运用了上述 3 种单元格的引用类型。在实际工作中，3 种引用类型的选用基本上都是为了方便实施运用填充柄来填充数据，以提高工作效率。

2. Excel 图表的编辑

本案例的 Excel 图表"职称与职级分布情况"在编写中，出现了原始图表不太符合要求的情况（图 7-48），这就要求根据具体需求来进行数据的重新选择。

"职称与职级分布情况"图表数据的重新选择主要完成了以下编辑。

（1）切换行列数据

这一操作将变更图表水平面上两个不同坐标轴的数据系列，以达到将职称或职级数据系列作为水平（分类）轴的目的。

（2）编辑水平（分类）轴的标签

切换行列数据后的水平（分类）轴的标签依然处于原始状态，所以对标签逐一进行内容上的编辑，即可达到预期要求。

（3）调整竖（系列）坐标轴的标签顺序

为了在外观上有梯度层次的变化，可对竖（系列）坐标轴方向上的数据按大小进行排序。在"职称与职级分布情况"图表中，就是在调整了行列数据后，对竖（系列）坐标轴的标签（即图例项）的顺序进行了调整，以实现按高级职称或职级的人数对各个部门进行先后顺序的排列的目的。

3．PowerPoint 环境下 Excel 的嵌入与编辑

在 PowerPoint 环境下，也可以实现与 Excel 的数据嵌入与链接。其编辑方法与案例一相同。本案例中没有设置嵌入对象的链接，但对 Excel 图表中的部分数据和图表格式进行了一定的修饰性编辑，而且这些编辑是直接在 PowerPoint 环境下进行的，编辑后的图表格式与 Excel 源文件中的原始图表有一定的差异。这说明，OLE 技术不仅是实现数据的关联，而且还可实现编辑环境的关联。

7.2.5 实训指导

与案例一相比，案例二的难度要小些。

1．实训目的

学习在 Microsoft Office 2007 环境下，利用对象链接与嵌入技术，在 PowerPoint 文档中嵌入和链接 Excel 图表和表格的编辑方法。

2．实训准备

（1）知识准备

- 预习 Excel 函数的相关知识。
- 预习 Excel 图表的编辑方法。
- 预习在 PowerPoint 中嵌入 Excel 图表的基本方法。

（2）资料准备

- Microsoft Office 2007 环境（实训室准备）。
- 案例中所需的文字和原始数据表（教师准备）。

3．实训步骤

- 获得原始数据，并建立工作文件夹。
- 复制 Excel 原始数据表，创建 Excel 文档"职工基本及工资情况统计分析数据"。
- 根据 Excel 文档中的"基本数据"，创建"职工情况分析表"。
- 根据"职工情况分析表"，创建图表"职称与职级分布情况"和"部门职工人员结构"。
- 根据"计算公式说明"所列举的计算关系，创建"职工工资表"。
- 根据"职工工资表"，创建"部门工资表"。
- 完成 Excel 文档的封面编辑。

- 创建 PowerPoint 文档,选取设计主题和版式,调整母版格式。
- 分别在第 3、4、5 和 6 页上,以插入对象的方式,嵌入 Excel 图表和表格。调整图表和表格中的部分格式,即完成 PowerPoint 文档的编辑。

4. 实训要求

- 实训文档的结果与案例样文的格式基本一致。
- 实训文档如果课内无法完成需在课后继续完成。

7.2.6　课后思考

- 如何灵活地利用 Excel 图表的数据,来实现预期的图表效果?
- 链接与嵌入技术在 Office 各文档之间仅提供关联数据的作用吗?

Internet基本应用

第8章

学习目标

本章以"WWW 应用"、"使用邮件"两个案例为主线,主要介绍了 Internet 的基本应用方法,主要是 Internet 及其服务、浏览器简介、网站类型、下载方式 及 E-mail 服务等与 Internet 相关的应用,从而完成学习 Internet 环境下各类 基本应用的一般方法。

实用案例

WWW 应用和使用邮件

8.1　案例 1——WWW 应用

8.1.1　案例介绍

随着张萍工作的逐渐展开，需要掌握的知识也渐渐增加，如 Internet 的基本应用等。这时，总经理因公出差，在与对方的洽谈过程中需要公司这边及时收集一些资料，经整理汇总后传送过去，以便在与对方的谈判过程中掌握更多的有利信息，为保持和总经理的及时通信联系，张萍在收到任务后便开始了解 WWW 的应用及邮件的使用等相关知识。

本案例是以当前 WWW 的基本应用为前提，使用者为获取更多的网上资源，通过使用 Internet 快速进行搜索、完成各种资源的有效下载并进行网络实时在线通信等各类 Internet 服务，从而完成 WWW 应用。

8.1.2　知识要点

本案例涉及 WWW 应用的主要知识点有：

- 浏览器——主要包括 IE、Maxthon 浏览器、Firefox 浏览器等。
- 网站分类——主要包括门户网站、搜索引擎网站等。
- 下载方式——主要直接下载、软件工具下载等。
- QQ——包括 QQ 下载、安装、使用等。

8.1.3　案例实施

1. Internet 及其服务

Internet，也称"国际互联网"。是当今世界上最大的信息网络，它是将不同地区或国家且不同规模、不同技术标准的网络互相连接而形成的全球性的计算机互联网络。

Internet 实际上是一个应用平台，人们可以通过它得到多方面的服务。

（1）WWW 服务

WWW（World Wide Web），也称为万维网。它是 Internet 上提供给人们方便获取信息的一项应用最为广泛的服务。WWW 是一种服务，同时它也是一种技术，是一种基于 HTML技术而发展起来的信息传播技术。20 世纪中期，科学家在为了方便的交换信息，开发了一种超文本标记语言（Hyper Text Markup Language，HTML），用它编辑的文件中可包含文字、图像、声音甚至影像等多种信息，而且还包含有可以指向其他字段或者文档的链接，即允许从当前阅读位置直接切换到链接所指向的文字或文档。到了 20 世纪 90 年代，WWW 的技术有了突破性的进展，它解决了远程信息服务中的文字显示、数据连接以及图像传递的问题，使得 WWW 成为 Internet 上最为流行的信息传播方式。

（2）电子邮件（即 E-mail）

E-mail 是通过计算机网络书写、发送或接收的电子信件，是 Internet 服务中最受欢迎的项目之一。实际上,电子邮件系统与传统邮件系统非常相似。但网络电子邮件不但速度快捷,而且信件的内容可包含文字、图片甚至音像等多种形式的信息,其信息量远大于传统邮件。由于电子邮件的使用简易、投递迅速、收费低廉,易于保存、全球畅通无阻,使得电子邮件被广泛地应用。

（3）在线通信

在线通信即利用 Internet 进行网上交际。Internet 实际上是一个虚拟的社会空间,用户可以在网上与他人聊天、交朋友,也可以多人共同进行网络游戏,网上交际已经完全突破传统的交朋友方式。

（4）电子商务

电子商务是通过网络进行贸易的一种商业活动。用户可以在网上购物,商家可以在网上进行商品销售、拍卖、货币支付等日常经济事务。

（5）网络电话

网络电话也称 IP 电话,它是一种新型的电话通信方式。它采用分组交换通信技术和语音压缩技术在 Internet 上实时进行语音通信,使其通信信道的利用率大为提高,通信营运成本降低很多。IP 电话既可以提供语音通信,还可以支持带有视频服务的通信方式;IP 电话可以提供 PC to PC、PC to Phone 和 Phone to Phone 等多种通话方式,甚至可以免费使用,为用户提供了极大的方便。

（6）网上事务处理

Internet 的出现将改变传统的办公模式,用户可以足不出户,通过网络在家里上班;可以在出差的时候,通过 Internet 与单位的计算机进行数据交换;而事务处理中的工作伙伴也可以通过 Internet 随时交换信息。

2. 享受 Internet 服务

（1）连接网络

为了完成总经理交办的任务,必须将办公室的计算机上网。张萍所在的公司使用ADSL拨号上网方式。服务商完成Internet 的网络连接工作之后,张萍就可以使用计算机连接网络了,其具体操作如下。

步骤 1:打开服务商提供的调制解调器,然后双击桌面中的连接网络快捷方式图标"宽带连接",打开"连接 宽带连接"对话框。

步骤 2:在对话框的"用户名"文本框中输入用户名,在"密码"文本框中输入密码,单击"连接"按钮,如图 8-1 所示。

步骤 3:计算机自动打开提示对话框,提示正在连接网络,当连接成功后,

图 8-1 输入用户名和密码

在任务栏中将出现一个网络状态图标表示连接成功,并打开一个提示对话框,显示出当前网

络的速度,如图 8-2 所示。

图 8-2　连接成功

提示:连接上网络后,如果调制解调器处于正常接入状态,指示灯将显示为绿色,且不断闪烁,表示正在接收或输出数据。

步骤 4:浏览网页之后,右击任务栏中的网络状态图标,在弹出的快捷菜单中选择"断开"命令可以断开网络连接,同时该图标从任务栏中自动消失。

(2) 浏览网页

Internet 中的内容包罗万象,各领域的信息都有一席之地。这些信息都以网页的形式存在于网络上,通过网页浏览器浏览网页可以找到所需的任何信息。

Windows 操作系统自带的 IE(Internet Explorer)是最常使用的网页浏览器。双击桌面上的 IE 图标或单击快速启动栏的 IE 图标都可以打开它。

步骤 1:通过地址栏浏览。

确定网页的域名或 IP 地址以后,可直接在 IE 的地址栏中输入该网址。这里输入"百度"的网址 http://www.baidu.com,单击"转到"按钮,或按 Enter 键,在打开的窗口中便可浏览到该网页的内容,如图 8-3 所示。

图 8-3　浏览网页

注意:网页域名是对 IP 地址的文字化描述,按地理域或组织域分层进行倒序排列,各层之间用圆点"."隔开,如 http://www.baidu.com,其中"baidu"表示网站的名称,"com"表示这个网站属于商业机构。IP 地址是计算机在 Internet 上的地址,由 4 个十进制字段组成,中间用圆点"."隔开,如 192.168.1.1,在计算机之间要通过这个地址进行搜索和连接。

步骤 2：利用网页中的超链接浏览。

单击网页中具有超链接的文字或图像，便可打开或跳转到链接指向的网页。即打开目标链接网页。

> **提示**：鼠标放在某处变为手形标志，则说明该处是超链接，可以单击它进入超链接的目标网页。
>
> **提示**：在一个网页中可以有多个超链接，也可以没有一个超链接，具体数目没有规定。

步骤 3：使用工具栏浏览。

IE 窗口中的工具栏列出了用户在浏览网页时最常用的工具按钮，通过单击这些按钮可以快速对网页进行相关的浏览操作，如图 8-4 所示。

图 8-4 IE 窗口中的工具栏

其中主要按钮的作用如下所述。

- "后退"按钮：单击该按钮返回到上次查看过的网页。
- "前进"按钮：单击该按钮可查看在单击"后退"按钮前查看的网页。
- "停止"按钮：单击该按钮可以停止打开当前的网页。
- "刷新"按钮：单击该按钮浏览器将重新打开当前网页，一般用于查看更新频率比较快的网页。
- "主页"按钮：单击该按钮，可打开在浏览器中预先设置的起始主页。

> **提示**：主页，也被称为首页，即每次进入 Internet 之后打开的第一个网页，在 IE 中一般默认为 Microsoft 公司的网页或者是空白网页。

步骤 4：脱机浏览。

对于上网费用有限的用户来说，花费大量时间在线操作是一种奢侈的行为，为节省上网费用，可使用 IE 的脱机浏览功能浏览网页。其方法是连接到网络中获得网页页面信息后，选择"文件"中的"脱机工作"命令断开网络连接，再进行浏览。

（3）搜索信息

Internet 中的信息数量大、种类多，用户如果靠自己逐一打开网页查找信息，既浪费时间又效率低下，使用网页中的搜索功能可以让操作变得轻而易举。

利用关键字搜索是比较常用的方式。当用户能用字、词和句描述需要搜索的信息时，就可以使用此方法在 Internet 上进行搜索。关键字搜索的途径很多，下面对主要的几种方法进行介绍。

- 在许多门户网站中提供了搜索服务，如"网易"（http：//www. 163. com）、"新浪"（http：//www. sina. com. cn）和"搜狐"（http：//www. sohu. com）等，其中搜狗（http：//www. sogou. com）是搜狐门下的搜索站点，如图 8-5 所示。
- 进入专业的搜索网站，如"百度"（http：//www. baidu. com）和"谷歌"（http：//www. google. com）等，在搜索文本框中输入需要搜索的关键字，按 Enter 键即可列出所有与关键词相关的网页，如图 8-6 所示。

图 8-5 搜狗搜索网站

图 8-6 Google 搜索网站

3. 浏览器简介

什么是浏览器呢？浏览器（Browser）实际上是一个软件程序，用于与 WWW（World

图 8-7 IE 浏览器

Wide Web）建立连接，并与之进行通信。它可以在 WWW 系统中根据链接确定信息资源的位置，并将用户感兴趣的信息资源取回来，对 HTML 文件进行解释，然后将文字图像或者将多媒体信息还原出来。

通过互联网上网浏览网页内容离不开浏览器，现在大多数用户使用的是 Microsoft 公司提供的 IE（Internet Explorer），当然还有其他一些浏览器如 Netscape Navigator 、Mosaic 、Opera ，以及近年发展

迅猛的 Firefox 浏览器等，国内厂商开发的浏览器有腾讯 TT 浏览器、遨游浏览器（Maxthon Browser）等。如图 8-7、图 8-8、图 8-9 所示。

图 8-8 Maxthon 浏览器

图 8-9 Firefox 浏览器

浏览器是阅读 WWW 上的信息资源的重要的客户端软件，比较著名的有 Microsoft Internet Explorer 和 Netscape Navigator 浏览器。它们功能强大，界面友好，是广大网民在 Internet 上冲浪的好工具。

IE 是 Microsoft 公司推出的免费浏览器。1999 年 3 月，IE 5.0 正式发布。除了已经知道的开发者预览功能外，这个版本提供了更多 CSS2 功能和更多新的 CSS 属性的支持，这个变化是这一版本中的一个亮点。Windows 98 SE 和 Windows 2000 操作系统中都捆绑了 IE 5.0。2001 年 10 月，IE 6.0 正式版发布。关于 CSS 有了更多的变化，而且一些小错误被修正。IE 6.0 的诞生就和 Windows XP 在一起的。2006 年 10 月 19 日，Microsoft 公司 IE 7.0 正式发布（简体中文版 IE 7.0 发布于 2006 年 12 月 1 日）。

IE 最大的好处在于，浏览器直接绑定在 Microsoft 公司的 Windows 操作系统中，当用户电脑安装了 Windows 操作系统之后，无须专门下载安装浏览器即可利用 IE 实现网页浏览。不过其他版本的浏览器因为有各自的特点而获得部分用户的欢迎。

IE 是一种可视化图形界面的浏览软件。其主要作用是接受用户的请求，到相应的网站获取网页并显示出来。

IE 还可以显示传统的文本文件和超文本文件，可以播放 CD、VCD 和 MP3 等格式的多媒体播放器组件，还可以直接接收网上的电台广播、欣赏音乐和电影。IE 安装和使用都很简单，是目前最为常用的浏览器。超过 80％的用户使用 IE。

当然，Mozilla 公司的火狐浏览器（Firefox）在近几年也发展很快，在美国，IE 市场份额占 79.78％，Firefox 浏览器占 15.82％；Safari 浏览器占 3.28％；Opera 浏览器占 0.81％。Firefox 浏览器在加拿大和英国的使用量与美国差不多，不过在澳大利亚 Firefox 用户达到 24.23％，在德国，Firefox 的市场份额高达 39.02％，意大利也不少。Firefor 浏览器已经成为市场份额位居第二的浏览器，由于 Firefor 浏览器集成了 Google 工具条，并且内置了多个主流搜索引擎，具有更多的实用功能。

4．网站类型

网站一般分为政府网站、企业网站、商业网站、教育科研机构网站、个人网站、其他非营利机构网站以及其他类型等。但一般来讲，按照网站的内容可分为门户型网站和专业型网站两种。

（1）门户型网站

门户型网站就是提供搜索引擎或全文检索以便于网络用户查找和登录其他网站的一种网站类型。著名的搜索引擎网站雅虎（www.yahoo.com）是世界第一门户网站。而以中文检索闻名的新浪网（www.sina.com.cn）在中国的互联网业界内具有领头地位。

网络用户不可能去记忆无穷多的网站，也不可能有专门的资料去记录每天产生了多少个新的网站，用户记住的只会是几个常见的大型门户网站，通常是像雅虎之类的大型网站。所以门户网站便成了一般用户在上网时选择浏览的第一个网站。

当然，这些门户网站除了提供搜索引擎或全文检索之外，也具有其他的服务和综合信息，如新闻、电子商务、聊天室、BBS（电子公告板系统）和电子邮件等。例如，雅虎公司便在网络上开展了网上拍卖等业务。这是门户网站利用其自身优势提供的服务，同时这些门户网站因具有较高的访问量，可以比较容易得到较多的广告。

除了具有专业搜索引擎的门户网站之外，拥有特定的行业的搜索引擎和全文检索系统也会受到用户的欢迎，如一些专业领域内的资源站点和专业资料搜索引擎。

（2）专业型网站

专业型网站提供各种专业内容和专业服务。专业型网站可分为利用网络进行商务活动，如订货、销售和网上金融活动的电子商务网站；介绍企业产品和服务以及政府部门职能和信息宣传的企业和政府网站；提供新闻或影视媒体信息的新闻媒体网站；公益性宣传网站；学校和科研机构网站；论坛性网站；个人网站；提供免费服务和免费资源的网站；行业信息网站等。

电子商务网站。主要依靠 Internet 来完成商业活动的各个环节,而且它们的业务范围决定了它们必须依靠 Internet 作为商业活动的平台。常见的电子商务网站有网上广告公司、营销公司、咨询公司、网上书店等建立在 Internet 上的企业。如网上售书的亚马逊公司。

企业网站。对于各种企业来说可以在全世界范围内宣传自己的公司,发布时效性强的信息,方便、快捷地与各地客户或代理商 24 小时保持联络,以及增加业务量、开拓国际市场。许多公司和站点都在 Internet 上设立了站点,例如 IBM、Microsoft、Intel、思科等,这些公司网站不但给公司和企业,而且给广大客户带来了巨大的便利。在这些公司的站点上可以查询到该公司最近一段时间来的产品发布情况、技术文档和相关的软件包等。经销商还可以通过这些站点获悉订货情况、价格信息等。

提供免费服务和免费资源的网站。通过提供免费服务和免费资源来吸引用户增加访问量。用户可以通过这类网站在网上获取许多的免费资料,如在网上享用一些免费的电子报刊,只要用户订阅,这些报刊会通过电子邮件免费发送给用户;还可以欣赏到很多 MP3 音乐,阅读到许多娱乐新闻,得到免费的软件、书籍、图片等。

政府网站。作为一种政府传媒,由各级政府的各个部门主办,就政府各个职能部门或某一方面的情况或信息向公众介绍、宣传或做出说明。网上的政府信息具有规模大、信息量大、权威性强等特点。至今我国已有数十个部委和 1 000 多个地方政府上网。

新闻媒体网站。提供新闻信息,尤其是可以利用网络优势提供实时更新的新闻,越来越成为网民喜爱光顾的站点。完善的新闻播发系统可以为网站吸引一批忠实的用户。

学校和科研机构网站。提供一定的技术服务和咨询及学术和科研资源共享。这种网站不以营利为目的,往往是其内部局域网的外延,提供图书馆信息、最新学术动态、科研技术探讨等以便于资源共享。如美国和我国的教育网。中国教育网的网址为 www.edu.cn。通过它可以访问我国各个高校的主页和图书馆。

论坛性网站。通常称为 BBS 系统,是网站的用户之间以及网站的经营者和用户之间进行交流最常用的系统。个人网站,就是有一个或一部分人因兴趣爱好等原因而建立的网站。一些网络爱好者在网络上提供音乐、书籍、图片等资源,例如,被多来米网站收购的黄金书屋。

在中国企业网站数的比例最大,占整个网站总体的 70.9%,其次为商业网站,占 8.2%,第三是个人网站,占 6.5%,随后依次为教育科研机构网站占 5.1%,其他非营利机构网站占 5.0%,政府网站占 3.2%,其他类型占 1.1%。

5. 下载方式

Internet 上的资料非常丰富,可以将其下载,然后保存到本地计算机中以备以后使用。下载网络中的资源可以通过两种方法实现操作:一是使用浏览器直接下载;二是利用工具软件下载。

（1）直接下载

使用浏览器可直接保存各种图片、网页、电影和音乐等,不需要借助工具软件,操作方便且简单。

保存文本:在浏览器窗口中拖动鼠标选定需要的文本,右击鼠标,在弹出的快捷菜单中选择"复制"命令,打开 Word、记事本和写字板等文件编辑软件在文档中右击鼠标,在弹出的快捷菜单中选择"粘贴"命令,最后将文档保存即可。

保存网页:使用浏览器窗口打开网页后,选择"文件"的"另存为"命令,打开"保存网页"对话框,在本地计算机中选择保存的位置即可进行保存。

提示:保存网页以后,在不在线的情况下,在 IE 中选择"文件"的"打开"命令,通过"打开"对话框打开网页。

直接下载图片:在网页中的图片上右击鼠标,在弹出的快捷菜单中选择"图片另存为"命令,打开"另存为"对话框,进行保存设置后单击"保存"按钮即可完成。

通过下载链接下载网站中提供的资源:许多网站都为其中的资源提供了下载超链接,单击该超链接可直接下载,其具体操作如下:

步骤 1:用鼠标左键单击超链接。

步骤 2:此时本地计算机自动与网页建立连接,打开如图 8-10 所示的"另存为"对话框,选择保存路径,单击"保存"按钮,计算机自动开始下载资源,并打开"文件下载"对话框,如图 8-11 所示。

图 8-10 "另存为"对话框

图 8-11 正在下载文件

(2) 使用工具软件下载

直接下载虽然方便,但在下载过程中一旦出现网络中断等故障,已经下载的信息也将丢失,为了避免发生这种情况,可以选择使用工具软件进行下载,这样不但提高了下载速度,还支持断点续传功能。目前最优秀的下载软件有迅雷、网际快车和网络蚂蚁等,它们的操作方法大体相同。

张萍就是通过搜索引擎,查询到公司需要的信息,并通过适当的下载工具将数据下载到本地(张萍的计算机),并进行必要的整理。

下面以使用迅雷软件下载资源为例,了解使用软件保存文件的方法,其具体操作如下:

步骤 1:在需下载的资源上右击鼠标,在弹出的快捷菜单中选择"使用迅雷下载"命令,打开"建立新的下载任务"对话框。

步骤 2:单击"浏览"按钮,在打开的对话框中选择文件保存的位置;在"另存名称"文本框中输入文件名(一般保持默认设置不变),然后单击"确定"按钮,如图 8-12 所示。

图 8-12 "建立新的下载任务"对话框

步骤 3：计算机将自动下载所需的资源,并且在显示器中显示出一个表示下载进度的图标,双击它可以打开迅雷的操作界面,如图 8-13 所示,在这里可以看到下载文件的名称、大小等信息。

图 8-13 "迅雷"操作界面

步骤 4：完成文件下载后,迅雷将发出提示的声音,同时下载进度图标变为普通状,在该图标上右击鼠标,在弹出的快捷菜单中选择"退出"命令退出迅雷软件。

6. 在线通讯

在线通讯是利用 Internet 直接在线网上联系的一种通信方式,也是现代人通过互联网络进行交际的重要途径。

为了将整理完成的资料迅速传递给远在外地的总经理,张萍将通过在我国使用最广泛的在线通讯工具——腾讯 QQ,把资料直接传送给总经理。

(1) 与 QQ 好友聊天

添加好友后就可以进行网上聊天了,其具体操作如下:

步骤 1：在 QQ 工作界面中双击 QQ 好友的头像,或在对方的头像上右击鼠标,在弹出的快捷菜单中选择"发送即时信息"命令。

步骤 2：在打开窗口下部的文本框中输入要发送给对方的消息(其上部的文本框用于显示双方的交谈内容),单击"发送"箭头旁的"消息模式"按钮可切换聊天窗口的模式;单击"发送"按钮或按 Ctrl＋Enter 组合键,可将信息发送给对方。

步骤 3：当好友收到信息后以同样的方法回复信息,同时会看到对方的头像不停闪动,此时双击该头像,在打开的窗口中即会显示对方所回复的信息。

步骤 4:单击窗口中的表情按钮,在打开的列表框中可选择需要的表情图标,如图 8-14 所示。这样可以使聊天的内容不局限于文本信息,更加生动有趣。

图 8-14　表情列表框

> **提示:**还可以在打开的表情图标中增加表情,选择"表情管理"可添加更多的表情。

步骤 5:重复步骤 2~4 操作,即可在网上与 QQ 好友尽情地聊天了。

（2）使用 QQ 传送文件

通过 QQ 还可以与好友互发文件,其具体操作如下:

步骤 1:在聊天窗口中单击"传送文件"按钮,选择"直接发送",打开"打开"对话框。

步骤 2:在"查找范围"下拉列表框中选择发送文件的路径,在其下的列表框中选择一个文件,然后单击"打开"按钮,如图 8-15 所示。

图 8-15　"打开"对话框

步骤 3:QQ 将在对方的聊天窗口中询问对方是否接收、另存为还是谢绝该文件,单击"接收"超链接表示将保存好友发送的文件,单击"另存为"超链接表示可以在打开的"另存为"对话框中选择文件的保存位置并保存文件,单击"谢绝"超链接表示不接收文件。

8.1.4　技术解析

1. 连接 Internet 的方法

将计算机连接 Internet 的方法有多种,其中较普遍的为专线上网和拨号上网。

（1）专线上网

专线上网即若干台计算机通过一条专用线连接到 Internet，专线的账户拥有一个固定的 IP 地址。对于拥有局域网或业务量较大的公司、机关和学校等单位，可以使用专线上网，要通过此方式上网，需要到 Internet 服务提供商（ISP）处申请一个账户，并设置一个密码，用于使用一条专线，上网时，登录到 Internet 服务提供商提供的服务器，输入账户和密码后，通过服务器的验证，即可使连接到专线中的所有计算机连接 Internet。

（2）拨号上网

拨号上网是一种成本较低的上网方式，计算机用户通过电话线和调制解调器即可实现上网的功能，拨号上网是利用固定电话网拨入 Internet，和专线上网的区别在于拨号上网只是临时占用电话线路，人们仍然会使用这个线路拨打和接听电话，拨号上网的优点是连接方便，缺点是上网的带宽有限、速度较慢，适用于业务量较少、上网时间短的计算机。

2. 腾讯 QQ 功能简介

利用 QQ 的即时通信平台，能以各种终端设备通过互联网、移动与固定通信网络进行实时交流，它不仅可以传输文本、图像、音/视频及电子邮件，还可获得各种提高网上社区体验的互联网及移动增值服务，包括移动游戏、交友、娱乐信息下载等各种娱乐资讯服务。

（1）登录 QQ

利用 QQ 账号登录到 QQ 服务器就可以进行网上聊天，其具体操作如下：

> **提示：**安装好 QQ 应用程序后，在其登录窗口中单击"申请账号"按钮，根据向导即可申请 QQ 号码。

步骤 1：双击桌面上的 QQ 快捷方式图标，在打开的 QQ 用户登录对话框中的"QQ 号码"下拉列表框中输入 QQ 号码，并在下面的"QQ 密码"文本框中输入正确的密码，然后单击"登录"按钮，登录 QQ，如图 8-16 所示。

> **提示：**输入的密码即申请 QQ 号码时设置的密码。

步骤 2：打开如图 8-17 所示的"请选择您的使用环境"对话框，选择一种模式后单击"下一步"按钮，打开正在登录的对话框，稍后便可进入 QQ 的工作界面，如图 8-18 所示。

图 8-16　输入 QQ 号码及密码

图 8-17　选择登录模式

图 8-18　QQ 工作界面

（2）添加 QQ 好友

由于是第一次登录 QQ，因此在成功登录后，需要添加好友后才能进行网上聊天，其具体操作如下：

> 提示：对于新申请的 QQ 号码，在第一次登录 QQ 时并没有好友，即没有聊天的对象，因此还不能进行网上聊天。

步骤 1：在 QQ 工作界面中单击"查找"按钮，打开"QQ 2008 查找/添加好友"对话框的"基本查找"选项卡，选中"精确查找"单选按钮，并在下方的"对方账号"文本框中输入需要添加为好友的 QQ 账号，如图 8-19 所示。

> 提示：如果选中"看谁在线上"单选按钮，可以查找所有在线的 QQ 用户。

步骤 2：单击"查找"按钮，打开如图 8-20 所示的对话框，其中显示了查找到的结果。

步骤 3：选择该 QQ 号码，单击"加为好友"按钮，打开填写验证信息的对话框，在其中的文本框中输入验证消息，如图 8-21 所示。

图 8-19 "查找/添加好友"窗口   图 8-20 查找结果   图 8-21 输入验证信息

步骤 4：输入完成后单击"确定"按钮，等待对方验证。通过验证后，便可在 QQ 工作界面的"我的好友"栏中看到该 QQ 好友的头像，表示已成功添加该好友。

8.1.5 实训指导

1. 前期准备

本实训将利用百度搜索网站、使用迅雷工具软件、下载方法及如何将搜索到的内容保存到计算机中。

2. 具体要求

本实训利用 Internet 丰富的信息资源，搜索到"紫光拼音输入法"软件，并下载到本地计算机中。其中主要练习了搜索和下载的方法，这也是 Internet 中最常用的两种操作。

3. 基本步骤

本实训分为两个操作步骤：第一步，搜索软件；第二步，下载软件。

（1）搜索软件

下面启动 IE，打开搜索引擎的网页，在其中输入关键字，然后查找目标网页，其具体操作如下：

步骤 1：连接网络以后，在桌面上双击 IE 程序的图标，打开 IE。

步骤 2：在地址栏中输入百度网站的网址 http://www.baidu.com，然后按 Enter 键或者地址栏右侧的"转到"按钮。

步骤 3：打开百度网站后，在"百度一下"文本框中输入"紫光拼音输入法"，然后单击"百度一下"按钮。

步骤 4：搜索网站将自动根据关键字搜索信息并将搜索结果显示在窗口中，如图 8-22 所示，将鼠标光标移动到其中符合要求的网页的超链接上，然后单击鼠标。

图 8-22　搜索结果

步骤 5：打开网页后，用鼠标拖动滚动条在其中进一步查看有关下载的超链接，这里是"下载地址"超链接，如图 8-23 所示。

图 8-23　单击超链接

（2）下载软件

下面开始下载软件，其具体操作如下：

步骤 1：在打开的网页中的"下载"超链接上右击鼠标，在弹出的快捷菜单中选择"使用迅雷下载"命令，将打开"建立新的下载任务"对话框。

步骤 2：在对话框中的"存储目录"下拉列表框后单击"浏览"按钮，在打开对话框中选择文件保存位置。保持"另存名称"文本框中默认名称不变，然后单击"确定"按钮。

步骤 3：计算机将自动下载所需的资源，并且在桌面中显示出一个表示下载进度的图标，完成下载后，迅雷将发出提示的声音，同时下载进度图标变为普通状，右击该图标，在弹出的快捷菜单中选择"退出"命令，将退出迅雷软件。

4. 实训小结

现在,在很多提供资源下载服务的网站会提示出只支持某种下载软件,所以在选择工具软件时应先查看该网站所支持的下载工具,然后有的放矢地进行操作,这对提高下载速度有很大帮助。

8.1.6 课后思考

随着计算机通信技术的飞速发展,计算机网络在人们工作和学习中的作用越来越大,在办公工作的过程中,人们可以利用网络访问其他同事的计算机、共享公司内部资源以及相互发送信息等。

按照计算机网络覆盖范围的大小、地理位置和网络的分布距离等因素,可将网络分为局域网(LAN)、城域网(MAN)和广域网(WAN)3类。在公司等地域比较小的单位内部,通常使用的是局域网。

1. 认识局域网

局域网(Local Area Network,LAN)又称为局域网,其特点是实用性强、维护简单、组网方便、传输效率高,一般在1～10公里的范围内。为了方便办公,现在许多公司、学校等单位通常将办公使用的所有计算机连接起来形成局域网。

2. 访问局域网

用户可以通过"网上邻居"访问局域网中的其他计算机,其具体操作如下:

(1)选择"开始"的"网上邻居"命令,或双击桌面上的"网上邻居"快捷图标,打开"网上邻居"窗口。

(2)在打开的"网上邻居"窗口中双击需要访问的计算机或共享文件夹,在打开的窗口中便可查看到其中共享的资源。

同学们可以思考如何通过学院的局域网,利用"网上邻居"查阅学院各种各样的资源,如各类实用软件、教学资料及相关文档等。

8.2 案例2——使用邮件

8.2.1 案例介绍

要知道,张萍通过 QQ 将收集整理的资料传送给总经理,是有前提的,即总经理也必须在线,但总经理出差在外,有很多公务要处理,不可能时时刻刻守在计算机前,这时通过 QQ 传送资料这条路可能就不行了。而处于信息时代的今天,快速、准确地传递和交流信息变得非常重要,目前在 Internet 中传递信息,使用最普遍的就是电子邮件,它可以解决对方不在线而仍能够接收到信息。

本案例将介绍怎样在网易中如何申请一个 126 的电子邮箱,如何利用 126 的电子邮箱收发电子邮件,并将使用到阅读电子邮件、回复电子邮件等知识;还可以利用 Outlook、Foxmail 等工具收发电子邮件、阅读电子邮件、回复电子邮件等。

8.2.2 知识要点

本案例涉及使用邮件的主要知识点有：

- E-mail 服务——主要包括邮件地址的含义、电子邮箱的申请、电子邮件的收发件等。
- 直接登录邮件服务器——主要包括 126 邮箱、163 邮箱等。
- 邮件收发工具——主要有 Outlook 工具、Foxmail 工具等。

8.2.3 案例实施

1. 直接登录邮件服务器方式

（1）电子邮箱的申请

Internet 上有许多提供电子邮箱的网站，用户可直接到这类网站上去申请。电子邮箱一般分为免费邮箱和收费邮箱两种，普通用户没有必要申请收费邮箱，只需在提供免费邮箱相关服务的网站上申请免费邮箱即可。

> **提示：** 收费邮箱的功能比免费邮箱的功能更强，适用于公司企业或业务较多的个人。

张萍在网上经过搜索后发现网易邮箱是目前使用量较大的免费电子邮箱，于是决定申请一个，于是开始其申请的具体操作：

步骤 1： 启动 IE，在其地址栏中输入网易 126 免费邮箱网址 http://www.126.com/，然后按 Enter 键打开其主页，单击页面上方的"注册"按钮，如图 8-24 所示。

步骤 2： 在打开的页面中的"用户名"文本框中为自己的邮箱命名，然后单击下方的"下一步"按钮，如图 8-25 所示。

图 8-24　126 免费邮箱主页

图 8-25　为邮箱命名

> **注意：** 若此时填写的邮箱名称与他人重复，系统将在下个打开的页面中提示重新为邮箱命名。

步骤 3：在打开页面的文本框中填写相应的信息，如密码、验证码等，完成后单击最下方的"我接受下面的条款，并创建账号"按钮，如图 8-26 所示。

步骤 4：填写信息无误后，将打开申请成功的页面，表示电子邮箱已经申请成功，并在页面中显示出该邮箱地址，如图 8-27 所示。

图 8-26　填写信息

图 8-27　申请成功

至此，张萍就拥有了一个属于个人的免费电子邮箱。为了验证电子邮箱的收发功能，她开始使用刚申请成功的网易免费邮箱进行收发邮件的操作。

（2）在网上收取电子邮件

步骤 1：在 IE 中输入邮箱所在网站（如网易 126 免费邮）的网址，打开网易 126 免费邮网的主页。

步骤 2：在页面上方的文本框中输入正确的邮箱地址和密码，单击"登录"按钮登录邮箱，打开如图 8-28 所示的网页。

步骤 3：在网页中可以看到邮箱已收到了一封未读邮件，单击"收件箱"按钮，打开如图 8-29 所示的网页。

图 8-28　登录邮箱

图 8-29　进入收件箱

步骤 4：双击"主题"栏中的相应邮件标签可打开相应的邮件进行阅读。

步骤 5：在"发件人"栏中显示了发送邮件的邮箱地址，在"日期"栏中显示了发送的日期，在"主题"栏中显示了该邮件的主题,在正文的文本框中显示了邮件的内容,如图 8-30 所示。

> **提示:**在查看邮件内容时,通过单击该网页上方的各个按钮,可对邮件进行相关的操作,如回复和删除邮件操作等。

(3) 在网上发送电子邮件

在通过浏览器发送邮件的具体操作如下:

步骤 1:登录邮箱后,单击网页左侧的"写信"按钮,可在打开的网页中撰写邮件内容。

步骤 2:在该网页中的"收件人"栏右侧的文本框中输入接收电子邮件方的邮箱地址,在"主题"栏右侧的文本框中输入所写邮件的主题,在"正文"文本框中输入邮件的内容,如图 8-31 所示。

图 8-30　查看邮件内容　　　　　　　图 8-31　输入收件人地址和邮件内容

步骤 3:单击"发送"按钮,即可将撰写好的邮件发送到收件人的邮箱中,然后将在打开的网页中提示邮件已成功发送,单击顶部的"退出"超链接退出当前页面。

> **提示:**在"抄送"文本框中输入相应的邮件地址,可同时将该邮件公开地发送给其他用户。

2. 采用邮件收发软件方式

在收发邮件的多种方法中,除了上面张萍用到的在线收发方式外,还有可以离线进行邮件收发的其他方法。因为通过 IE 在线撰写邮件会受到网络状态的影响,如果出现意外掉线等问题,将退出电子邮箱,不但必须重新登录,还要在邮箱中再次撰写邮件正文,而使用 Outlook 2007、Foxmail 则不必打开邮箱就可以管理邮件,并且在撰写邮件的过程中不会受到网络状态的影响,即使出现意外掉线等问题,也不必进行重复操作。

(1) 设置 Outlook 2007 邮件账户

步骤 1:第一次启动 Outlook 2007 应用程序时,会自动打开一个对话框,该对话框可以带领用户创建一个邮件账户,如果这次取消了该向导,则可以在启动 Outlook 2007 应用程序后,选择"工具"的"账户设置"命令,也可以打开此向导来创建电子邮件账户,如图 8-32 所示。下面以 POP3 为例,创建一个新的账户。

> **提示**：在创建电子邮件账户时，可以创建一个全新的账户，也可以更改现有的电子邮件账户，选中"添加新电子邮件账户"单选按钮，将创建一个全新的账户；如果选中"查看或更改现有电子邮件账户"单选按钮，则可以更改现有的电子邮件账户。

步骤2：这里以POP3为例创建一个新的电子邮件账户，选中"工具"中"账户设置"，在"电子邮件"的选项卡中单击"新建"工具按钮，单击"下一步"按钮，进入"添加新电子邮件账户"的"电子邮件服务"对话框，在该对话框中，选中POP3单选按钮，如图8-33所示。

图8-32　Outlook 2007启动界面向导　　　　　　　图8-33　选择电子邮件服务器

步骤3：单击"下一步"按钮，进入"添加新电子邮件账户"的对话框，在"自动账户设置"中，填写在"用户信息"选项组中的姓名及电子邮件地址；在"登录信息"选项组中输入用户名和密码，输入后的效果如图8-34所示。

> **提示**：如需要设置更详细的账户信息，可选中"手动配置服务器设置或其他服务器类型"进行配置。
>
> 如果想让Outlook保存密码，可以选中"记住密码"复选框，这样可以不必在每次收发邮件之前重新输入密码。不过，如果用户使用的是公用计算机设备，从安全角度考虑，还是应该每次手动输入密码。

步骤4：单击"下一步"按钮，开始"联机搜索您的服务器设置"，以便进一步进行账户的配置，如图8-35所示。

图8-34　账户设置　　　　　　　　　　　　　图8-35　搜索邮件服务器

计算机应用基础实用教程

步骤5：设置完成后，单击"确定"按钮，保存设置并关闭该对话框，打开"添加新电子邮件账户"的"Internet 电子邮件设置"对话框。单击"测试账户设置"按钮，Outlook 2007 就开始测试账户，如图 8-36、图 8-37 所示。

图 8-36　测试账户设置

图 8-37　账户设置测试进度

步骤6：测试完成后，单击"下一步"按钮，打开"电子邮件账户"的"祝贺您"对话框，提示用户已经完成配置过程。单击"完成"按钮，结束对邮件账号的设置操作。

（2）采用 Outlook 2007 软件收发邮件

步骤1：发送电子邮件。单击 Outlook 2007 工具栏中的"新建"按钮、选择"新建""邮件"的命令，或按 Ctrl＋N 组合键，都可以打开电子邮件的编写窗口，在"收件人"后面的文本框中，输入收件人的邮箱地址，也可以单击"收件人"按钮，如图 8-38 所示。

步骤2：单击"收件人"按钮后，将打开"选择姓名：联系人"对话框，在联系人列表中，选择一个要发送的名称，如图 8-39 所示。

图 8-38　新建邮件界面

图 8-39　联系人对话框

步骤3：单击"确定"按钮后，即可将选择的邮件地址添加到电子邮件编写窗口中的收件人地址栏中，如图 8-40 所示。

步骤4：输入"主题"和相关的邮件内容，然后单击"发送"按钮，即可将邮件发送出去。在 Outlook 2007 右下角，单击"详细信息"会出现一个"Outlook 发送/接收进度"对话框，显示发送的进度，如图 8-41 所示。

步骤5：接收电子邮件。选择"工具"的"发送和接收"的"全部发送和接收"命令，或按 F9 键，将打开"Outlook 发送/接收进度"对话框，提示任务的进度情况。

步骤6： 查阅邮件，单击"收件箱"选项，即在收件箱中，显示出收件箱中的邮件列表。

图 8-40　电子邮件编写窗口　　　　　图 8-41　"Outlook 发送/接收进度"对话框

　　步骤7： 单击"收件箱"列表中的某个邮件，就会在右侧显示出邮件的内容，如果将光标放在某封邮件的标题上，稍等片刻，便会出现一个提示信息，显示邮件的操作时间、主题和大小等信息，如图 8-42 所示。

　　步骤8： 如果在邮件标题上双击，则会打开一个新的窗口，用来阅读邮件的内容。

　　步骤9： 阅读邮件后，可能会对一些邮件进行答复或转发等操作，这时，只需要在回复的邮件标题上右击，从弹出的快捷菜单中选择"答复"命令，或在已经打开的电子邮件工具栏上单击"答复"工具按钮，如图 8-43 所示。

接收时间：2008-11-5（星期三）
20:23
大小：36 KB

图 8-42　显示邮件信息　　　　　　图 8-43　答复邮件编写窗口

　　步骤10： 选择"答复"命令后，将打开邮件编写窗口，系统默认为用户填入 E-mail 地址信息，用户只需输入答复主题、内容或添加附件，然后单击"发送"按钮即可回复信息。

　　提示： 如果想将对方发来的邮件转发给其他的人，可以在右键快捷菜单中选择"转发"命令，或在电子邮件工具栏上单击"转发"工具按钮，输入收件人的邮件地址，单击"发送"按钮即可。

（3）Outlook 2007 其他邮件功能

　　步骤1： 移动邮件。如果想将邮件分类，放在不同的目录上，可以直接拖动邮件到不同的文件夹下,也可以选中邮件,然后右击鼠标,在弹出的快捷菜单中选择"移至文件夹"命令。

步骤 2:选择"移至文件夹"命令后,将打开"移动项目"对话框,在"将选定项目移动至文件夹"下面的列表中,选择一个文件夹,然后单击"确定"按钮即可移动邮件。

> 提示:如果想新创建一个文件夹,可以在"移动项目"对话框中,单击"新建"按钮,在打开的"新建文件夹"对话框中,输入文件夹的名称,单击"确定"按钮,即可创建一个新的文件夹。

步骤 3:保存邮件文本。如果想将邮件保存,可以选择"文件"的"另存为"命令,将选择的邮件以文本形式进行保存。如果不想保留邮件,选择邮件后,按 Delete 键,或是在电子邮件工具栏上单击"删除"工具按钮即可将邮件删除。

(4)采用 Foxmail 软件收发邮件

步骤 1:启动 Foxmail,选择发送邮件的账户,单击工具栏中的"撰写"按钮,打开"写邮件"窗口。

步骤 2:在"收件人"文本框中输入收件人的邮箱地址"yhl_owen@126.com",在"主题"文本框中输入"总经理需要的资料",在下方的文本编辑区中输入邮件内容。

步骤 3:完成后,单击工具栏上的"附件"按钮,在打开的对话框中选择"200894154029758.ppt",然后单击"打开"按钮,在邮件底部出现了该图片的图标,如图 8-44 所示。

步骤 4:单击工具栏中的"发送"按钮,发送邮件并打开如图 8-45 所示的对话框,发送完成后该对话框自动关闭。

图 8-44 建立新邮件

图 8-45 发送邮件进度对话框

8.2.4 技术解析

1. 电子邮件概述

电子邮件(又称"E-mail")是一种通过网络实现异地间快速、方便、可靠地传递和接收信息的现代化通信手段,可以帮助用户在网络中传递信息、联络朋友。

2. 电子邮件的特点

与普通邮件相比,电子邮件具有以下几方面的特点。

- 价钱更便宜:电子邮件的价钱比普通邮件要便宜许多,且传送的距离越远,相比之下就便宜得越多。
- 速度更快捷:只需几秒时间即可完成电子邮件的发送和接收,非常快捷。
- 内容更丰富:电子邮件不仅可以像普通邮件一样传送文本,还可以传送声音和视频等多种类型的文件。
- 使用更方便:收发电子邮件都是通过计算机完成的,并且接收邮件无时间和地域限制,操作起来也比手工更加方便。
- 投递更准确:电子邮件投递的准确性极高,因为它将按照全球唯一的邮箱地址进行发送,确保准确无误。

3. 邮箱地址的含义

电子邮箱是电子邮件的载体,它的作用和普通邮件相似。

电子邮箱的地址格式为:user@mail. server. com,其中 user 是收件人的账号;@符号用于连接地址前后两部分;mail. server. com 是收件人的电子邮件服务器名,可以是域名或十进制数字表示的 IP 地址,如 yhl_owen@126.com 就是一个电子邮箱地址。

8.2.5 实训指导

1. 前期准备

本实训将利用 163 网站,使用已经申请好的邮箱,学习邮箱的使用方法及如何收取、阅读及发送邮件等。

2. 具体要求

本实训是通过 163 网站的电子邮箱收发电子邮件,在这个练习中将使用到阅读电子邮件、回复电子邮件等知识。

3. 基本步骤

本案例分为两个操作步骤:第一步,搜索软件;第二步,下载软件。

(1)阅读电子邮件

下面进入 163 网站的电子邮箱,然后在其中的收件箱页面内阅读电子邮件,其具体操作如下:

步骤 1:使用 IE 打开电子邮箱所在网页 http://mail. 163. com,在网页中相应的文本框中输入注册时填写的用户名和密码,然后单击"登录"按钮,进入邮箱。

步骤 2:在打开网页中单击"收件箱"超链接进入邮箱的收件箱页面。

步骤 3:在收件箱页面中单击邮件的主题,可以打开新的页面阅读邮件。

(2)回复电子邮件

在电子邮箱的回复页面中输入自己的意见,然后回复给发件人,其具体操作如下。

步骤 1:在菜单栏中单击"回复"按钮,在打开的回复邮件页面中可以看到收件人地址已经在"收件人"文本框中显示出来,保持默认设置不变,然后在网页中直接修改邮件主题。

步骤2:在邮件正文中输入要回复的内容,完成后单击该页面上方的"发送"按钮,即可回复该邮件。

4．实训小结

需要注意的是虽然执行了阅读和回复电子邮件的操作,但这封电子邮件并没有被保存在本地计算机中,用户可以采取直接下载网页中文本的方式进行保存。

8.2.6 课后思考

前面介绍了 E-mail 服务的基本功能,如电子邮箱的申请、收发电子邮件及回复电子邮件等基本功能,用户还可能更深层次的利用 E-mail 的其他功能,请同学们课后思考如何更好地使用 E-mail 服务,如日历的应用、日历的提醒、假日和时间的设置、约会的制作;另外还可以制作签名文件。在给朋友发送邮件时,每封信都可以带一个自己的个性签名等。

附录 A

计算机概述

A.1 计算机的发展阶段

　　计算机又名电脑。它是一种能够根据程序指令和要求，自动进行高速的数值运算和逻辑运算，同时具有存储、记忆功能的电子集成设备。它无须人工干预，就能高效、快速地对各种信息进行存储和处理。

　　1946 年 2 月，世界上第一台通用电子数字计算机 ENIAC（也称"埃尼阿克"）在美国宾西法尼亚宣告研制成功。ENIAC 共使用了 18 000 个电子管、1500 个继电器以及其他器件，总体积约 90 m³，重达 30 t，占地 170 m²，需要用一间 30 多米长的大房间才能存放。这台耗电量为 140 kW 的计算机，运算速度为每秒 5 000 次加法，或者 400 次乘法，比机械式的继电器计算机快 1 000 倍。

　　自 ENIAC 诞生以来，经过半个多世纪的历程，计算机技术取得了突飞猛进的发展。

计算机的发展历程

	年　　代	电子元件	特　　点
第一代	1946—1957 年	电子管	耗电量大、寿命短、可靠性差、成本高、速度慢，一般为每秒几千次～几万次。 内存储器采用水银延迟电路。存储容量小、读写速度慢。 外存储器主要使用穿孔纸带、卡片、磁带和磁鼓等，使用不便。 只能使用机器语言，没有系统软件，操作机器困难
第二代	1958—1964 年	晶体管	采用晶体管作为逻辑元件。体积变小、重量减轻，可靠性有所提高，运算速度提高到每秒几十万次。 采用磁心作为内存储器的元件。外存储器使用磁盘和磁带。 出现系统软件（监控程序），提出了操作系统的概念，开始使用汇编语言和高级语言（如 FORTRAN 和 ALGOL 等）
第三代	1965—1969 年	中小规模集成电路	采用集成电路作为逻辑元件。计算机的体积更小、重量更轻、耗电量更省、寿命更长，运算速度有了较大提高。 半导体存储器取代了原来的磁心存储器，存储能力和存取速度有了较大的提高。外存储器以磁盘和磁带为主。 系统软件有了很大发展，出现了分时操作系统，多用户可共享计算机软、硬资源。软件有了较大发展，提出了结构化程序设计思想，出现了结构化程序设计语言。 开始向系列化、通用化和标准化的方向发展

续表

年 代		电子元件	特 点
第四代	1970年至今	大规模集成电路	普遍采用大规模集成电路作为逻辑元件。计算机的体积大幅度变小、重量大幅度变轻、成本大幅度下降,而运算速度得以大幅度提高,并出现了微型机。 作为内存的半导体存储器集成度越来越高,容量越来越大;外存储器广泛使用软盘、硬盘光盘和闪存盘等多种存储介质。 各种使用方便的外部设备相继出现。输入设备广泛使用光字符阅读器、扫描仪和数码相机等,输出设备广泛使用喷墨打印机、激光打印机和绘图仪等,使得字符和图形输出更加清晰逼真。彩色显示器分辨率达到1024×768或更高。 软件产业发达,系统软件、实用软件和应用软件层出不穷,数据库管理系统进一步发展。 多媒体技术崛起,计算机集文字、图形、图像、声音和视频等信息处理于一身,在信息处理领域掀起一场革命。 计算机技术与通信技术相结合,各种计算机网络(局域网、广域网和Internet)已把世界紧密地联系在一起
第五代	1981年起	超大规模集成电路	把信息采集、存储、处理、通信同人工智能结合在一起的智能计算机系统。它能进行数值计算或处理一般的信息,主要能面向知识处理,具有形式化推理、联想、学习和解释的能力,能够帮助人们进行判断、决策、开拓未知领域和获得新的知识。人—机之间可以直接通过自然语言(声音、文字)或图形图像交换信息

A.2　计算机的分类

　　计算机按其功能可分为专用计算机和通用计算机。专用计算机功能单一、适应性差,但是在特定用途下最经济、最快速、最有效。通用计算机功能齐全、适应面广,但其效率、速度和经济性相对较差。计算机还可以依据其处理数据的形态和本身的性能进行分类。一般地,根据运算速度、存储容量、指令系统的规模和机器价格等指标,对计算机作如下分类。

1. 巨型机

　　巨型机规模大、运算速度快、存储容量大、数据处理能力强且价格昂贵,主要用于国防尖端技术、空间技术、天气预报、石油勘探等方面。巨型机研制开发能力是衡量一个国家综合实力的标志。我国自行研制的命名为"银河"、"曙光"和"神威"系列计算机都属于巨型机,字长达64位以上,运算速度已达1亿次/秒~10万亿次/秒。

2. 大中型机

　　大中型机在规模上不及巨型机,但具有极强的综合处理能力和极广的性能覆盖面,一般用于大型企事业单位的数据库系统或作为大型计算机网络中的主机。这类机型的典型代表是美国IBM公司生产的IBM 4300系列机和IBM 9000系列机。

3. 小型机

　　小型机规模小、成本较低、维护容易且用途广泛,既可用于科学计算机,又可用于过程控制、数据采集和分析处理,特别适用于中小型企事业单位。DEC公司生产的VAX系列机是小型机的代表。

4. 微型机

　　20世纪70年代后期,微型机异军突起,引起了计算机的一场革命。特别在近10年内微型机技术发展迅猛,平均每 2～3 个月就有新产品出现,1～2 年产品就更新换代一次。平均每 2 年芯片的集成度可提高 1 倍、性能提高 1 倍、价格降低 1/2。微型机广泛应用于办公自动化、数据库管理和多媒体应用等领域。

5．工作站

工作站是指易于连网的高档微型机,它较之一般微型机其运算速度更快、存储容量更大,通常配有大屏幕显示器,特别适合于图像处理和计算机辅助设计。

A.3 微机的发展阶段

微型计算机,简称微机。微机的重要特点就是将中央处理器(CPU)制作在一块集成电路芯片上,这种芯片称之为微处理器(MPU)。微处理器的出现开辟了计算机的新纪元。由不同规模的集成电路构成的微处理器,就形成了微机不同的发展阶段。

总部位于美国加州圣克拉拉的 Intel 公司是全球最大的 CPU 生产制造商。从其生产的第一个用于微机的 CPU——Intel 4004 开始,已经走过了 37 年的历史。可以说,Intel 生产的 CPU 的发展历史,就是微机的发展历史。

Intel 的发展历史

型号	时间	集成度(晶体管个数)	处理器位数	制造工艺
Intel 4004	1971 年	2 300	4	10 μm
Intel 8008	1972 年	3 500	8	10 μm
Intel 8080	1974 年	6 000	8	6 μm
Intel 8085	1976 年	6 500	8	3 μm
Intel 8086	1978 年	2.9 万	8	3 μm
Intel 8088	1979 年	2.9 万	＊＊	3 μm
Intel 80286	1982 年	13.4 万	16	3 μm
Intel 80386	1985 年	27.5 万	32	1.5 μm
Intel 80486	1988 年	125 万	32	1 μm
Pentium	1993 年	310 万	32×2	350 nm
Pentium MMX	1993 年	450 万	32×2	350 nm
Pentium Pro	1995 年	550 万	32×2	350 nm
Pentium Ⅱ	1997 年	750 万	32×2	250 nm
Pentium Ⅲ	1999 年	950 万	32×2	180 nm
Pentium 4	2000 年	5 500 万	64	130 nm
Pentium 4E	2004 年	1 亿	64	90 nm
Penryn 双核心	2007 年	4.1 亿×2	64	45 nm

注：＊＊ 内部 16 位,外部 8 位。

附录 B

微型计算机系统的组成

计算机系统包括硬件系统和软件系统,硬件系统是看得见、摸得着的实体部分;软件系统是为了更好地利用计算机而编写的程序及文档。它们的区分犹如把一个人分成躯体和思想一样,躯体是硬件,思想则是软件。

B.1　微型计算机系统的基本组成

B.2　微型机的硬件系统

B.2.1　微型机的硬件设备

1. 中央处理器

计算机中央处理器简称 CPU,它是计算机硬件系统的核心,是计算机的心脏,CPU 品质的高低直接决定了计算机系统的档次。

2．主板

主板，也称主机板，它是安装在机箱内的微机的最基本也是最重要的部件之一。主板一般为矩形电路板，上面安装了组成计算机的主要电路系统，一般有 BIOS 芯片、I/O 控制芯片、键盘和面板控制开关接口、指示灯插接件、扩充插槽、主板及插卡的直流电源供电接插件等元件。主板的另一特点，是采用了开放式结构。主板上大都有 6～8 个扩展插槽，供 PC 外围设备的控制卡（适配器）插接。通过更换这些插卡，可以对微机的相应子系统进行局部升级，使厂家和用户在配置机型方面有更大的灵活性。

3．存储器

存储器的主要功能是存放程序和数据。使用时，可以从存储器中取出信息来查看、运行程序，称其为存储器的读操作；也可以把信息写入存储器、修改原有信息、删除原有信息，称其为存储器的写操作。存储器通常分为内存储器和外存储器。

（1）内部存储器（内存）

只读存储器 ROM 的特点：存储的信息只能读（取出）不能写（存入或修改），其信息是在制作该存储器时就被写入；断电后信息不会丢失。用途：一般用于存放固定不变的、控制计算机的系统程序和数据。如主板上的 BIOS 芯片。

随机存储器 RAM 的特点：既可读，也可写；断电后信息丢失。用途：临时存放程序和数据，如微机的内存。

高速缓冲存储器（Cache）：指在 CPU 与内存之间设置的一级或两级高速小容量存储器，固化在主板上。在计算机工作时，系统先将数据由外存读入 RAM 中，再由 RAM 读入 Cache 中，然后 CPU 直接从 Cache 中取数据进行操作。

（2）外部存储器（外存）

外部存储器一般用来存储需要长期保存的各种程序和数据。它不能被 CPU 直接访问，必须先调入内存才能被 CPU 利用。外存与内存相比，外存存储容量比较大，但速度比较慢。

常见的外部存储器有：硬盘、光盘、闪存盘（即 U 盘）等。软盘因容量小且易损，已经基本上被弃用。

4．输入/输出设备

输入设备：负责把用户的信息（程序和数据）输入到微机中。

输出设备：负责将微机中的信息（程序和数据）传送到外部媒介供用户查看和保存。

常见的输入设备有：键盘、鼠标、摄像头、扫描仪、光笔等。

常见的输出设备有：显示器、打印机、绘图仪、影像输出系统、语音输出系统、磁记录设备等。

5．总线和接口

（1）总线

计算机中传输信息的公共通路称为总线（BUS）。一次能够在总线上同时传输信息的二进制位数被称为总线宽度。CPU 是由若干基本部件组成的，这些部件之间的总线被称为内部总线；而连接系统各部件间的总线称为外部总线，也称为系统总线。按照总线上传输信息的不同,总线可以分为数据总线(DB)、地址总线(AB)和控制总线(CB)3种。

（2）接口

不同的外围设备与主机相连都必须根据不同的电气、机械标准,采用不同的接口来实现。主机与外围设备之间信息通过两种接口传输。一种是串行接口,如鼠标;另一种是并行接口,如打印机。串行接口按机器字的二进制位,逐位传输信息,传送速度较慢,但准确率高;并行接口一次可以同时传送若干个二进制位的信息,传送速度比串行接口快,但器材投入较多。现在的微机上都配备了串行接口与并行接口。

B.2.2 微型机的主要技术指标

1. 字长

字长是指一台计算机所能处理的二进制代码的位数。微型计算机的字长直接影响到它的精度、功能和速度。字长越长,能表示的数值范围就越大,计算出的结果的有效位数也就越多;字长越长,能表示的信息就越多,机器的功能就更强。目前常用的是32位字长的微型计算机。

2. 运算速度

运算速度是指计算机每秒钟所能执行的指令条数,一般用MIPS(Million of Instructions Per Second,即每秒百万条指令)为单位。由于不同类型的指令执行时间长短不同,因而运算速度的计算方法也不同。

3. 主频

主频是指计算机CPU的时钟频率,它在很大程度上决定了计算机的运算速度。一般时钟频率越高,运算速度就越快。主频的单位一般是MHz(兆赫)或GHz(吉赫)。

4. 存储器容量

存储器容量是指存储器中能够存储信息的总字节数,一般以MB或GB为单位。内存容量反映了内存储器存储数据的能力。目前微型机的内存容量有512 MB、1 GB、2 GB、4 GB等。而硬盘等外部存储器的容量就很大,目前一般在160 GB以上。

B.3 计算机软件系统

B.3.1 计算机软件系统的概述

1. 计算机软件概念

计算机软件是计算机程序和对该程序的功能、结构、设计思想以及使用方法等整套文字资料的说明(即文档)。

2. 软件系统的分类

通常分为系统软件和应用软件两大类。

B.3.2 系统软件

1. 操作系统

操作系统(Operating System,OS)是管理和指挥计算机运行的一种大型软件系统,是直接运行在计算机硬件之上的软件。操作系统是控制和管理计算机系统的一组程序的集合,是应用软件运行的基础。用户通过操作系统定义的各种命令来使用计算机。

目前使用的操作系统主要有:

单用户多操作系统,也称桌面操作系统,同一时间只能让一个用户工作,但同时可以执行多项任务,如打印、编辑和听音乐等。这种操作系统多用于微型计算机上,如 Windows XP。

网络操作系统是管理连接在计算机网络上的多台计算机的操作系统,如 Windows Server 2003。

2. 计算机语言

程序设计语言是指用于编写计算机程序的计算机语言。计算机语言分为机器语言、汇编语言和高级语言 3 种。

机器语言(Machine Language)是用二进制代码指令(由 0 和 1 组成的计算机可识别的代码)来表示各种操作的计算机语言。用机器语言编写的程序称为机器语言程序。

机器语言的优点是它不需要翻译,可以为计算机直接理解并执行,执行速度快,效率高;其缺点是这种语言不直观,难于记忆,编写程序烦琐而且机器语言随机器而异,通用性差。汇编语言是一种用符号指令来表示各种操作的计算机语言。

机器语言和汇编语言均是面向机器(依赖于具体的机器)的语言,统称为低级语言。

高级语言是一种接近于自然语言和数学语言的程序设计语言,它是一种独立于具体的计算机而面向过程的计算机语言,如早期的 BASIC、FORTRAN、C 等,现在的 C++、C# 等。用高级语言编写的程序可以移植到各种类型的计算机上运行。

高级语言的优点是其命令接近人的习惯,它比汇编语言程序更直观,更容易编写、修改、阅读,使用更方便。

3. 语言处理系统

用汇编语言和高级语言编写的程序(称为源程序),计算机并不认识,更不能直接执行,而必须由语言处理系统将它翻译成计算机可以理解的机器语言程序(即目标程序),然后再让计算机执行目标程序。语言处理系统一般可分为 3 类:汇编程序、解释程序和编译程序。

汇编程序是把用汇编语言写的源程序翻译成等价的机器语言程序。汇编语言是为特定的计算机和计算机系统设计的面向机器的语言。其加工对象是用汇编语言编写的源程序。

解释程序是把用交互会话式语言编写的源程序翻译成机器语言程序。解释程序的主要工作是:每当遇到源程序的一条语句,就将它翻译成机器语言并逐句逐行执行,非常适用于人机会话。

编译程序是把高级语言编写的源程序翻译成目标程序的程序。其中,目标程序可以是机器指令的程序,也可以是汇编语言程序。如果是前者,则源程序的执行需要执行两步,先编译后运行;如果是后者,则源程序的执行就需要执行 3 步,先编译,再汇编,最后运行。

编译程序与解释程序相比,解释程序不产生目标程序,直接得到运行结果,而编译程序则产生目标程序。一般解释程序运行时间长,但占用内存少,编译则正好相反,大多数高级语言都是采用编译的方法执行。

B.3.3　应用软件

软件系统中的应用软件根据使用的目的不同,可分为办公软件、工具软件、防病毒软件等。

（1）办公软件:Microsoft Office、金山 WPS Office。

（2）工具软件:压缩软件 WinRAR、下载软件 FlashGet、图片浏览软件 ACDSee。

（3）防病毒软件:瑞星、金山、江民和卡巴斯基防病毒软件等。

Office编辑技巧

C.1 Word 基本编辑技巧

C.1.1 如何快速找到上次修改的位置

在打开上次修改过的文档时,按组合键 Shift+F5,即可使光标迅速跳到上次结束修改工作的位置,这样很快就可以开始继续工作了。

C.1.2 如何选取文本

文本的选取可以有多种方法。

1. 用鼠标选取

在要选定文字的开始位置,按住鼠标左键移动到要选定文字的结束位置松开;或者按住 Shift 键,在要选定文字的结束位置单击,就选中了这些文字。这种方法对连续的字、句、行、段的选取都适用。

2. 行的选取

把鼠标移动到行的左边,鼠标就变成了一个斜向右上方的箭头,单击鼠标左键,就可以选中这一行了。或者把光标定位在要选定文字的行首(尾)位置,先按住 Shift 键再按 End 键(Home 键),这样就可以选中光标所在位置到行尾(首)的文字。

3. 句的选取

选取一句:按住 Ctrl 键,单击文档中的一个地方,鼠标单击处的整个句子就被选取。

选取多句:按住 Ctrl 键,在第一个要选取句子的任意位置按下鼠标左键,松开 Ctrl 键,拖动鼠标到最后一个句子的任意位置松开鼠标左键,这样就可以选取多句了。或者按住 Ctrl 键,在第一个要选中句子的任意位置单击鼠标左键,松开 Ctrl 键,再按下 Shift 键,单击最后一个句子的任意位置。

4. 段的选取

选中一段:在要选取段的段首位置双击鼠标左键,即可选中整段。

选中多段:在左边的选定区双击选中第一段,然后按住 Shift 键,在最后一段中任意位置单击鼠标左键,即可选中多个段落。

5. 矩形选取

矩形选取的方式有：

（1）按住 Alt 键，在要选取的开始位置按下鼠标左键，拖动鼠标左键即可选取一个矩形的区域。

（2）将光标置于要选择文本块的左上角，按组合键 Ctrl＋Shift＋F8，这时光标会变得比原先的细一些，然后就可以拖动鼠标进行选择了（也可以使用键盘上的方向键进行选择），按 Esc 键可以取消选择。

6. 全文选取

使用快捷键 Ctrl＋A 可以选中全文；或者先将光标定位到文档的开始位置，再按组合键 Shift＋Ctrl＋End 选取全文；按住 Ctrl 键在左边的选定区中单击，同样可以选取全文。

C.1.3　如何快速改变 Word 文档的行距

改变 Word 文档行距的方法，除了在"段落"对话框中进行设置外，还有没有更加快速的方法呢？

在 Word 中，除了在"段落"对话框中进行设置外，还可以通过键盘上的组合键进行快速设置。选中需要设置行距的文本段落，分别按下列组合键设置行距：

（1）按组合键 Ctrl＋1，即可将段落设置成单倍行距。

（2）按组合键 Ctrl＋2，即可将段落设置成双倍行距。

（3）按组合键 Ctrl＋5，即可将段落设置成 1.5 倍行距。

C.1.4　如何将字体的尺寸无限放大

难度指数：★★☆☆☆

如果要在 Word 2003 中将字体的字号调整到大于"初号"或"72 磅"，则可以执行如下操作方法：

（1）在 Word 中选中要放大的文字后，直接在字号中输入字号的数值（1～1 638 之间）。

（2）可以按组合键 Ctrl＋]，这样所选字体就会逐渐增大；按组合键 Ctrl＋[，所选字体就会逐渐缩小。

（3）如果想快速放大或缩小字体，可以按组合键 Ctrl＋Shift＋〉或 Ctrl＋Shift＋〈，这样所选字体就会快速增大或缩小。

C.1.5　如何控制每页的行数和字数

控制行数和字数的方法是：

在选项卡"文件"的"页面设置"中，打开"页面设置"对话框，单击"文档网格"标签，打开"文档网格"选项卡，在"网格"选项区域中，选中"指定行和字符网格"单选按钮，此时即可在"字符"和"行"选项区域中指定每行的字数和每页的行数。

C.1.6　筛选出文档中的英文字符

要筛选出 Word 文档中的英文字符，并改变其大小，可以执行如下操作步骤：

在 Word 文档中,使用组合键 Ctrl＋F 打开"查找和替换"对话框,单击"查找"选项卡,在"查找内容"文本框中输入"＾＄"(注意,不包括双引号,必须是英文半角),并单击"更多"按钮,在"搜索选项"中选择"全部",选择"在以下项中查找"下的"主文档",即可将文档中的所有英文字符选中(建议取消"区分全/半角")。

C. 1. 7　如何修改拼写错误

默认文档中的红色波浪线可能是拼写错误造成的,绿色波浪线可能是语法错误造成的。如何进行修改? 方法如下。

1. 利用"拼写和语法"

将鼠标放置在有红色波浪线的地方,然后在"审阅"选项卡中执行"校对"中的"拼写和语法"命令,打开"拼写和语法"对话框,在"建议"列表中选择正确单词后,单击"更改"按钮,系统将自动切换到下一个出现错误的地方,继续进行更改。当全部更改完毕后,单击"确定"按钮即可。

如果某个单词在词典中没有,但却是正确的,那么可以单击"忽略一次"或"全部忽略"。

2. 利用 F7 功能键

将鼠标放在有红色波浪线的地方,单击 F7 键,打开"拼写和语法"对话框,其他如上述。

"红色波浪线"和"绿色波浪线"的区别在于:"红色波浪线"代表拼写错误;"绿色波浪线"代表语法错误。

C. 1. 8　如何去除页眉中的横线

在设置 Word 文档的页眉时,会自动加上一条水平线。如果不想显示这条水平线,可以采用以下两种方法去掉横线。

(1) 自定义的段落边框,利用自定义的段落边框的方式可以将页眉中的横线去除。

(2) 改变其样式,在"样式"下拉列表中将页眉样式删除。

C. 1. 9　如何使封面、目录和正文有不同的页码格式

在使用 Word 编辑长文档时,经常会遇到页码编排的问题,如果这个文档包含封面、目录和正文时,只要在封面、目录和正文之间插入分节符,利用不同的后再插入页码即可。

C. 2　Word 文件的格式与版式

C. 2. 1　如何在文档中插入一条分隔线

在制作文档的过程中,有时需要在文档中插入一条分隔线。一般情况下,手工绘制分隔

线有时很难把握线条的长度,用户可以使用以下几种方法,分别输入不同的分隔线。

(1) 双直线

连续输入 3 个或 3 个以上的"＝",然后按 Enter 键,这样就可以自动得到一条双直线。

(2) 波浪线

连续输入 3 个或 3 个以上的"～",然后按 Enter 键,即可得到一条波浪线。

(3) 虚线

连续输入 3 个或 3 个以上的"＊",然后按 Enter 键,即可得到一条虚线。

(4) 细直线

连续输入 3 个或 3 个以上的"－",然后按 Enter 键,即可得到一条细直线。

(5) 实心线

连续输入 3 个或 3 个以上的"＃",然后按 Enter 键,即可得到一条实心线。

C.2.2　如何快速阅读长文档

在阅读长文档时,只需要在"视图"选项页中选择"文档结构图"命令,即可在文档的结构图中选择不同的内容,就可以快速跳转到不同的页面进行文档浏览。

C.3　Word 表格编辑

C.3.1　如何删除整个表格

要删除表格可以按组合键 Shift＋Delete,使用该方法还可以删除整行或整列。

C.3.2　如何快速将表格一分为二

将光标定位到分开后为第二个表格的首行上,然后按下 Ctrl＋ Shift＋ Enter 组合键,这样 Word 会在表格的中间自动插入一空行,从而将表格一分为二。

C.3.3　如何让表格的表头在下一页中自动出现

当文档中的表格跨页显示时,如何使表格的标题自动出现在下一页呢? 在 Word 中经常会遇到表格在一页中放不下的情况,此时就希望在下一页中重新出现表格的表头。其实,只要选中表格的表头,在"表格工具"选项卡的"数据"组中选取"重复标题行",就可以实现表格跨页时表头自动出现了。

C.3.4　如何去除表格后面的那张空白页

在 Word 中,如果一个文档的最后一页是表格,并且这个表格占满了一整页,就会在后面产生一个空白页。虽然该页只含有一个段落标记,但是没有办法删除。在打印时,该页照样会使打印机走一页纸,因而造成不必要的浪费。解决这个问题的办法其实很简单,只要将光标置于最后一段,只要将行间距设置为"固定值"、"1 磅"即可。

C.4　Word 图文混排

C.4.1　如何单独保存 Word 文档中的图片

在 Word 文档中将图片全部保存为单独的图片格式文件,可以采用"文件"中的"另存为"命令,打开"另存为"、"网页"格式的方式来完成。在网页元素的文件夹中就可以得到文档中所有图片的单独文件了。

C.4.2　如何改变 Word 的页面颜色

Word 的默认页面颜色一直都是白色,可以根据个人喜好来更改其页面颜色。

在"页面布局"选项卡中选择"页面背景"组中的"页面颜色",选择一种颜色,其文档的页面颜色和相应的配套文字颜色就确定了。当然可以通过调整文字颜色来达到更好的效果。

C.5　Excel 数据输入技巧

C.5.1　如何在工作表中快速跳转单元格

在 Excel 工作表中,可以使用如下的快捷键快速跳转单元格。

(1) 组合键 Ctrl＋Home:快速跳转到工作表的第 1 个单元格。

(2) 组合键 Ctrl＋End:快速跳转到工作表的最后一个单元格。

(3) 组合键 Shift＋Ctrl＋Home:快速选中工作表中第 1 行的所有单元格内容。

(4) 组合键 Shift＋Ctrl＋End:快速选中工作表中最后一行的所有单元格内容。

C.5.2　如何正确显示百分数

在单元格中输入一个百分数(假如 66％),按下 Enter 键后显示的却是 0.66。怎样才能正确显示百分数呢？出现这种情况的原因是因为所输入单元格的数据被强制定义成"数值"类型了，因此，只要将它更改为"常规"或"百分数"类型即可。

C.5.3　如何在单元格中输入 10 位以上的数字

有时需要在单元格中输入 15 位或者 18 位的身份证号码，但是在 Excel 中输入超过 11 位数字时，会自动转为"科学计数"的方式，比如身份证号为：130110196011236×××，输入后就变成了 1.301E＋17。如何解决这个问题呢？比较简单快速的方法就是在单元格中输入号码时，先输入"'"号，即"'130110196011236×××，这样单元格会默认该单元为"文本"方式，完整显示出 18 位身份证号码来。

如果已经输入了大量的号码，并已经全部以科学计数显示，就可以选中已经输入号码的单元格，右击鼠标打开"单元格格式"对话框，在"数字"选项卡中的"分类"列表中选择"自定义"，在"类型"文本框中输入"0"，单击"确定"按钮即可。

C.5.4　如何自动填充数值

想输入 1000～1100 的编号，可以利用鼠标左键填充，即在"起始值"的"控点"上按住鼠标左键，然后按住 Ctrl 键往下拖拽即可。

C.5.5　如何输入分数

在 Excel 中输入分数时，它总是要变成日期，要怎样才可以正确输入分数呢？最简单的方法就是在分数前多加一个"0"。如要得到"3/5"，那就要先输入一个"0"，然后按一下空格键再输入 3/5，按 Enter 键即可变成"3/5"。

若输入的分数不作计算用的话，可以直接在分数前先输入一个"'"符号，然后紧接着输入"3/5"即可。这样输入的分数靠左对齐，表示它是"文字"而不是"数值"。

C.5.6　如何输入以"0"为开头的数据

要在单元格中输入以"0"为开头的数据，解决这个问题的方法有两种，一种是得到的结果为"数值"（可以计算），另一种是得到的结果为"文字"（无法计算）。

1. 结果是数值的情况

选中要输入数值的单元格，打开"单元格格式"对话框，选择"数字"选项卡，在"分类"列表中选择"自定义"的"类型"文本框中输入 n 个"0"，这样就可以在单元格中输入以"0"开头的数值型数据，数据的位数为 $n-1$。

2. 结果是文字的情况

若要输入文字的话，可以直接在输入数字之前先输入一个"'"符号，然后再输入数字即可。这样输入的数字靠左对齐，表示它是"文字"而不是"数值"。

C.5.7 如何在连续单元格中自动输入等比数据序列

要在连续单元格中自动输入等比数据序列,可以利用 Excel 的"填充"功能实现。

在第一个单元格中输入该序列的起始值,右键选择并拖动该单元格的填充柄,选中要填充的所有单元格,并在右键快捷菜单中选择"序列"命令,打开"序列"对话框。在"类型"选项区域中选中"等比序列"单选按钮,再在"步长值"文本框中输入等比序列的比值,单击"确定"按钮,系统即可自动将序列按照要求进行填充。

C.6 Excel 工作表及单元格的美化

C.6.1 如何在多个工作簿之间快速切换

要在多个 Excel 工作簿之间切换,可以执行以下方法:

(1) 按组合键 Ctrl+Tab,可以在打开的工作簿之间切换。

(2) 按组合键 Ctrl+PageDown,可以切换到工作簿的下一个工作表。

(3) 按组合键 Ctrl+PageUp,可以切换到工作簿的上一个工作表。

C.6.2 如何在 Excel 中获得最适合的列宽

在 Excel 单元格中输入数据时,经常会遇到单元格列宽不够的情况,如何调整才是最快的方法呢?

快速调整列宽的方法有以下几种:

(1) 如果需要调整某一列的列宽以获得最适合的宽度,可以用鼠标双击该列列标的右侧边界。

(2) 如果需要将多列调整到最适合的宽度,可以同时选中多列,然后鼠标双击任一列的右侧边界部分,这样所有选中列的宽度就会自动适应内容了。

C.6.3 如何快速修改工作表的名称

要快速修改工作表的名称,只须双击"工作表标签",此时,"工作表标签"会自动反白显示,此时,只要输入适当的名称即可。

C.6.4 如何快速去掉工作表中的网格线

在 Excel 工作表中,去除网格线的方法是:选择"自定义快速访问工具栏"中的"其他命令",在"高级"栏中,选择"此工作表的显示选项",在选择制定表后,将"显示网格线"的勾选去掉即可。

C.6.5 如何合并单元格

选中待合并的单元格,使用"开始"选项卡中"对齐方式"中的"合并后居中"命令按钮即可完成合并单元格的操作。

也可以在选中待合并的单元格后,单击右键快捷菜单中的"设置单元格格式",打开"设置单元格格式"对话框,选择"对齐"选项卡,在"文本控制"中勾选"合并单元格",单击"确定"按钮后即可完成合并单元格的操作。

C.6.6 如何利用颜色给工作表分类

当有很多工作表时,工作表标签就很重要,因为它可以帮助辨别不同的工作表,特别是不同功能类型的工作表。

(1) 按住 Ctrl 键或 Shift 键选择相关的工作表的标签。

(2) 在选定的工作表标签上单击鼠标右键,在弹出的快捷菜单中执行"工作表标签颜色"命令,在"工作表标签颜色"选项区域中选择适当的颜色后即可。

这样就可以根据颜色就可以方便地查找一组具有相同类型的工作表。

C.6.7 如何锁定工作表的标题栏

锁定工作表标题栏的目的是为了在编辑工作表其他单元格时能一直看到工作表标题栏的内容。

其操作办法是:选择"视图"选项卡中"窗口"命令组的"冻结窗格"命令,即可在"冻结首行"或"冻结首列"中进行选择。

C.6.8 如何快速隐藏行或列

要实现行或列的隐藏,除了利用"隐藏"命令外,还有更为快捷的方法。

要快速隐藏行或列,可以使用以下几种方法实现。

1. 利用组合键

这种方法适用于隐藏的行或列比较少的情况下。先用鼠标选中要隐藏的行或列,然后选择如下操作:

(1) 如果要隐藏行,可以按组合键 Ctrl+9。

(2) 如果要隐藏列,可以按组合键 Ctrl+0。

(3) 如果要取消隐藏行,可以按组合键 Ctrl+Shift+9。

(4) 如果要取消隐藏列,可以按组合键 Ctrl+Shift+0。

2. 创建组

适用于要隐藏的行或列比较多的情况。具体的操作步骤如下:

(1) 选中要隐藏的行或列(可以是多列),然后按组合键 Shift+Alt+→(右方向键),打开"创建组"对话框。由于要隐藏的是多列,因此在"创建组"选项区域中选中"列"单选按钮。单击"确定"按钮,此时,在工作表的行序号的上面将出现一条黑线,它将刚才选择的列连接起来,同时在末端会有一个"－"符号。单击该符号,则所选的列就会组成一个组,从而达到隐藏的效果,同时"－"号会变成"＋"号。如果要恢复隐藏,只要再单击该"＋"号即可。

（2）如果要取消分组模式,只需按组合键 Shift＋Alt＋←（左方向键）,然后在打开的"取消组合"对话框中选中"列"单选按钮,再单击"确定"按钮即可。

隐藏行的方法与隐藏列的方法完全相同,这里不再赘述。

C.6.9　如何在 Excel 中实现文本换行

在 Excel 输入文字的过程中,不像其他常用的编辑器那样会自动换行。怎样才能实现文本换行呢?

（1）使用命令来实现自动换行。用鼠标选定某一单元格,打开"设置单元格格式"对话框中的"对齐"选项卡。在"文本控制"选项区域中选中"自动换行"复选框,然后单击"确定"按钮即可。

（2）使用组合键即时换行。如果在单元格中需要换行,可将光标置于待换行的指定位置,按组合键 Alt＋Enter 即可。但这种换行不是自动换行,而是在文本的指定位置上硬性换行。

C.6.10　如何将数据进行行列转置

在 Excel 中输入数据时,往往完成后才发现需要将行和列互换一下才会更好,此时,可对刚输入的数据进行行列转置。

选取并复制要行列转置的数据,在指定单元格执行"选择性粘贴",在"选择性粘贴"对话框中勾选"转置"即可。

C.6.11　如何将若干个数值变成负数

在任意一个空白单元格中输入"－1",然后执行常规的"复制"命令。选择若干个需要变成负数的数值（单元格）,使用"选择性粘贴",并在"选择性粘贴"对话框的"运算"选项区域中选中"乘"单选按钮,单击"确定"按钮,这样所选单元格中的所有数值都变成负数了。

C.6.12　如何计算两个日期之差

利用函数 DATEDIF 即可完成这一操作。

DATEDIF 函数的作用是:返回任意两个日期之间相差的时间,并能以年、月或天数的形式表示。

函数格式为:

DATEDIF（start_date,end_date,unit）

其参数为：

- "start_date"：为一个日期，它代表时间段内的第一个日期或起始日期。
- "end_date"：为一个日期，它代表时间段内的最后一个日期或结束日期。
- "unit"：为所需信息的返回类型。其中：

"Y"：时间段中的整年数。

"M"：时间段中的整月数。

"D"：时间段中的天数。

"MD"：start_date 与 end_date 日期中天数的差。忽略日期中的月和年。

"YM"：start_date 与 end_date 日期中月数的差。忽略日期中的日和年。

"YD"：start_date 与 end_date 日期中天数的差。忽略日期中的年。

例如，比较许东和他的儿子出生日期之差。

在 A1 单元格中输入计算开始许东的出生日期(1963-12-2)，在 B1 单元格中输入他儿子的出生日期(1991-2-3)。

在 C1 单元格中输入"=DATEDIF(A1,B1,"Y")"，即可计算出两个日期之差的整年数为 27；在 C2 单元格中输入"=DATEDIF(A1,B1,"M")"，即可计算出两个日期之差的整月数为 326；在 C3 单元格中输入"=DATEDIF(A1,B1,"D")"，即可计算出两个日期之差的天数为 9 925。

C.6.13　如何快速计算一个人的年龄

在统计单位职工工龄的时候，总是要计算职工的准确年龄，因为"DATEDIF()"函数可以计算两天之间的年、月或日数，所以，这个函数使得计算一个人的年龄变得非常容易了。如果在 A1 单元格中输入了职工的出生年月，那么在 B1 单元中输入"=DATEDIF(A1, TODAY()，"y")"，然后按 Enter 键，这个人的年龄(以年表示)将被显示在 B1 单元格中。

附录 D

Office快捷键

D.1 Microsoft Office 基础

显示和使用窗口

要执行的操作	快 捷 键	要执行的操作	快 捷 键
关闭活动窗口	Ctrl+W 或 Ctrl+F4	将屏幕上的画面复制到剪贴板	Print Screen
当有多个窗口打开时,切换到下一个窗口	Ctrl+F6	将所选窗口中的画面复制到剪贴板	Alt+Print Screen
将所选的窗口最大化或还原其大小	Ctrl+F10		

使用对话框

要执行的操作	快 捷 键	要执行的操作	快 捷 键
移动到下一个选项或选项组	Tab	关闭所选的下拉列表;取消命令并关闭对话框	Esc
切换到对话框中的下一个选项卡	Ctrl+Tab	运行选定的命令	Enter

使用对话框中的编辑框

要执行的操作	快 捷 键	要执行的操作	快 捷 键
移动至条目的起始位置	Home	选取从插入点到条目的起始位置部分	Shift+Home
移动至条目的末尾位置	End	选择从插入点到条目末尾之间的内容	Shift+End
向左或向右移动一个字符	向左键或向右键		

撤销和恢复操作

要执行的操作	快 捷 键	要执行的操作	快 捷 键
取消操作	Esc	恢复或重复操作	Ctrl+Y
撤销上一步操作	Ctrl+Z		

D.2　Microsoft Office Word 快速参考

Word 中的常规任务

要执行的操作	快捷键	要执行的操作	快 捷 键
使字符变为粗体	Ctrl+B	剪切所选文本或对象	Ctrl+X
使字符变为斜体	Ctrl+I	粘贴文本或对象	Ctrl+V
为字符添加下画线	Ctrl+U	选择性粘贴	Ctrl+Alt+V
将字号减小 1 磅	Ctrl+[	仅粘贴格式	Ctrl+Shift+V
将字号增大 1 磅	Ctrl+]	撤销上一步操作	Ctrl+Z
复制所选文本或对象	Ctrl+C	重复上一步操作	Ctrl+Y

创建、查看和保存文档

要执行的操作	快 捷 键	要执行的操作	快 捷 键
创建与当前或最近使用过的文档类型相同的新文档	Ctrl+N	拆分文档窗口	Alt+Ctrl+S
打开文档	Ctrl+O	撤销拆分文档窗口	Alt+Shift+C
关闭文档	Ctrl+W	保存文档	Ctrl+S

查找、替换和浏览文本

要执行的操作	快 捷 键	要执行的操作	快 捷 键
查找内容、格式和特殊项	Ctrl+F	在最后 4 个已编辑过的位置之间进行切换	Alt+Ctrl+Z
重复查找(在关闭"查找和替换"窗口之后)	Alt+Ctrl+Y	移至上一编辑位置	Ctrl+Page Up
替换文字、特定格式和特殊项	Ctrl+H	移至下一编辑位置	Ctrl+Page Down
定位至页、书签、脚注、表格、注释、图形或其他位置	Ctrl+G		

切换至其他视图

要执行的操作	快 捷 键	要执行的操作	快 捷 键
切换到普通视图	Alt+Ctrl+P	切换到草稿视图	Alt+Ctrl+N
切换到大纲视图	Alt+Ctrl+O		

打印和预览文档

要执行的操作	快 捷 键	要执行的操作	快 捷 键
打印文档	Ctrl+P	在缩小显示比例时移至预览首页	Ctrl+Home
切换至或退出打印预览	Alt+Ctrl+I	在缩小显示比例时移至最后一张预览页	Ctrl+End
在缩小显示比例时逐页翻阅预览页	Page Up 或 Page Down		

审阅文档

要执行的操作	快 捷 键	要执行的操作	快 捷 键
插入批注	Alt＋Ctrl＋M	如果"审阅窗格"打开,则将其关闭	Alt＋Shift＋C
打开或关闭修订	Ctrl＋Shift＋E		

引用、脚注和尾注

要执行的操作	快 捷 键	要执行的操作	快 捷 键
标记目录项	Alt＋Shift＋O	插入脚注	Alt＋Ctrl＋F
标记引文目录项(引文)	Alt＋Shift＋I	插入尾注	Alt＋Ctrl＋D
插入索引项	Alt＋Ctrl＋X		

删除文字和图形

要执行的操作	快 捷 键	要执行的操作	快 捷 键
删除左侧的一个字符	BackSpace	将所选文字剪切到"Office 剪贴板"	Ctrl＋X
删除左侧的一个单词	Ctrl＋BackSpace	撤销上一步操作	Ctrl＋Z
删除右侧的一个字符	Delete	剪切至"图文场"	Ctrl＋F3
删除右侧的一个单词	Ctrl＋Delete		

复制和移动文字及图形

要执行的操作	快 捷 键	要执行的操作	快 捷 键
打开"Office 剪贴板"	按组合键 Alt＋H 移至"开始"选项卡,然后依次按下 F 和 O	选中构建基块(例如,SmartArt 图形)时,显示与其相关联的快捷菜单	Shift＋F10
将所选文本或图形复制到"Office 剪贴板"	Ctrl＋C	剪切至"图文场"	Ctrl＋F3
将所选文本或图形剪切到"Office 剪贴板"	Ctrl＋X	粘贴"图文场"的内容	Ctrl＋Shift＋F3
将最新的添加项粘贴到"Office 剪贴板"	Ctrl＋V	复制文档中上一节所使用的页眉或页脚	Alt＋Shift＋R
选中文本或对象时,打开"新建构建基块"对话框	Alt＋F3		

在文档中移动

要执行的操作	快 捷 键	要执行的操作	快 捷 键
上移一段	Ctrl＋↑	移至窗口结尾	Alt＋Ctrl＋Page Down
下移一段	Ctrl＋↓	上移一屏(滚动)	Page Up
左移一个单元格(在表格中)	Shift＋Tab	下移一屏(滚动)	Page Down
右移一个单元格(在表格中)	Tab	移至文档结尾	Ctrl＋End
移至行尾	End	移至文档开头	Ctrl＋Home
移至行首	Home	移至前一处修订	Shift＋F5
移至窗口顶端	Alt＋Ctrl＋Page Up	打开一个文档后,转到该文档上一次关闭时执行操作的位置	Shift＋F5

复制格式

要执行的操作	快 捷 键	要执行的操作	快 捷 键
从文本复制格式	Ctrl+Shift+C	将已复制格式应用于文本	Ctrl+Shift+V

应用字符格式

要执行的操作	快 捷 键	要执行的操作	快 捷 键
打开"字体"对话框更改字符格式	Ctrl+D	应用倾斜格式	Ctrl+I
应用加粗格式	Ctrl+B	将所有字母设成小写	Ctrl+Shift+K
应用下画线格式	Ctrl+U	应用下标格式（自动间距）	Ctrl+=（等号）
只给单词加下画线，不给空格加下画线	Ctrl+Shift+W	应用上标格式（自动间距）	Ctrl+Shift++（加号）
给文字添加双下画线	Ctrl+Shift+D	删除手动设置的字符格式	Ctrl+空格键

设置行距

要执行的操作	快 捷 键	要执行的操作	快 捷 键
单倍行距	Ctrl+1	1.5 倍行距	Ctrl+5
双倍行距	Ctrl+2	在段前添加或删除一行间距	Ctrl+0

设置段落对齐方式

要执行的操作	快 捷 键	要执行的操作	快 捷 键
在段落居中和左对齐之间切换	Ctrl+E	取消左侧段落缩进	Ctrl+Shift+M
在段落两端对齐和左对齐之间切换	Ctrl+J	创建悬挂缩进	Ctrl+T
在段落右对齐和左对齐之间切换	Ctrl+R	减小悬挂缩进量	Ctrl+Shift+T
左对齐	Ctrl+L	删除段落格式	Ctrl+Q
左侧段落缩进	Ctrl+M		

应用段落样式

要执行的操作	快 捷 键	要执行的操作	快 捷 键
打开"应用样式"任务窗格	Ctrl+Shift+S	应用"标题 1"样式	Alt+Ctrl+1
打开"样式"任务窗格	Alt+Ctrl+Shift+S	应用"标题 2"样式	Alt+Ctrl+2
启动"自动套用格式"	Alt+Ctrl+K	应用"标题 3"样式	Alt+Ctrl+3
应用"正文"样式	Ctrl+Shift+N		

邮件合并和域

要执行的操作	快 捷 键	要执行的操作	快 捷 键
预览邮件合并	Alt+Shift+K	编辑邮件合并数据文档	Alt+Shift+E
合并文档	Alt+Shift+N	插入合并域	Alt+Shift+F
打印已合并的文档	Alt+Shift+M		

功能键

要执行的操作	快 捷 键	要执行的操作	快 捷 键
得到"帮助"或访问 Microsoft Office 的联机帮助	F1	扩展所选内容	F8
移动文字或图形	F2	更新选定的域	F9
重复上一步操作	F4	显示快捷键提示	F10
选择"开始"选项卡上的"定位"命令	F5	前往下一个域	F11
前往下一个窗格或框架	F6	选择"另存为"命令	F12
选择"审阅"选项卡上的"拼写"命令	F7		

Shift＋功能键

要执行的操作	快 捷 键	要执行的操作	快 捷 键
启动上下文相关"帮助"或展现格式	Shift＋F1	选择"同义词库"命令（"审阅"选项卡中的"校对"组）	Shift＋F7
复制文本	Shift＋F2	缩小所选内容	Shift＋F8
更改字母大小写	Shift＋F3	在域代码及其结果之间进行切换	Shift＋F9
重复"查找"或"定位"操作	Shift＋F4	显示快捷菜单	Shift＋F10
移至最后一处更改	Shift＋F5	定位至前一个域	Shift＋F11
转至上一个窗格或框架（按 F6 键后）	Shift＋F6	选择"保存"命令	Shift＋F12

Ctrl＋功能键

要执行的操作	快 捷 键	要执行的操作	快 捷 键
选择"打印预览"命令	Ctrl＋F2	插入空域	Ctrl＋F9
剪切至"图文场"	Ctrl＋F3	将文档窗口最大化	Ctrl＋F10
关闭窗口	Ctrl＋F4	锁定域	Ctrl＋F11
前往下一个窗口	Ctrl＋F6	选择"打开"命令	Ctrl＋F12

Ctrl＋Shift＋功能键

要执行的操作	快 捷 键	要执行的操作	快 捷 键
插入"图文场"的内容	Ctrl＋Shift＋F3	扩展所选内容或块	Ctrl＋Shift＋F8,然后按箭头键
编辑书签	Ctrl＋Shift＋F5	取消域的链接	Ctrl＋Shift＋F9
前往上一个窗口	Ctrl＋Shift＋F6	解除对域的锁定	Ctrl＋Shift＋F11
更新 Office Word 2007 源文档中链接的信息	Ctrl＋Shift＋F7	选择"打印"命令	Ctrl＋Shift＋F12

Alt＋功能键

要执行的操作	快 捷 键	要执行的操作	快 捷 键
前往下一个域	Alt＋F1	查找下一个拼写错误或语法错误	Alt＋F7
创建新的"构建基块"	Alt＋F3	运行宏	Alt＋F8
退出 Office Word 2007	Alt＋F4	在所有的域代码及其结果间进行切换	Alt＋F9
还原程序窗口大小	Alt＋F5	将程序窗口最大化	Alt＋F10
从打开的对话框切换回文档（适用于支持该行为的对话框，如"查找和替换"）	Alt＋F6	显示 Microsoft Visual Basic 代码	Alt＋F11

Alt＋Shift＋功能键

要执行的操作	快 捷 键	要执行的操作	快 捷 键
定位至前一个域	Alt＋Shift＋F1	从显示域结果的域中运行 GotoButton 或 MacroButton	Alt＋Shift＋F9
选择"保存"命令	Alt＋Shift＋F2	显示智能标记的菜单或消息	Alt＋Shift＋F10
显示"信息检索"任务窗格	Alt＋Shift＋F7		

Ctrl＋Alt＋功能键

要执行的操作	快 捷 键	要执行的操作	快 捷 键
显示 Microsoft 系统信息	Ctrl＋Alt＋F1	选择"打开"命令	Ctrl＋Alt＋F2

D. 3　Excel 快捷键和功能键

Ctrl 组合快捷键

按　　键	说　　明
Ctrl＋Shift＋(	取消隐藏选定范围内所有隐藏的行
Ctrl＋Shift＋)	取消隐藏选定范围内所有隐藏的列
Ctrl＋Shift＋&	将外框应用于选定单元格
Ctrl＋Shift_	从选定单元格删除外框
Ctrl＋Shift＋～	应用"常规"数字格式
Ctrl＋Shift＋ $	应用带有两位小数的"货币"格式（负数放在括号中）
Ctrl＋Shift＋%	应用不带小数位的"百分比"格式
Ctrl＋Shift＋ˆ	应用带有两位小数的"指数"格式
Ctrl＋Shift＋#	应用带有日、月和年的"日期"格式
Ctrl＋Shift＋@	应用带有小时和分钟以及 AM 或 PM 的"时间"格式
Ctrl＋Shift＋!	应用带有两位小数、千位分隔符和减号（一）（用于负值)的"数值"格式
Ctrl＋Shift＋﹡	选择环绕活动单元格的当前区域（由空白行和空白列围起的数据区域） 在数据透视表中,它将选择整个数据透视表
Ctrl＋Shift＋:	输入当前时间
Ctrl＋Shift＋"	将值从活动单元格上方的单元格复制到单元格或编辑栏中
Ctrl＋Shift＋加号（＋）	显示用于插入空白单元格的"插入"对话框
Ctrl＋减号（一）	显示用于删除选定单元格的"删除"对话框
Ctrl＋;	输入当前日期
Ctrl＋`	在工作表中切换显示单元格值和公式
Ctrl＋'	将公式从活动单元格上方的单元格复制到单元格或编辑栏中

续表

按　　键	说　　明
Ctrl+1	显示"单元格格式"对话框
Ctrl+2	应用或取消加粗格式设置
Ctrl+3	应用或取消倾斜格式设置
Ctrl+4	应用或取消下画线
Ctrl+5	应用或取消删除线
Ctrl+6	在隐藏对象、显示对象和显示对象占位符之间切换
Ctrl+8	显示或隐藏大纲符号
Ctrl+9	隐藏选定的行
Ctrl+0	隐藏选定的列
Ctrl+A	选择整个工作表
	如果工作表包含数据,则按 Ctrl+A 将选择当前区域,再次按 Ctrl+A 将选择当前区域及其汇总行,第三次按 Ctrl+A 将选择整个工作表。 当插入点位于公式中某个函数名称的右边时,则会显示"函数参数"对话框。 当插入点位于公式中某个函数名称的右边时,按 Ctrl+Shift+A 将会插入参数名称和括号
Ctrl+B	应用或取消加粗格式设置
Ctrl+C	复制选定的单元格。 如果连续按两次 Ctrl+C,则会显示剪贴板
Ctrl+D	使用"向下填充"命令将选定范围内最顶层单元格的内容和格式复制到下面的单元格中
Ctrl+F	显示"查找和替换"对话框,其中的"查找"选项卡处于选中状态。 按 Shift+F5 也会显示此选项卡,而按 Shift+F4 则会重复上一次"查找"操作。 按 Ctrl+Shift+F 将打开"设置单元格格式"对话框,其中的"字体"选项卡处于选中状态
Ctrl+G	显示"定位"对话框。 按 F5 也会显示此对话框
Ctrl+H	显示"查找和替换"对话框,其中的"替换"选项卡处于选中状态
Ctrl+I	应用或取消倾斜格式设置
Ctrl+K	为新的超链接显示"插入超链接"对话框,或为选定的现有超链接显示"编辑超链接"对话框
Ctrl+N	创建一个新的空白工作簿
Ctrl+O	显示"打开"对话框以打开或查找文件。 按 Ctrl+Shift+O 可选择所有包含批注的单元格
Ctrl+P	显示"打印"对话框。 按 Ctrl+Shift+P 将打开"设置单元格格式"对话框,其中的"字体"选项卡处于选中状态
Ctrl+R	使用"向右填充"命令将选定范围最左边单元格的内容和格式复制到右边的单元格中
Ctrl+S	使用其当前文件名、位置和文件格式保存活动文件
Ctrl+T	显示"创建表"对话框
Ctrl+U	应用或取消下画线。 按 Ctrl+Shift+U 将在展开和折叠编辑栏之间切换

按 键	说 明
Ctrl＋V	在插入点处插入剪贴板的内容，并替换任何所选内容。只有在剪切或复制了对象、文本或单元格内容之后，才能使用此快捷键
Ctrl＋W	关闭选定的工作簿窗口
Ctrl＋X	剪切选定的单元格
Ctrl＋Y	重复上一个命令或操作（如有可能）
Ctrl＋Z	使用"撤销"命令来撤销上一个命令或删除最后输入的内容。 显示了自动更正智能标记时，按 Ctrl＋Shift＋Z 可使用"撤销"或"重复"命令撤销或恢复上一次自动更正操作

功能键

按 键	说 明
F1	显示"Microsoft Office Excel 帮助"任务窗格。 按 Ctrl＋F1 将显示或隐藏功能区。 按 Alt＋F1 可创建当前范围中数据的图表。 按 Alt＋Shift＋F1 可插入新的工作表
F2	编辑活动单元格并将插入点放在单元格内容的结尾。如果禁止在单元格中进行编辑，它也会将插入点移到编辑栏中。 按 Shift＋F2 可添加或编辑单元格批注。 按 Ctrl＋F2 将显示"打印预览"窗口
F3	显示"粘贴名称"对话框。 按 Shift＋F3 将显示"插入函数"对话框
F4	重复上一个命令或操作（如有可能）。 按 Ctrl＋F4 可关闭选定的工作簿窗口
F5	显示"定位"对话框。 按 Ctrl＋F5 可恢复选定工作簿窗口的窗口大小
F6	在工作表、功能区、任务窗格和缩放控件之间切换。在已拆分（通过依次单击"视图"菜单、"管理此窗口"、"冻结窗格"、"拆分窗口"命令来进行拆分）的工作表中，在窗格和功能区区域之间切换时，按 F6 键可包括已拆分的窗格。 按 Shift＋F6 可以在工作表、缩放控件、任务窗格和功能区之间切换。 如果打开了多个工作簿窗口，则按 Ctrl＋F6 可切换到下一个工作簿窗口
F7	显示"拼写检查"对话框，以检查活动工作表或选定范围中的拼写。 如果工作簿窗口未最大化，则按 Ctrl＋F7 可对该窗口执行"移动"命令。使用箭头键移动窗口，并在完成时按 Enter 键，或按 Esc 键取消
F8	打开或关闭扩展模式。在扩展模式中，"扩展选定区域"将出现在状态行中，并且按箭头键可扩展选定范围。 通过按 Shift＋F8，可以使用箭头键将非邻近单元格或区域添加到单元格的选定范围中。 当工作簿未最大化时，按 Ctrl＋F8 可执行"大小"命令（在工作簿窗口的"控制"菜单上）。 按 Alt＋F8 可显示用于创建、运行、编辑或删除宏的"宏"对话框

按　键	说　明
F9	计算所有打开的工作簿中的所有工作表。 按 Shift＋F9 可计算活动工作表。 按 Ctrl＋Alt＋F9 可计算所有打开的工作簿中的所有工作表,不管它们自上次计算以来是否已更改。 如果按 Ctrl＋Alt＋Shift＋F9,则会重新检查相关公式,然后计算所有打开的工作簿中的所有单元格,其中包括未标记为需要计算的单元格。 按 Ctrl＋F9 可将工作簿窗口最小化为图标
F10	打开或关闭键提示。 按 Shift＋F10 可显示选定项目的快捷菜单。 按 Alt＋Shift＋F10 可显示智能标记的菜单或消息。如果存在多个智能标记,按该组合键可切换到下一个智能标记并显示其菜单或消息。 按 Ctrl＋F10 可最大化或还原选定的工作簿窗口
F11	创建当前范围内数据的图表。 按 Shift＋F11 可插入一个新工作表。 按 Alt＋F11 将打开 Microsoft Visual Basic 编辑器,可以在其中通过使用 Visual Basic for Applications(VBA)来创建宏
F12	显示"另存为"对话框

其他有用的快捷键

按　键	说　明
箭头键	在工作表中上移、下移、左移或右移一个单元格。 按 Ctrl＋箭头键可移动到工作表中当前数据区的边缘。 按 Shift＋箭头键可将单元格的选定范围扩大一个单元格。 按 Ctrl＋Shift＋箭头键可将单元格的选定范围扩展到活动单元格所在列或行中的最后一个非空单元格,或者如果下一个单元格为空,则将选定范围扩展到下一个非空单元格。 当功能区处于选中状态时,按向左键或向右键可选择左边或右边的选项卡。当子菜单处于打开或选中状态时,按这些箭头键可在主菜单和子菜单之间切换。当功能区选项卡处于选中状态时,按这些键可导航选项卡按钮。 当菜单或子菜单处于打开状态时,按向下键或向上键可选择下一个或上一个命令。当功能区选项卡处于选中状态时,按这些键可向上或向下导航选项卡组。 在对话框中,按箭头键可在打开的下拉列表中的各个选项之间移动,或在一组选项的各个选项之间移动。 按向下键或 Alt＋向下键可打开选定的下拉列表
Backspace	在编辑栏中删除左边的一个字符。 也可清除活动单元格的内容。 在单元格编辑模式下,按该键将会删除插入点左边的字符
Delete	从选定单元格中删除单元格内容(数据和公式),而不会影响单元格格式或批注。 在单元格编辑模式下,按该键将会删除插入点右边的字符

按 键	说 明
End	当 Scroll Lock 处于开启状态时,移动到窗口右下角的单元格。 当菜单或子菜单处于可见状态时,也可选择菜单上的最后一个命令。 按 Ctrl+End 可移动到工作表上的最后一个单元格,即所使用的最下面一行与所使用的最右边一列的交汇单元格。如果光标位于编辑栏中,按 Ctrl+End 会将光标移到文本的末尾。 按 Ctrl+Shift+End 可将单元格选定区域扩展到工作表上所使用的最后一个单元格(位于右下角)。如果光标位于编辑栏中,则按 Ctrl+Shift+End 可选择编辑栏中从光标所在位置到末尾处的所有文本,这不会影响编辑栏的高度
Enter	从单元格或编辑栏中完成单元格输入,并(默认)选择下面的单元格。 在数据表单中,按该键可移动到下一条记录中的第一个字段。 打开选定的菜单(按 F10 键激活菜单栏),或执行选定命令的操作。 在对话框中,按该键可执行对话框中默认命令按钮(带有突出轮廓的按钮,通常为"确定"按钮)的操作。 按 Alt+Enter 可在同一单元格中另起一个新行。 按 Ctrl+Enter 可使用当前条目填充选定的单元格区域。 按 Shift+Enter 可完成单元格输入并选择上面的单元格
Esc	取消单元格或编辑栏中的输入。 关闭打开的菜单或子菜单、对话框或消息窗口。 在应用全屏模式时,按该键还可关闭此模式,返回到普通屏幕模式,再次显示功能区和状态栏
Home	移到工作表中某一行的开头。 当 Scroll Lock 处于开启状态时,移到窗口左上角的单元格。 当菜单或子菜单处于可见状态时,选择菜单上的第一个命令。 按 Ctrl+Home 可移到工作表的开头。 按 Ctrl+Shift+Home 可将单元格的选定范围扩展到工作表的开头
Page Down	在工作表中下移一个屏幕。 按 Alt+Page Down 可在工作表中向右移动一个屏幕。 按 Ctrl+Page Down 可移到工作簿中的下一个工作表。 按 Ctrl+Shift+Page Down 可选择工作簿中的当前和下一个工作表
Page Up	在工作表中上移一个屏幕。 按 Alt+Page Up 可在工作表中向左移动一个屏幕。 按 Ctrl+Page Up 可移到工作簿中的上一个工作表。 按 Ctrl+Shift+Page Up 可选择工作簿中的当前和上一个工作表
空格键	在对话框中,执行选定按钮的操作,或者选中或清除复选框。 按 Ctrl+空格键可选择工作表中的整列。 按 Shift+空格键可选择工作表中的整行。 按 Ctrl+Shift+空格键可选择整个工作表。 * 如果工作表中包含数据,则按 Ctrl+Shift+空格将选择当前区域,再按一次 Ctrl+Shift+空格键将选择当前区域及其汇总行,第三次按 Ctrl+Shift+空格键将选择整个工作表。 * 当某个对象处于选定状态时,按 Ctrl+Shift+空格键可选择工作表上的所有对象。 按 Alt+空格键将显示 Microsoft Office Excel 窗口的"控制"菜单

按　　键	说　　明
Tab	在工作表中向右移动一个单元格。 在受保护的工作表中,可在未锁定的单元格之间移动。 在对话框中,移到下一个选项或选项组。 按 Shift+Tab 可移到前一个单元格(在工作表中)或前一个选项(在对话框中)。 在对话框中,按 Ctrl+Tab 可切换到下一个选项卡。 在对话框中,按 Ctrl+Shift+Tab 可切换到前一个选项卡

D.4　PowerPoint 中的常规任务

在窗格间移动

要执行此操作	快　捷　键
在普通视图中的窗格间顺时针移动	F6
在普通视图中的窗格间逆时针移动	Shift+F6
在普通视图中的"大纲和幻灯片"窗格中的"幻灯片"选项卡与"大纲"选项卡之间进行切换	Ctrl+Shift+Tab

使用大纲

要执行此操作	快　捷　键	要执行此操作	快　捷　键
提升段落级别	Alt+Shift+向左键	显示 1 级标题	Alt+Shift+1
降低段落级别	Alt+Shift+向右键	展开标题下的文本	Alt+Shift+加号
向上移动所选的段落	Alt+Shift+向上键	折叠标题下的文本	Alt+Shift+减号
向下移动所选的段落	Alt+Shift+向下键		

显示或隐藏网格或参考线

要执行此操作	快　捷　键	要执行此操作	快　捷　键
显示或隐藏网格	Shift+F9	显示或隐藏参考线	Alt+F9

选择文本和对象

要执行此操作	快　捷　键	要执行此操作	快　捷　键
向右选择一个字符	Shift+向右键	选择对象(已选定对象内部的文本)	Esc
向左选择一个字符	Shift+向左键	选择对象(已选定一个对象)	Tab 或者 Shift+Tab 直到选择所需对象
选择到词尾	Ctrl+Shift+向右键	选择对象内的文本(已选定一个对象)	Enter
选择到词首	Ctrl+Shift+向左键	选择所有对象	Ctrl+A(在"幻灯片"选项卡上)
向上选择一行	Shift+向上键	选择所有幻灯片	Ctrl+A(在"幻灯片浏览"视图中)
向下选择一行	Shift+向下键	选择所有文本	Ctrl+A(在"大纲"选项卡上)

删除和复制文本和对象

要执行此操作	快 捷 键	要执行此操作	快 捷 键
向左删除一个字符	Backspace	粘贴剪切或复制的对象	Ctrl＋V
向左删除一个字词	Ctrl＋Backspace	撤销上一个操作	Ctrl＋Z
向右删除一个字符	Delete	恢复上一个操作	Ctrl＋Y
向右删除一个字词	Ctrl＋Delete	只复制格式	Ctrl＋Shift＋C
剪切所选的对象	Ctrl＋X	只粘贴格式	Ctrl＋Shift＋V
复制所选的对象	Ctrl＋C	选择性粘贴	Ctrl＋Alt＋V

在文本内移动

要执行此操作	快 捷 键
向左移动一个字符	向左键
向右移动一个字符	向右键
向上移动一行	向上键
向下移动一行	向下键
向左移动一个字词	Ctrl＋向左键
向右移动一个字词	Ctrl＋向右键
移至行尾	End
移至行首	Home
向上移动一个段落	Ctrl＋向上键
向下移动一个段落	Ctrl＋向下键
移至文本框的末尾	Ctrl＋End
移至文本框的开头	Ctrl＋Home
移到下一标题或正文文本占位符。如果这是幻灯片上的最后一个占位符，则将插入一个与原始幻灯片版式相同的新幻灯片	Ctrl＋Enter
移动以便重复上一个"查找"操作	Shift＋F4

在表格中移动和使用表格

要执行此操作	快 捷 键	要执行此操作	快 捷 键
移至下一个单元格	Tab	在单元格中插入一个制表符	Ctrl＋Tab
移至前一个单元格	Shift＋Tab	开始一个新段落	Enter
移至下一行	向下键	在表格的底部添加一个新行	在最后一行的末尾按 Tab
移至前一行	向上键		

更改字体或字号

要执行此操作	快 捷 键	要执行此操作	快 捷 键
打开"字体"对话框更改字体	Ctrl＋Shift＋F	增大字号	Ctrl＋Shift＋＞
打开"字体"对话框更改字号	Ctrl＋Shift＋P	减小字号	Ctrl＋Shift＋＜

应用字符格式

要执行此操作	快 捷 键	要执行此操作	快 捷 键
打开"字体"对话框更改字符格式	Ctrl+T	应用下标格式（自动间距）	Ctrl+=（等号）
更改句子的字母大小写	Shift+F3	应用上标格式（自动间距）	Ctrl+Shift++（加号）
应用加粗格式	Ctrl+B	删除手动字符格式，如下标和上标	Ctrl+空格键
应用下画线	Ctrl+U	插入超链接	Ctrl+K
应用倾斜格式	Ctrl+I		

复制文本格式

要执行此操作	快 捷 键	要执行此操作	快 捷 键
复制格式	Ctrl+Shift+C	粘贴格式	Ctrl+Shift+V

对齐段落

要执行此操作	快 捷 键	要执行此操作	快 捷 键
将段落居中	Ctrl+E	将段落左对齐	Ctrl+L
将段落两端对齐	Ctrl+J	将段落右对齐	Ctrl+R

运行演示文稿

要执行此操作	快 捷 键
从头开始运行演示文稿	F5
执行下一个动画或前进到下一张幻灯片	N、Enter、Page Down、向右键、向下键或空格键
执行上一个动画或返回到上一张幻灯片	P、Page Up、向左键、向上键或空格键
转至第"编号"张幻灯片	"编号"+Enter
显示空白的黑色幻灯片，或者从空白的黑色幻灯片返回到演示文稿	B 或句号
显示空白的白色幻灯片，或者从空白的白色幻灯片返回到演示文稿	W 或逗号
停止或重新启动自动演示文稿	S
结束演示文稿	Esc 或连字符
擦除屏幕上的注释	E
转到下一张隐藏的幻灯片	H
排练时设置新的排练时间	T
排练时使用原排练时间	O
排练时通过鼠标单击前进	M
返回到第一张幻灯片	1+Enter
重新显示隐藏的指针或将指针变成绘图笔	Ctrl+P
重新显示隐藏的指针或将指针变成箭头	Ctrl+A
立即隐藏指针和导航按钮	Ctrl+H

续 表

要执行此操作	快 捷 键
在 15 秒内隐藏指针和导航按钮	Ctrl＋U
显示快捷菜单	Shift＋F10
转到幻灯片上的第一个或下一个超链接	Tab
转到幻灯片上的最后一个或上一个超链接	Shift＋Tab
对所选的超链接执行"鼠标单击"操作	Enter(当选中一个超链接时)

浏览 Web 演示文稿

要执行此操作	快 捷 键
在 Web 演示文稿中的超链接、地址栏和链接栏之间进行正向切换	Tab
在 Web 演示文稿中的超链接、地址栏和链接栏之间进行反向切换	Shift＋Tab
对所选的超链接执行"鼠标单击"操作	Enter
转到下一张幻灯片	空格键
转到上一张幻灯片	Backspace

使用"选定幻灯片"窗格功能

要执行此操作	快 捷 键
启动"选定幻灯片"窗格	依次按 Alt、C、D、S 和 P
在不同窗格中循环移动焦点	F6
显示上下文菜单	Shift＋F10
将焦点移到单个项目或组	向上键或向下键
将焦点从组中的某个项目移至其父组	向左键
将焦点从某个组移至该组中的第一个项目	向右键
展开获得焦点的组及其所有子组	＊(仅适用于数字键盘)
展开获得焦点的组	＋(仅适用于数字键盘)
折叠获得焦点的组	－(仅适用于数字键盘)
将焦点移至某个项目并选择该项目	Shift＋向上键或 Shift＋向下键
选择获得焦点的项目	空格键或 Enter
取消选择获得焦点的项目	Shift＋空格键或 Shift＋Enter
向前移动所选的项目	Ctrl＋Shift＋F
向后移动所选的项目	Ctrl＋Shift＋B
显示或隐藏获得焦点的项目	Ctrl＋Shift＋S
重命名获得焦点的项目	F2
在"选定幻灯片"窗格中的树视图和"全部显示"以及"全部隐藏"按钮之间切换键盘焦点	Tab 或 Shift＋Tab
折叠所有组	Alt＋Shift＋1
展开所有组	Alt＋Shift＋9

参 考 文 献

[1] 郭江平,胡新和.计算机应用基础教程.2 版.武汉:华中师范大学出版社,2006.

[2] 熊林,龚伏廷.计算机应用基础实训指导.2 版.武汉:华中师范大学出版社,
    2006.

[3] 许晞.计算机应用基础.北京:高等教育出版社,2007.

[4] Word 商务文档范例应用.北京:中国青年出版社,2008.

[5] 郝艳芬.Microsoft Office2003 专家门诊.南京:南京大学电子音像出版社,2005.